◎ 新・電気システム工学 ◎
TKE-13

# 高電圧工学
# ［第2版］

日高邦彦

数理工学社

# 編者のことば

20 世紀は「電気文明の時代」と言われた．先進国では電気の存在は，日常の生活でも社会経済活動でも余りに当たり前のことになっているため，そのありがたさがほとんど意識されていない．人々が空気や水のありがたさを感じないのと同じである．しかし，現在この地球に住む 60 億の人々の中で，電気の恩恵に浴していない人々がかなりの数に上ることを考えると，この 21 世紀もしばらくは「電気文明の時代」が続くことは間違いないであろう．種々の統計データを見ても，人類の使うエネルギーの中で，電気という形で使われる割合は単調に増え続けており，現在のところ飽和する傾向は見られない．

電気が現実社会で初めて大きな効用を示したのは，電話を主体とする通信の分野であった．その後エネルギーの分野に広がり，ついで無線通信，エレクトロニクス，更にはコンピュータを中核とする情報分野というように，その応用分野はめまぐるしく広がり続けてきた．今や電気工学を基礎とする産業は，いずれの先進国においてもその国を支える戦略的に第一級の産業となっており，この分野での優劣がとりもなおさずその国の産業の盛衰を支配するに至っている．

このような産業を支える技術の基礎となっている電気工学の分野も，その裾野はますます大きな広がりを持つようになっている．これに応じて大学における教育，研究の内容も日進月歩の発展を遂げている．実際，大学における研究やカリキュラムの内容を，新しい技術，産業の出現にあわせて近代化するために払っている時間と労力は相当のものである．このことは当事者以外には案外知られていない．わが国が現在見るような世界に誇れる多くの優れた電気関連産業を持つに至っている背景には，このような地道な努力があることを忘れてはいけないであろう．

本ライブラリに含まれる教科書は，東京大学の電気関係学科の教授が中心となり長年にわたる経験と工夫に基づいて生み出したもので，「電気工学の体系化」および「俯瞰的視野に立つ明解な説明」が特徴となっている．現在のわが国の関係分野において，時代の要請に充分応え得る内容を持っているものと自負している．本教科書が広く世の中で用いられるとともにその経験が次の時代のより良い新しい教科書を生み出す機縁となることを切に願う次第である．

最後に，読者となる多数の学生諸君へ一言．どんなに良い教科書も机に積んでおいては意味がない．また，眺めただけでも役に立たない．内容を理解して，初めて自分の血となり肉となる．この作業は残念ながら「学問に王道なし」のたとえ通り，楽をしてできない辛いものかもしれない．しかし，自分の一部となった知識によって，人類の幸福につながる仕事を為し得たとき，その苦労の何倍もの大きな喜びを享受できるはずである．

2002年9月　　編者　関根泰次・日髙邦彦・横山明彦

## 「新・電気システム工学」書目一覧

### 書目群Ⅰ

1 電気工学通論
2 電気磁気学――いかに使いこなすか
3 電気回路理論
　――直流回路と交流回路
4 基礎エネルギー工学［新訂版］
5 電気電子計測［第2版］

### 書目群Ⅱ

6 はじめての制御工学
7 システム数理工学
　――意思決定のためのシステム分析
8 電気機器学基礎
9 基礎パワーエレクトロニクス
10 エネルギー変換工学
　――エネルギーをいかに生み出すか
11 基礎 電力システム工学
　――電力輸送技術の本質を知る
12 電気材料基礎論
13 高電圧工学［第2版］
14 創造性電気工学

### 書目群Ⅲ

15 電気技術者が応用するための
　「現代」制御工学
16 電気モータの制御と
　モーションコントロール
17 交通電気工学
18 先端 電力システム工学
　――変革期にある電力システムの
　　安定運用に向けて
19 グローバルシステム工学
20 超伝導エネルギー工学
21 電磁界応用工学
22 電離気体論
23 プラズマ理工学
　――はじめて学ぶプラズマの基礎と応用
24 電気機器設計法

別巻1 現代パワーエレクトロニクス

# 第2版にあたって

本書初版 (2009 年発行) の「はじめに」で述べたように，わが国で高電圧工学の講義が初めて行われたのは 1915 年のことで，今や 100 年を超える歴史がある．高電圧工学は単に長い伝統をもつというだけでなく，その中の基盤技術や応用技術は，電気電子工学の多様な分野で展開される技術革新に繋がるシーズを提供している，という思いは今日でも変わっていない．

初版発行以来，数多くの方に読んで頂き，種々の有益なご示唆を頂戴し，それに応える形で，増刷をするごとに少しずつ修正を加えてきた．第 10 刷を経たところで，章立てや内容に大きな変更はないものの，この間に出てきた新しい知見を踏まえ，一部修正を加えて第 2 版として発行することにした．主な修正点は，

- 優れた特性を持つ $SF_6$ ガスの唯一の欠点である地球温暖化作用に対する懸念と代替ガスの開発状況
- 高真空中の火花放電機構における新しい考え方
- 本書で示されたデータに基づいて簡単な電極系の絶縁設計を試みる章末問題

などである．

第 2 版の発行にあたって，ご助言を頂いた東京大学の熊田亜紀子教授，およびお世話になった数理工学社の田島伸彦氏，鈴木綾子氏，西川遣治氏をはじめとした皆さんに謝意を表したい．

2022 年 11 月

日高邦彦

*本書の演習で利用する数値電界計算プログラム “UTEFC” の入手方法を含むサポートページは，https://www.saiensu.co.jp にありますので適宜参照して下さい．

# はじめに

わが国で高電圧工学の講義が初めて行われた時期は，1 世紀ほど前の 1915 年 (大正 4 年) まで遡る．当時の送電電圧は 5 万 5 千ボルトで高電圧化への取り組みが急速に進み始めた．現在では，UHV 送電 (Ultra High Voltage，110 万ボルト) に至り，わが国で開発された技術がベースとなって中国で送電線路の建設が進むとともに，国際標準化への道も歩んでいる．

わが国の高電圧技術はまさに世界最高水準を極めた感もあるかもしれない．一方，学問としての高電圧工学は基礎技術の進歩や応用技術の広がりが飛躍的に進み，また解決すべき問題が数多く残されていることから，まだまだ成長期にあると考えている．

こうした長い伝統を持ちつつ今も成長を続けている高電圧工学について，大学や高専の学生など初学者の皆さんに興味を持って読んでもらいたいと考え，書き記したものが本書である．

私自身は恩師である河野照哉東京大学名誉教授が書かれた「高電圧工学」(朝倉書店) を読んで育ったこともあり，その著書に込められた「物事の見方，考え方」については，本書に強い影響を与えたことを申し上げておきたい．

高等教育の現場では，科学技術の急速な進歩による教えるべき情報量の増大，および日本技術者教育認定機構 (JABEE) が提唱する技術者教育における質的向上の保証，という課題を前に試行錯誤を続けている．

本書では高電圧工学で学ぶべきエッセンスを抽出し，それをできるだけ記憶するのではなく理解して頭の中に留めてもらえることを意識して執筆したつもりである．また，大学や高専での講義時間中に総てを理解するのは難しいかもしれないので，実際に自ら解いてみて実感してもらうために演習問題や章末問題を少し多めにし，詳しい説明を加えている．

本書の作成に当たり，私の周囲にいる多くの方のご協力を得た．熊田亜紀子准教授，松岡成居助教，竹林恵子秘書を始め，大学院生の松本洋和君，武田敏信君，鈴木雄斗君，田中大樹君，山口祐樹君ほか，研究室のスタッフと学生の皆さんに謝意を表したい．

2008 年 12 月

日高邦彦

# 目　　　次

コラム

# 1 高電圧工学入門

高電圧と聞くと雷放電を連想して，あの迫力のある現象を引き起こす電圧で面白そうとか，ちょっと危なさそうな電圧で怖いけど興味もあるなとか，いずれにしても本書を読み始めるには十分な動機付けである．本章では，高電圧は何ボルトを指すかといった素朴な疑問への回答に始まり，高電圧はこんなところでも役に立っているということを説明する．続いて高電圧工学を理解しやすくするために，電位や電界といった抽象的な概念を頭の中でイメージできるようにしてみたい．

1 章で学ぶ概念・キーワード

- 高電圧
- 放電現象
- 電位
- 電界

## 1.1　高電圧工学をなぜ勉強するのか

**高電圧**とはいったい何ボルト (V) 以上なのであろうか．実は電圧の規格に詳しい専門家を除いて多くの人が容易に理解できるような定義はないというのが現状である．確かにわが国が定める電気設備技術基準では，直流 750 V，交流 600 V を超える電圧を，一方，国際電気標準会議 (IEC) による国際規格では，直流 1500 V，交流 1000 V を超える電圧を，それぞれ高電圧と定義しているものの，統一されていないこともあって必ずしも広く使われているわけではない．

もし，全ての電気現象が線形回路で説明できるとしたら，高電圧という概念は出てこなかったであろう．ここで2つの向かい合う電極の間に電圧を加え，そこに流れる電流を測定したとする．電圧がある値に達すると放電が発生し，電流がそれまでの値より何桁も大きくなる．このように**放電現象**はオームの法則では説明できない非線形な特性を持っており，その特性を予測しにくい．このことから，放電現象が起こりうるような電圧を高電圧と考えてよいかもしれない．

高電圧は放電現象と密接な関係にあり，**高電圧工学**では放電現象の物理を勉強することになる．放電現象が生じている空間では光を含む電磁波が放射され，また荷電粒子や高いエネルギーを持った粒子が多数発生することから，それらは広く有効利用されている．一方，障害を引き起こす場合にはその対応が考えられている．放電の有効利用および障害の低減を進めるのも高電圧工学の役目である．

高電圧そのものの工学的な重要な役割としては，何千 km の長距離送電線の実現や交流電力系統の安定度向上などがある．また高電圧は高いエネルギー状態を作り出せることから，高エネルギーを発生させる加速器の開発にも高電圧工学は貢献している．

これらの例を含めて応用例のキーワードを挙げてみると図1.1になる．ここからもわかるように，高電圧工学はナノメータの世界である電子デバイスの作製から，地球規模，宇宙規模の電気エネルギー輸送や環境問題の解決に関する重要な原理や技術を生み出している．現代を支える技術を発展させるために，その基礎となる高電圧工学をしっかり学んでほしい．

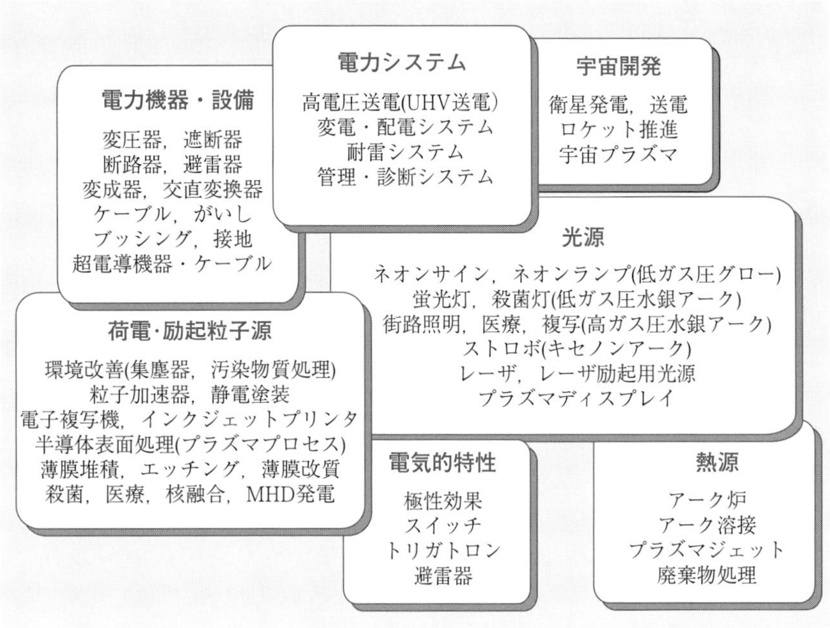


**図 1.1**　高電圧工学の応用

### 高電圧工学教育の黎明期 (1)

高電圧工学の教科書を書くに当たって，わが国の高電圧工学教育はいつ頃，どのような背景があって始まったかを知りたいと思っていた．手元にあった「東京帝国大学学術大観 (工学部，航空研究所)」(昭和 17 年発行) を見ていると，私の疑問に答える記述に出会うことができた．その記述の詳細は「高電圧工学教育の黎明期 (2)」以降で紹介することにして，ここでは結論だけを述べると，「はじめに」でも触れたように高電圧工学という講義名称は大正 4 年 (1915 年) に初めて学科目の表に登場している．また，高電圧工学に関する内容は既に明治の末年 (1912 年) には交流理論の一部として講義されている．

故・河野照哉東大名誉教授によると，1912 年にドイツのダルムシュタット工科大学で開講された高電圧工学の講義が世界初ということである．わが国もほぼ同時期に高電圧工学の講義が始まっていることから，当時からわが国の高電圧技術は世界最先端を走っていたと思われ，何となく誇らしい気持ちになる．

## 1.2 電位，電界の直感的理解

高電圧工学の勉強をスムーズに行うために**電位**，**電界**，**電荷**の概念を復習しておく．高電圧への興味を高めるために，できるだけ直感的に理解し頭の中にイメージできるようにしてみたい．

電位，電圧を考える時，山の標高を思い浮かべるとよい．例えば，1万Vの電極がある場合，その部分が山の頂上のように電位的に盛り上がって高くなっており，その高さが1万Vに達している．ここで，電位と電圧の違いを説明しておくと，電位の方は接地電位 (ゼロ電位) を基準とする絶対的な値で，海面を基準とする標高と同じ概念である．一方，電圧は2点間の相対的な電位の差である．したがって，接地部との間の電圧を問題にしているときには，電圧と電位は全く同じ値になる．

次に電界のイメージとしては，山の斜面を思い浮かべるとよい．下山するないしはスキーで滑り降りるとき，この斜面は急勾配だから気を付けようとか，緩い斜面なのでゆっくり降りられると言ったりするが，その傾斜の大きさが電界の大きさに対応する．

図1.2に平行平板電極，球電極，同軸円筒電極の場合の電位および電界の様子を示す．平行平板電極では電位が高電圧側から直線的に降下する．したがって下りの勾配は電極間のどこでも同じ，すなわち一定値の電界が形成される．球電極や同軸円筒電極の電位は富士山のような形をしており，その斜面の下り勾配は高電圧側電極表面で最大となり，電極から離れるにつれて小さくなっている．

電界は電位の下り勾配の大きさというイメージができたと思う．図1.3で示すようにある斜面に立って下を見たとき，体の向きによって勾配が異なって見える．スキーをする人は，直滑降と斜滑降では同じ斜面でもスキーの向きで勾配が異なり，スピードも違うことを思い出してほしい．この点は重要で，電界は電位の下り勾配のうち最大となる方向とそのときの勾配の大きさで表すベクトル，として定義されている．

なお，ある点からこの電界ベクトルの方向に沿って進んだ場合に描かれる軌跡が電気力線である．これも斜面にボールを置き，手を離したときにボールが転がり落ちていく軌跡 (絶えず最大の下り勾配方向に進む) をイメージすると

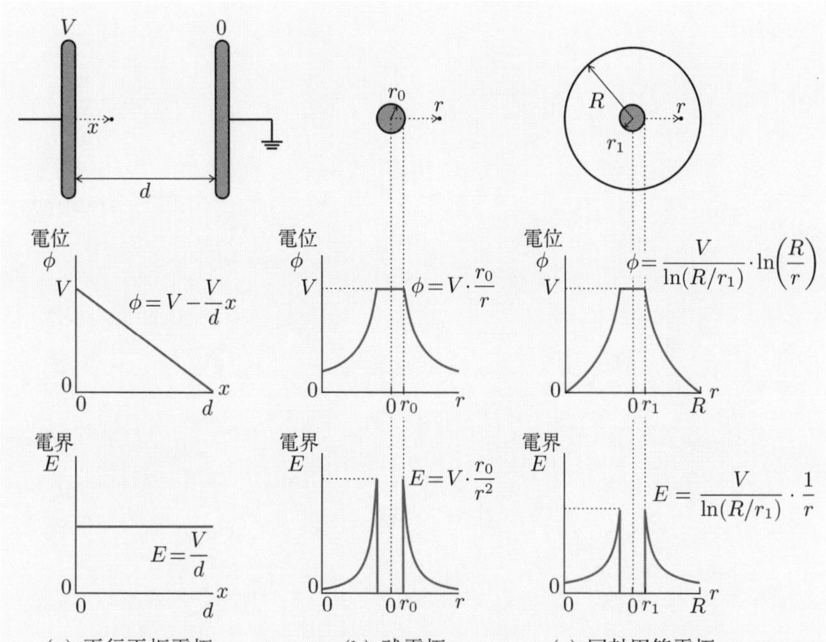


(a) 平行平板電極　(b) 球電極　(c) 同軸円筒電極

**図 1.2**　各種電極構成における電位，電界分布

よい．

このように長い説明を要する**電界ベクトル $\boldsymbol{E}$** と電位 $\phi$ の関係をベクトル演算子 grad によって 1 つの式で表すと，

$$\boldsymbol{E} = -\mathrm{grad}\,\phi \tag{1.1}$$

となる．grad は単に最大勾配を表すが，下り勾配の意味から “−(マイナス)” 記号を付けている．まさにこの式は，電界が電位の最大下り勾配となっていることを示している．

逆に電界 $\boldsymbol{E}$ から電位 $\phi$ を求める場合には，基準電位の点から勾配を遡《さかのぼ》り，どの電位 (高さ) まで登ったかを次式で計算すればよい．

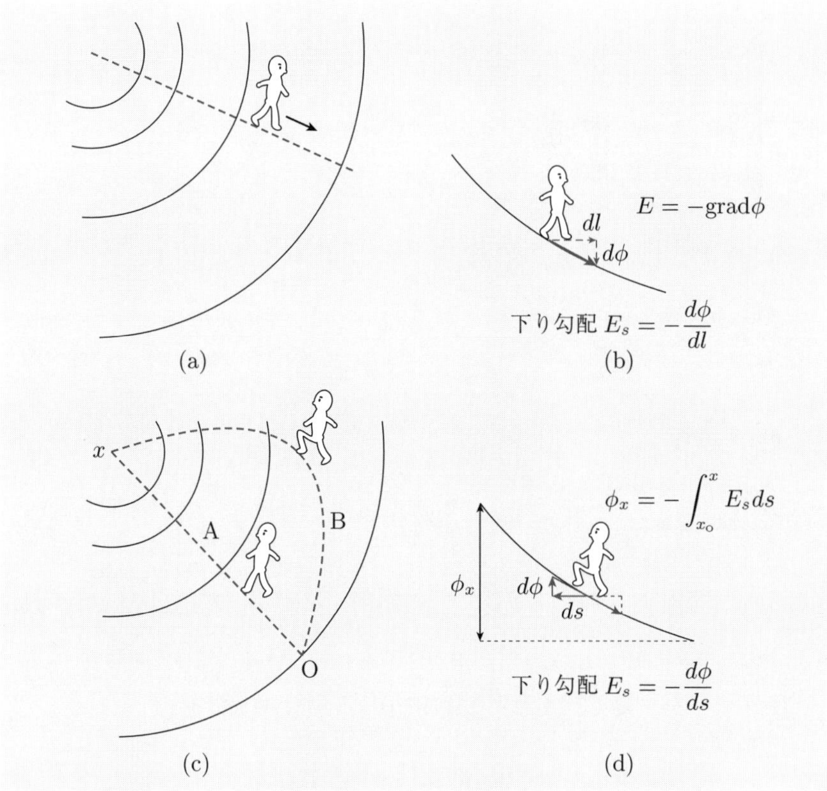


**図 1.3**　電位，電界のイメージ

$$\phi_x = -\int_{x_o}^{x} E_s\, ds \tag{1.2}$$

ここで，$\phi_x$ は $x$ 点の電位，$ds$ は基準電位の点 $x_o$ から電位勾配を遡《さかのぼ》っていく経路上の微小距離，$E_s$ は電界の $ds$ 方向成分である．

(1.2) 式の面白い点は，積分の経路をどのようにとっても同じ電位 $\phi_x$ が得られることである．つまり，図 1.3(c) の経路 A のように急な勾配の所を進もうが，経路 B のように緩い勾配の所を進もうが，到達した点 $x$ が同じであればそこの電位 (高さ) は同じである．

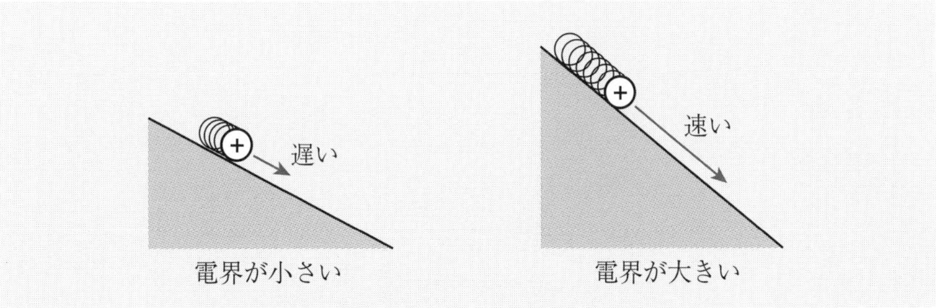


**図 1.4**　電界中に置かれた正電荷のイメージ

最後に電界中の電荷の運動について考えておく．これも図 1.4 に示すように，斜面に置かれたボールをイメージするとよい．ここで，ボールは正の電荷を模擬している．ボールは斜面の最大勾配方向に沿って，勾配が急な所では速く，勾配が緩い所では遅く転がっていく．このことから，電界中の正の電荷は電界方向に沿って電界の大きさに応じた力が働く様子を理解できるであろう．一般に，電荷量 $q$ の電荷に働く力 $F$ は電磁気学で学んだ通り，電界の大きさ $E$ に比例し次式で示される．

$$F = qE \tag{1.3}$$

ここで気が付くことは，負の電荷に対しては電界ベクトル方向とは逆向きに力が働くために，進む方向も正の電荷と逆向きになることである．同じ電位の勾配に対して，正の電荷は斜面を下りる方向に進むためイメージしやすいが，負の電荷は斜面を登る方向に進むため多少イメージしにくいかもしれない．負の電荷の運動を考えるときは負の電位の方を山としてイメージするなど，頭を柔軟にして考えてほしい．

# 2 放電現象の基礎過程

放電現象を理解するには電子やイオンが電界の中でどのような運動をし，また他の粒子とどのような衝突をするかという基礎過程を理解しておく必要がある．本章では，粒子の運動と粒子間の衝突について改めて考えてみると共に，衝突によって発生する励起，電離，電子付着，再結合の各過程や，粒子の集団運動であるドリフト，拡散の概念を学ぶ．

**2章で学ぶ概念・キーワード**

- 衝突現象
- 励起
- 電離
- 電子付着
- 再結合
- ドリフト
- 拡散

## 2.1 気体，液体，固体の性質

次章以降で詳しく述べるが，放電現象は物質中において電荷を持った粒子 (**荷電粒子**) が電界によって運動を行い，物質を構成する粒子と衝突しエネルギーをやり取りするところからスタートする．つまり物質中にある原子や分子の大きさや密度によって，荷電粒子の運動の様子が変わってくる．

原子・分子の大きさは 0.1〜1 nm，質量は $10^{-27}$〜$10^{-25}$ kg で，1 気圧の**気体**では原子・分子が平均的に 3.3 nm 程離れて存在し，**液体**，**固体**になると原子・分子がほぼ密集して存在する．こうしたミクロの世界はなかなかイメージしにくいので，長さのスケールを $10^9$ 倍して考えてみよう．気体の代表として 1 気圧の空気では，窒素分子や酸素分子はバスケットボールより少し大きい程度の大きさで，比重が変わらなければちょうど砂 (比重 1.7 程度) をその中につめた程度の質量となる．分子は結構重い (密度が大きい) という感じがする．図 2.1 に示すように，砂をつめたバスケットボールが 6 畳の部屋にぽつんと 1 つ，隣の 6 畳の部屋にまた 1 つ，というようなまばらさで存在するのが気体である．

液体や固体になると，図 2.2 に示すようにほぼすき間なく原子・分子で空間を埋め尽くしたような状態になっている．液体では原子間や分子間を結合する力が弱いため，空間の壁を取ってしまうと周りに流れ出してしまう液体特有の

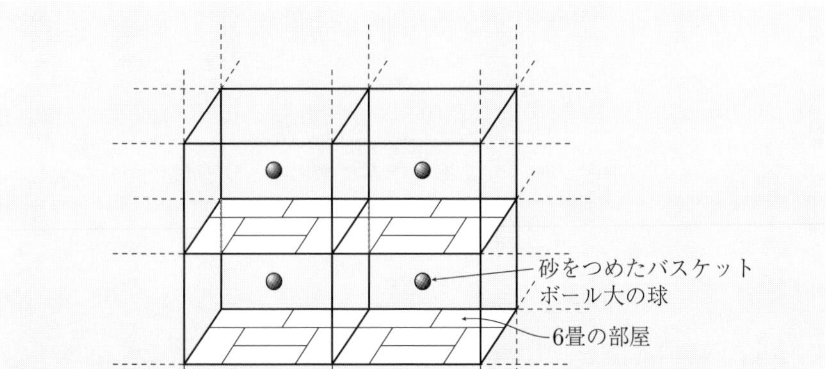


**図 2.1**　気体のイメージ

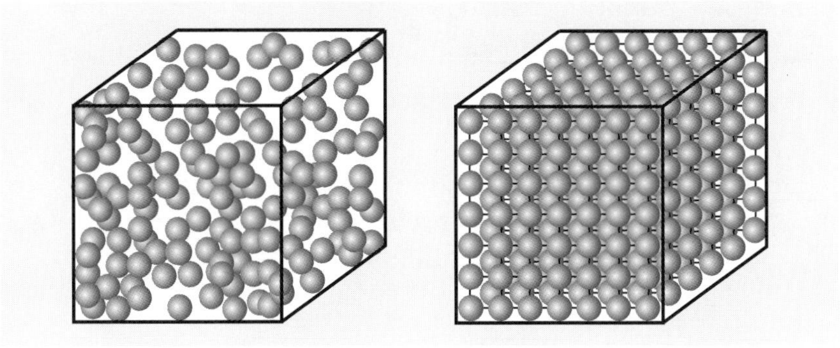

**図 2.2**　液体 (左)，固体 (右) のイメージ

流動性がある．一方，固体では原子間や分子間にしっかりとした結合力が働いており，互いに接着剤でついているのと等しいため，特別な容器を用意しなくても自立して形を保つことができる．固体らしさはこのようにして生まれる．

**荷電粒子**としては，負の電荷を持つ電子，負イオンと，正の電荷を持つ正イオンがある．電子は原子・分子の構成要素の 1 つであり，またそれらの間を動き回っているが，その大きさは $5 \times 10^{-6}$ nm，質量は $9.11 \times 10^{-31}$ kg である．原子・分子と同じく長さのスケールを $10^9$ 倍拡大してみても，5 $\mu$m とかなり小さい．バレーボール大の原子・分子に対し，小さな “ちり” 程度の存在が電子ということになる．ただし，小さなちりといっても質量的には 0.9 g もあり，これまた結構重いという感じがする．図 2.1 や図 2.2 に電子を書き加えようとしても，見えないくらい小さな点になってしまう．なお，電子の電荷量は $-1.6 \times 10^{-19}$ C である．負イオンは原子・分子の中に電子が余分に追加されたものであり，一方，正イオンは原子・分子の中にある電子のいくつかがなくなったものである．つまり，大きさや質量はもともとの原子・分子とほとんど変わらない．イオンの電荷量の大きさは，追加されたりなくなったりした電子の数に $1.6 \times 10^{-19}$ C を掛けたものになる．

荷電粒子の運動について考えてみると，まず，電子とイオンの大きさと質量から考えて電子の方が圧倒的に動きやすいことが理解できるであろう．また，気体，液体，固体の中での荷電粒子の動きやすさについても，原子・分子の密度から考えて気体の中が最も動きやすく，液体や固体の中ではまさに満員電車の中で動き回るのと同じように動きにくいことが，直感的に理解できる．

## 2.2 気体原子・分子の速度

**気体**の**原子・分子**は，広い空間に極めてまばらに存在することを図 2.1 より理解できたと思うが，それはじっとしているわけではなく，平均して音速を超える程度の速さで飛び回っている．原子・分子の速さは，速いものもあり，また，遅いものもある．この分布の様子は**マクスウェル** (Maxwell) によって解析され，マクスウェルの**速度分布関数**として知られている．$N$ 個の粒子 (原子・分子) の中で速さが $v$ から $v+dv$ になる粒子の数を $dN$ とすると，$dN/N$ で表される割合 (確率) は次式で与えられる．

$$f(v) = 4\pi v^2 \left(\frac{m}{2\pi kT}\right)^{\frac{3}{2}} \exp\left(-\frac{m}{2kT}v^2\right) \tag{2.1}$$

$f(v)$ がマクスウェルの速度分布関数で，$m$ は粒子の質量 [kg]，$T$ は温度 [K]，$k$ はボルツマン定数で $1.38 \times 10^{-23}$ [J/K] である．

(2.1) 式のままでは，気体の種類に依存する $m$ や温度に依存する $T$ が入ってわかりにくい．そこで，関数 $f(v)$ が最大となる速度 $v_{\mathrm{m}}$ (これを最も確からしい速度という意味で**最確速度**という) は，

$$v_{\mathrm{m}} = \sqrt{\frac{2kT}{m}} \tag{2.2}$$

であることから，$v$ を $v_{\mathrm{m}}$ で規格化した $x$ $(= v/v_{\mathrm{m}})$ という変数を用いて $f(v)$ を描いてみると図 2.3 になる．

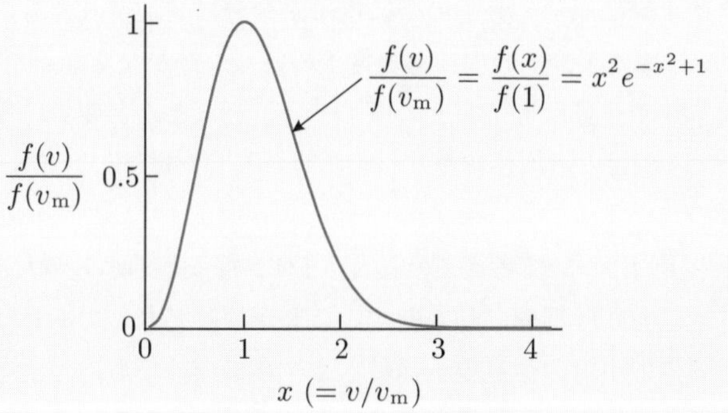


**図 2.3**　マクスウェル (Maxwell) の速度分布関数

$v_\mathrm{m}$ の 3 倍 $(x = 3)$ や 4 倍 $(x = 4)$ の速度を持つ粒子の割合は，$v_\mathrm{m}$ の粒子のそれぞれ 0.3 % と 0.0005 % とかなり小さい．

**平均速度** $\overline{v}$ は次式で与えられる．

$$\overline{v} = \int_0^\infty v f(v)\, dv = \sqrt{\frac{8kT}{\pi m}} \tag{2.3}$$

また，**実効速度** $v_\mathrm{t} = \sqrt{\overline{v^2}}$ は，

$$v_\mathrm{t} = \left\{ \int_0^\infty v^2 f(v)\, dv \right\}^{\frac{1}{2}} = \sqrt{\frac{3kT}{m}} \tag{2.4}$$

で与えられることから次式を導くことができる．

$$\frac{1}{2} m {v_\mathrm{t}}^2 = \frac{3}{2} kT \tag{2.5}$$

この式の左辺は粒子の運動エネルギーを，また右辺は熱エネルギーをそれぞれ表すことから，実効速度 $v_\mathrm{t}$ は熱エネルギーの観点から考えた平均的な速度と見ることができる．このことから $v_\mathrm{t}$ を**熱速度**ともいう．

また (2.5) 式により，私達が皮膚を通して感じている気温 (絶対温度) $T$ は気体粒子の運動エネルギーに比例していることがわかる．すなわち寒暖は皮膚を通じて気体粒子の運動の不活発，活発を感じている．

温度 20 ℃ にある窒素分子 $(m = 4.65 \times 10^{-26}\,\mathrm{kg})$ について 3 つの速度を求めてみると，

$$v_\mathrm{m} = 417\,[\mathrm{m/s}], \qquad \overline{v} = 471\,[\mathrm{m/s}], \qquad v_\mathrm{t} = 511\,[\mathrm{m/s}] \tag{2.6}$$

となり，同じ温度の音速 343 m/s に対して 1.2〜1.5 倍になっている．

## 2.3 粒子の衝突

図 2.4(a) で示すように，半径 $r_{\mathrm{A}}$ の粒子 A が半径 $r_{\mathrm{B}}$ の粒子 B と**衝突**することを考えてみる．衝突するための条件は，両者の中心間距離が $(r_{\mathrm{A}} + r_{\mathrm{B}})$ 以下になることである．多数の粒子の衝突を取り扱う場合に，常にこの条件で判定すると大変繁雑になる．そこで，着目する粒子だけに大きさを持たせ，他粒子は大きさのない質点としてしまう．また，質点は静止しており，着目する粒子だけが両者の**相対熱速度**で動くとする．図 2.4(b) のように，着目する粒子 A が大きな的《まと》 (これを**衝突断面積**と定義する) を持って動き，質点となった B 粒子が標的に当たったときに，衝突したと判定する．粒子が球形の場合には，衝突断面積 $\sigma$ は，両者の半径の合計 $(r_{\mathrm{A}} + r_{\mathrm{B}})$ を半径に持つ円の面積 $\pi(r_{\mathrm{A}} + r_{\mathrm{B}})^2$ で求められる．また，相対熱速度 $v_{\mathrm{r}}$ は粒子 A, B の速度ベクトルをそれぞれ $\boldsymbol{v}_{\mathrm{A}}$, $\boldsymbol{v}_{\mathrm{B}}$，相対熱速度ベクトルを $\boldsymbol{u}$ とすると，次のようにして求められる．

$$\overline{\boldsymbol{u}^2} = \overline{(\boldsymbol{v}_{\mathrm{A}} - \boldsymbol{v}_{\mathrm{B}})^2} = \overline{\boldsymbol{v}_{\mathrm{A}}{}^2} + \overline{\boldsymbol{v}_{\mathrm{B}}{}^2} - \overline{2\boldsymbol{v}_{\mathrm{A}}\boldsymbol{v}_{\mathrm{B}}} \tag{2.7}$$

ここで $\overline{\phantom{x}}$ は時間平均を表している．$\boldsymbol{v}_{\mathrm{A}}$ と $\boldsymbol{v}_{\mathrm{B}}$ は互いに独立であることから，$\overline{\boldsymbol{v}_{\mathrm{A}}\boldsymbol{v}_{\mathrm{B}}} = \overline{\boldsymbol{v}_{\mathrm{A}}} \cdot \overline{\boldsymbol{v}_{\mathrm{B}}}$ となり，また粒子の運動は等方的であることから，

$$\begin{aligned} \overline{\boldsymbol{v}_{\mathrm{A}}} &= 0 \\ \overline{\boldsymbol{v}_{\mathrm{B}}} &= 0 \end{aligned} \tag{2.8}$$

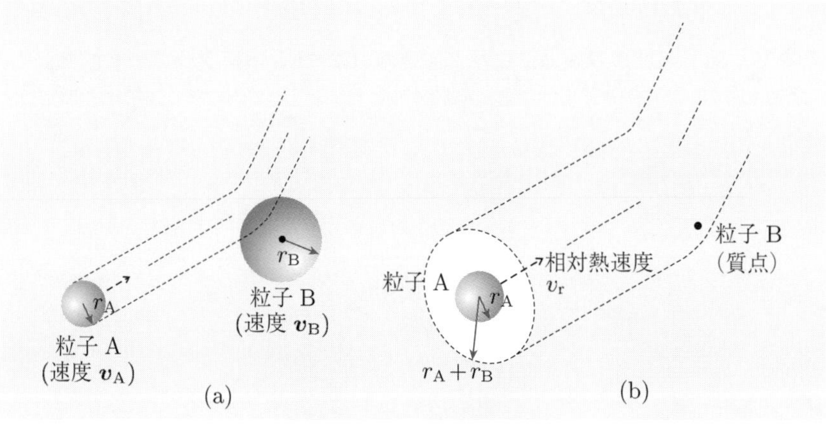


**図 2.4**　粒子の衝突現象

である．最終的に $v_{\mathrm{r}}$ は次式で与えられる．

$$v_{\mathrm{r}} = \sqrt{\overline{\boldsymbol{u}^2}} = \sqrt{\overline{\boldsymbol{v}_{\mathrm{A}}{}^2} + \overline{\boldsymbol{v}_{\mathrm{B}}{}^2}} \tag{2.9}$$

もし，粒子 A, B の熱速度が同じ場合 ($\overline{\boldsymbol{v}_{\mathrm{A}}{}^2} = \overline{\boldsymbol{v}_{\mathrm{B}}{}^2} = v_{\mathrm{t}}{}^2$) には，

$$v_{\mathrm{r}} = \sqrt{2}\, v_{\mathrm{t}} \tag{2.10}$$

となり，相対熱速度は，各粒子の熱速度の $\sqrt{2}$ 倍で表される．このような考え方は原子や分子同士の衝突に適用できる．

次に粒子 A が他の粒子 B と単位時間当たり行う衝突回数で定義される**衝突周波数** $\nu$ を考える．衝突断面積 $\sigma$，相対熱速度 $v_{\mathrm{r}}$ を持つ粒子 A が単位時間動いて作り出す空間の体積 $\sigma v_{\mathrm{r}}$ をまず想定する．その空間内に存在する質点粒子 B の総数は衝突周波数 $\nu$ に等しいことから，

$$\nu = \sigma v_{\mathrm{r}} n_{\mathrm{B}} \tag{2.11}$$

となる．ここで $n_{\mathrm{B}}$ は粒子 B の密度である．

粒子が 1 回衝突し，次に衝突するまである距離を自由に進むことができる．この距離を**自由行程**という．自由行程は衝突ごとに変化するので，その平均値を**平均自由行程** $\lambda$ という．熱速度 $v_{\mathrm{t}}$ を用いると次の関係式が成立する．

$$\lambda = \frac{v_{\mathrm{t}}}{\nu} \tag{2.12}$$

大気圧空気中の窒素分子や酸素分子の分子間の衝突を考えてみる．ここでは，窒素分子と酸素分子はほぼ等しい大きさを持っているので，いずれも半径 $r$ の球体として近似する．また，平均速度 (熱速度) も同じ $v_{\mathrm{t}}$ であるとする．この時，相対速度 $v_{\mathrm{r}}$ は (2.10) 式の関係から $\sqrt{2}\, v_{\mathrm{t}}$ になる．まず，衝突断面積 $\sigma$ は，

$$\sigma = 4\pi r^2 \tag{2.13}$$

となり，これを (2.11) 式に適用し，さらに $v_{\mathrm{r}} = \sqrt{2}\, v_{\mathrm{t}}$ の関係で利用すると衝突周波数 $\nu$ は，

$$\nu = 4\sqrt{2}\,\pi r^2 v_{\mathrm{t}} n \tag{2.14}$$

となる．ここで，$n$ は大気圧空気の気体分子密度である．

また，平均自由行程 $\lambda$ は，(2.12) 式と (2.14) 式により次式で与えられる．

$$\lambda = \frac{1}{4\sqrt{2}\,\pi r^2 n} \tag{2.15}$$

これらの式に，$r = 0.2\,\mathrm{nm}$, $v_\mathrm{t} = 511\,\mathrm{m/s}$, $n = 2.69 \times 10^{25}\,\mathrm{m}^{-3}$ を代入することにより，

$$\begin{aligned} \nu &= 1 \times 10^{10}\,[\text{回/s}] \\ \lambda &= 5 \times 10^{-8}\,[\mathrm{m}] = 50\,[\mathrm{nm}] \end{aligned} \tag{2.16}$$

と算出される．

以上のことから，1 つの空気分子は音速の 1.5 倍の速度で動き回りながら毎秒 100 億回も他の分子と衝突し，衝突と衝突の間に 50 nm 進むことになる．長さスケールを $10^9$ 倍にしたモデルを思い出してみると，バスケットボール大の空気分子は，ある 6 畳間で衝突した後，15 の部屋を通りすぎた頃にまた他のバスケットボールに衝突するというイメージになる．

## 2.4　電子と粒子の衝突

放電現象を考えるとき，電子とその周りに存在する電気的に中性な原子・分子との**衝突**が重要になってくる．その理由は，電子の速度は原子・分子の速度に比べて 100 倍程度大きく，さらに電界という加速要因が加わることによりその比は 1000 倍程度になる．具体的に電子の**衝突周波数** $\nu_\mathrm{e}$ を計算してみる．電子と原子・分子との衝突断面積 $\sigma_\mathrm{e}$ は，電子の大きさが原子・分子に比べて極めて小さいことから，原子・分子 1 個分の大きさ $\pi r^2$ で近似できる．また，前述のように電子の速度は原子・分子の速度より十分大きいので，その相対速度は電子の熱速度 $v_\mathrm{te}$ と等しいと考えてよい．したがって，電子の衝突周波数 $\nu_\mathrm{e}$ は (2.11) 式を用いて次式で示される．

$$\nu_\mathrm{e} = \pi r^2 v_\mathrm{te} n \tag{2.17}$$

ここで，$n$ は原子・分子の密度である．この式を (2.14) 式と比べてみるとわかるように，$(\nu_\mathrm{e}/\nu) \approx (v_\mathrm{te}/v_\mathrm{t})$ の関係があることから，電子と原子・分子との衝突周波数は，原子・分子同士の衝突周波数に比べて 100〜1000 倍と極めて大きい．つまり衝突現象の中でも電子が関係する衝突の役割は大きいといえる．

## 2.5　励起と電離

2.3 節や 2.4 節で述べてきた衝突現象においては，衝突の瞬間に互いの粒子間で運動エネルギーのやり取りのみが行われ，これを**弾性衝突**という．一方，運動エネルギーの授受だけでなく，衝突時に原子・分子の内部状態が変化する場合があり，これは**非弾性衝突**と呼ばれている．非弾性衝突によって生ずる代表的な現象が，**励起**および**電離**である．

原子の電子エネルギーの状態を図 2.5 で示すように，古典的な電子軌道モデルとエネルギー準位図を組み合わせて考えてみる．電子は原子の内側の軌道から埋まるように配置され，それを**基底状態**という．この原子に加速された電子が衝突し，図 2.5 中の①に相当するエネルギーが原子に与えられたとする．その時，古典モデルでは電子が 1 つ外側の軌道へ移り，準位図上でも 1 つ上の準位へ持ち上げられることになる．これを**励起** (excitation) という．励起した状態にある原子は，通常より余分なエネルギーを持っており，多くの場合あまり安定でなく $10^{-9}$～$10^{-7}$ 秒の寿命でもとの基底状態に戻る．これを**脱励起** (de-excitation) という．このときに余分なエネルギーを光として放出することがある．放電現象に伴う発光は，まさに脱励起を見ているのである．

励起状態が比較的長い $10^{-3}$～1 秒程度続く場合もあり，これを**準安定励起**状

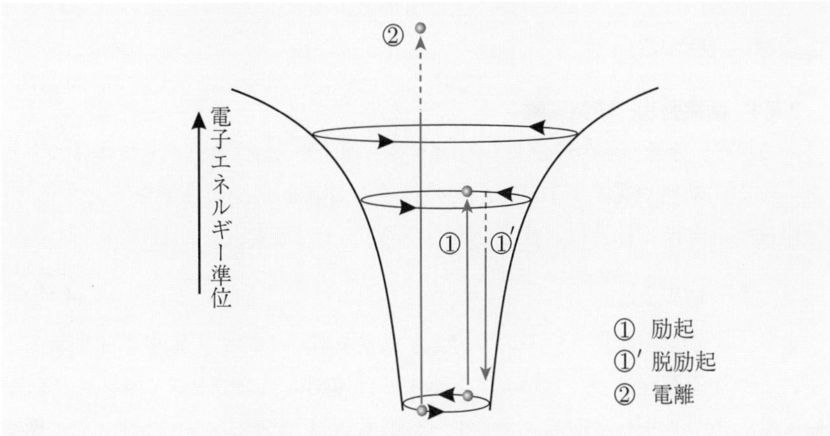


**図 2.5**　原子内の電子エネルギー準位

態 (metastable state) と呼んでいる．準安定励起状態から基底状態に戻る場合には，余分なエネルギーは光ではなく他の粒子と衝突した際にその粒子の内部エネルギー増加や化学反応に使われる．

次に，図 2.5 中の②に相当するエネルギーが衝突によって原子に与えられたとする．古典モデルでは，電子 1 個が原子の軌道から飛び出し，準位図上でも最上位の準位よりさらに上へ持ち上げられることになる．これを**電離** (ionization) という．電離によって電子が 1 つ離脱し，陽子の数が 1 つ多い原子，すなわち，正イオンが生ずることになる．

図 2.5 の①や②に相当する励起や電離に必要なエネルギーは，**励起エネルギー**および**電離エネルギー**と呼ばれ，表 2.1 に示すように原子や分子に固有な値を持っている．励起エネルギーや電離エネルギーの単位は，通常 eV で示される．eV 単位で示されるエネルギー $W_\mathrm{e}$ [eV] を J 単位のエネルギー $W_\mathrm{j}$ [J] に変換するときには，次式を用いる．

$$W_\mathrm{j}\,[\mathrm{J}] = 1.6 \times 10^{-19}\, W_\mathrm{e}\,[\mathrm{eV}] \tag{2.18}$$

表 2.1 より，私達がよく知っている気体の励起エネルギーは 5〜20 eV，電離エネルギーは 10〜25 eV で，それに対して Cs (セシウム) や Na (ナトリウム) などの金属元素の励起エネルギーは 1〜5 eV，電離エネルギーは 4〜10 eV と低い値になっている．このような励起エネルギーや電離エネルギーを原子や分子に与える方法はいろいろあるが，主なものは，衝突，光，熱である．それぞれを以下に説明する．

### 2.5.1 衝突励起，衝突電離

ある原子・分子が他の粒子 (電子，イオン，原子や分子) と衝突してエネルギーをもらい，励起や電離が生じる．他の粒子の質量を $m$，熱速度を $v$ とすると，その運動エネルギー $\varepsilon$ は次式で与えられる．

$$\varepsilon = \frac{1}{2}mv^2 \tag{2.19}$$

電子，イオン，原子・分子の中で電子は最も軽いものの，電界を印加することにより加速が容易で，しかもエネルギーは速度の二乗で大きくなるため，一般に励起エネルギーや電離エネルギーへ最も到達しやすい．したがって，**衝突励起**や**衝突電離**では電子との衝突を主に検討する．

**表 2.1**　気体の励起エネルギーと電離エネルギー

| 種類 | | 励起エネルギー [eV] | 準安定励起エネルギー [eV] | 電離エネルギー [eV] |
|---|---|---|---|---|
| 貴ガス (希ガス) | He | 19.8, 20.6 | 19.8, 20.6 | 24.6 |
| | Ne | 16.5 | 16.6 | 21.6 |
| | Ar | 11.6 | 11.5 | 15.8 |
| | Kr | 9.98 | 9.8 | 14.0 |
| | Xe | 8.4 | 8.3 | 12.1 |
| 通常の気体 | H | 10.2 | | 13.6 |
| | $H_2$ | 11.5 | 11.5 | 15.4 |
| | N | 10.3 | 2.38, 3.58 | 14.5 |
| | $N_2$ | 6.17 | 6.17, 7.32 | 15.6 |
| | O | 9.5 | 1.96, 4.19 | 13.5 |
| | $O_2$ | 1.64 | 0.98 | 12.2 |
| | $H_2O$ | 7.6 | | 12.6 |
| | CO | 6.04 | | 14.0 |
| | $CO_2$ | 10.0 | | 13.7 |
| | NO | 5.38 | | 9.25 |
| | $NO_2$ | | | 11.0 |
| 合成気体 | $SF_6$ | 9.8 | | 15.8 |
| 金属蒸気 | Li | 1.85 | | 5.39 |
| | Na | 2.1 | | 5.14 |
| | K | 1.61 | | 4.34 |
| | Cs | 1.38 | | 3.89 |
| | Cu | 3.78 | 1.38 | 7.7 |
| | Al | 3.14 | | 5.98 |
| | Hg | 4.89 | 4.66 | 10.4 |

### 2.5.2　光励起，光電離

光子 1 個のエネルギー $W_{\mathrm{p}}$ は，$h\nu$ ($h = 6.626 \times 10^{-34}$ [J · s]：プランク定数，$\nu$：光の振動数) で与えられる．原子・分子がこの光子のエネルギーを吸収して励起や電離が起こることもある．これらを**光励起**，**光電離**という．

光は波長 $\lambda$ [nm] (あるいは $\lambda$ [Å]) で表されることも多いので，波長とエネルギー $W_{\mathrm{p}}$ [eV] の関係を求めておく．光の振動数 $\nu$ と波長 $\lambda$ の間には，光速を $c$

として $c=\nu\lambda$ の関係があることから，

$$W_{\mathrm{p}}\,[\mathrm{eV}] = \frac{1240}{\lambda\,[\mathrm{nm}]} = \frac{12400}{\lambda\,[\mathrm{\AA}]} \tag{2.20}$$

を得る．この $W_{\mathrm{p}}$ が励起エネルギーや電離エネルギーを超えると，それぞれの反応が可能となる．光の波長で考えると，$W_{\mathrm{p}}$ に励起エネルギーないし電離エネルギーを代入して得られる波長より短いときに，励起ないし電離が起こることになる．

例えば表 2.1 の値を用いて，窒素分子では 201 nm (2010 Å) 以下の波長で励起が，また 79.5 nm (795 Å) 以下の波長で電離が生じる．最も低いエネルギーで励起や電離が起こるセシウム原子 (Cs) では，励起に 899 nm (8990 Å) 以下の，また電離に 319 nm (3190 Å) 以下の波長が必要となる．

人間の目で感知できる可視光の波長は，400〜700 nm (4000〜7000 Å) であることから，少なくとも基底状態にある気体の原子・分子を電離するには，可視光では不可能で紫外光が必要である．

光子のエネルギー $W_{\mathrm{p}}$ が電離エネルギー $W_{\mathrm{i}}$ より大きいと光電離が生じ，電子が原子・分子から飛び出すが，$(W_{\mathrm{p}}-W_{\mathrm{i}})$ に相当する余分なエネルギーは飛び出した電子の運動エネルギーになる．

### 2.5.3　熱励起，熱電離

気体の温度 $T$ を高くすると，気体原子・分子の熱速度 $v_{\mathrm{t}}$ が大きくなり運動エネルギー $W_{\mathrm{k}}$ ($= m{v_{\mathrm{t}}}^2/2$，$m$：原子・分子の質量) が急増する．温度 $T$ と運動エネルギー $W_{\mathrm{k}}$ との関係は次式で与えられる．

$$W_{\mathrm{k}} = \frac{3}{2}kT \tag{2.21}$$

運動エネルギーが励起エネルギーや電離エネルギー以上になると，励起や電離が発生するようになる．これらを**熱励起**，**熱電離**という．(2.21) 式を用いて具体的に温度とエネルギーの関係を求めておくと，

$$10^4\,\mathrm{K} \leftrightarrow 1.293\,\mathrm{eV} \tag{2.22}$$

$$1\,\mathrm{eV} \leftrightarrow 7734\,\mathrm{K} \tag{2.23}$$

となり，有効数字一桁で考えて，1 eV が 8 千度に相当している．

窒素 ($N_2$) の電離エネルギーが 15.6 eV であることから，12 万度位まで温度

を上げないと電離しないかというとそうではない．2.2 節で述べたように，気体粒子の速度やエネルギーは一様ではなく分布を持っている．したがって，低い温度で平均エネルギーが小さい場合でも一部の粒子は電離エネルギー以上を持っており電離を起こすことができる．

ある温度でどの程度電離が起こり，その結果どのくらいの正イオンや電子が生成されるかについては，**ボルツマン** (Boltzmann) の**統計力学**によって解析されている．解析結果は，次の**サハ** (Saha) の**熱電離の式**として示されている．

$$\frac{n_i n_e}{n_o} = 2\left(\frac{g_i}{g_o}\right)\left(\frac{2\pi m_e kT}{h^2}\right)^{\frac{3}{2}} \exp\left(-\frac{W_i}{kT}\right) \tag{2.24}$$

$n_o$：中性粒子密度，$n_i$：正イオン密度，$n_e$：電子密度，$g_i$, $g_o$：正イオン (i) および中性粒子 (o) に対する統計的重み，$m_e$：電子の質量，$k$：ボルツマン定数，$T$：絶対温度，$h$：プランク定数，$W_i$：電離エネルギー

ここで，$n_e \simeq n_i$ および $g_i/g_o \simeq 1$ を仮定すると，次の近似式が得られる．

$$\frac{{n_i}^2}{n_o} \simeq 4.82 \times 10^{21} T^{\frac{3}{2}} \exp\left(-\frac{11600 V_i}{T}\right) \tag{2.25}$$

$n_i\,[\mathrm{m^{-3}}]$，$n_o\,[\mathrm{m^{-3}}]$，$T\,[\mathrm{K}]$，$V_i$：eV 単位で与える電離エネルギー

さらに，全粒子密度 $n$ $(= n_o + n_i)$ を用いて，(2.25) 式の右辺の値を $A$ と置くことにより，$n_i$ は次式で求めることができる．

$$n_i = \frac{1}{2}\left\{-A + \sqrt{A(A+4n)}\right\} \tag{2.26}$$

$A$ : (2.25) 式の右辺の値

なお $n_i/n$ は**電離度**と定義されている．

例えば，0 ℃，1 気圧の気体 ($n = 2.69 \times 10^{25}\,[\mathrm{m^{-3}}]$) を $T = 5000\,[\mathrm{K}]$ まで加熱することを考える．気体が窒素 ($N_2$) の場合には $V_i = 15.6\,[\mathrm{eV}]$ を用いると，$A = 2.90 \times 10^{11}$ で，$n_i$ は $2.79 \times 10^{18}\,\mathrm{m^{-3}}$，電離度は $1.04 \times 10^{-7}$ となる．まだ電離度はそれほど大きくない．しかし，電離エネルギーが 3.89 eV と小さいセシウム (Cs) の場合には，同じ 5000 K でも $A = 1.82 \times 10^{23}$ で，$n_i$ は $2.22 \times 10^{24}\,\mathrm{m^{-3}}$，電離度は 0.0824 まで上昇する．電離度は，温度だけでなく電離エネルギーによっても非常に敏感に変化することがわかる．プラズマ応用の分野では，この性質を利用して，同じ温度で電離度を高くしたいときに電離エネルギーの小さな物質をわずかに混ぜることを行っている．

## 2.6 電子付着

自由電子が分子・原子に衝突すると図 2.6 に示すように種々の反応が生じる．その 1 つとして，(b) のように分子・原子にとりこまれて負イオンを形成することがある．これを**電子付着** (electron attachment) といい，また，電子付着をしやすい性質を**負性** (electro-negative) という．気体の場合には**負性気体**という言い方をする．

負性気体 X と自由電子 $e^-$ の衝突で，電子付着が生じるときの反応式を書くと次のようになる．

$$X + e^- \to X^- + h\nu \tag{2.27}$$

この反応では自由電子の運動エネルギーが電子付着時に光 ($h\nu$) として放出されているので，**放射性付着**と呼んでいる．

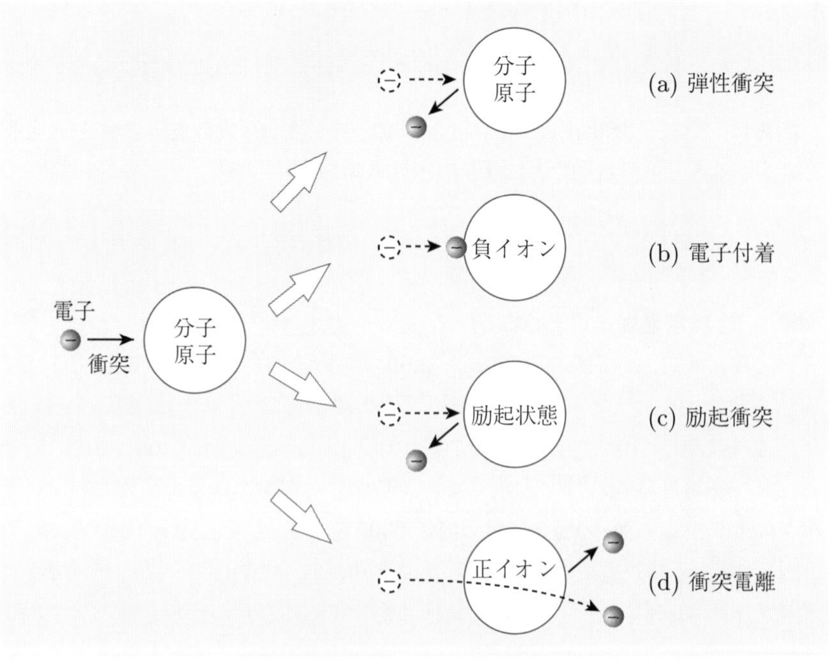


図 2.6　電子と分子との各種衝突現象

負性気体に電子が衝突すると，いつでも電子付着が生じるわけではない．電子の運動エネルギーが非常に大きければ，気体を励起や電離させてしまうこともあり，もちろん弾性衝突も頻繁に起きている (図 2.6 参照).

電子付着は一般に電子の速度が遅い (運動エネルギーが小さい) ときに生じやすい．このことから，速い電子が負性気体 X と衝突する前に，別の粒子 M と衝突してエネルギーを失い減速すると，X との衝突時に電子付着が効果的に起こることが知られている．M という第三の粒子が介在することから，**三体付着**と呼んでいる．反応式で書くと次式になる．

$$\mathrm{M} + \mathrm{e}^-(\text{高速}) \rightarrow \mathrm{M}(\text{運動エネルギー}) + \mathrm{e}^-(\text{低速}) \tag{2.28}$$

$$\mathrm{X} + \mathrm{e}^-(\text{低速}) \rightarrow \mathrm{X}^- \tag{2.29}$$

負性気体としては，フッ素 (F)，塩素 (Cl)，臭素 (Br)，ヨウ素 (I) など電子親和力が強い原子および，それらを含む化合物気体 (ハロゲン気体) や酸素 ($O_2$)，水蒸気 ($H_2O$)，そして代表的な絶縁気体として今まで広く利用されてきた六フッ化イオウ ($SF_6$) などがある．

## 2.7 再 結 合

電離で生じた電子や正イオン，電子付着で生じた負イオンは，**再結合**によって電荷を失い，中性の原子，分子に戻る．電子付着と同様に，再結合が起こるには電荷を持った粒子が比較的低速で衝突する必要がある．このため，速度の大きな粒子は，別の粒子に一度衝突してから再結合を行う**三体再結合**がかなりの確率で生じる．反応式で書くと次式となる．

$$\mathrm{A}^+ + \mathrm{B}^- + \mathrm{M} \rightarrow \mathrm{AB} + \mathrm{M}(\text{運動エネルギー増加}) \tag{2.30}$$

$$\mathrm{A}^+ + \mathrm{e}^- + \mathrm{M} \rightarrow \mathrm{A} + \mathrm{M}(\text{運動エネルギー増加}) \tag{2.31}$$

三体再結合以外の再結合としては，再結合時に生じる余分なエネルギーの使われ方によって次の 3 種類がある．光子として放出される放射再結合，分子の解離に用いられる解離再結合，励起および電荷の移動に用いられる電荷交換である．

## 2.8 巨視的な粒子の運動

原子，分子，イオン，電子などの粒子は，衝突を繰り返しながらランダムな熱運動を行っている．それと同時に，巨視的に見ると全体として**移動運動** (**ドリフト**，drift) を行うことがある．こうした全体的な移動運動を起こす要因が電界である場合を**電界ドリフト**，また粒子の密度勾配である場合を密度勾配ドリフトないしは一般に**拡散** (diffusion) と呼んでいる．

### 2.8.1 電界ドリフト

電界は荷電粒子のみに力を及ぼすことから，中性の粒子に直接的な電界ドリフトは生じない．正・負イオンや電子の集団に電界が加わると，図 2.7 に示すように，その集団が平均的にある速度 $v_{\mathrm{d}}$ で電界方向 (負イオンや電子の場合には電界と逆方向) へ移動する．この平均速度 $v_{\mathrm{d}}$ は**ドリフト速度**と呼ばれ，電界の大きさを $E$，気体の圧力を $P$ として，$E/P$ があまり大きくない範囲では，$v_{\mathrm{d}} \propto E/P$ の関係がある．圧力が一定の場合には，

$$v_{\mathrm{d}} = \mu E \tag{2.32}$$

の関係が得られ，比例定数 $\mu$ を**移動度** (mobility) という．この移動度は，電界中にある粒子集団の動きやすさを示す指標である．イオンの移動度は，イオンの種類や周囲の粒子の種類によって変化するが，大気圧室温の空間では，0.2〜

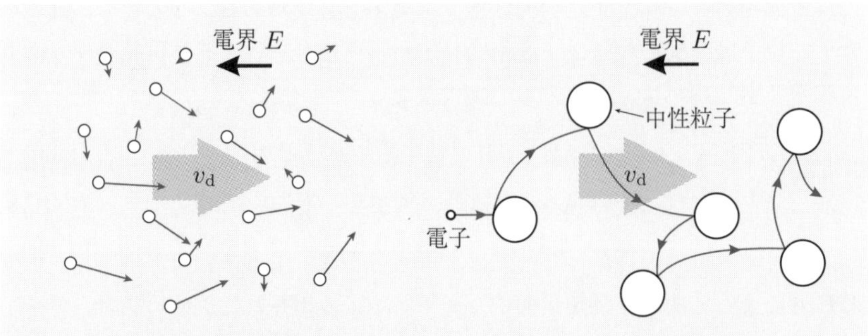


(a) 電子の集団の動き　　(b) 1つの電子の動き

**図 2.7**　電界ドリフトのイメージ

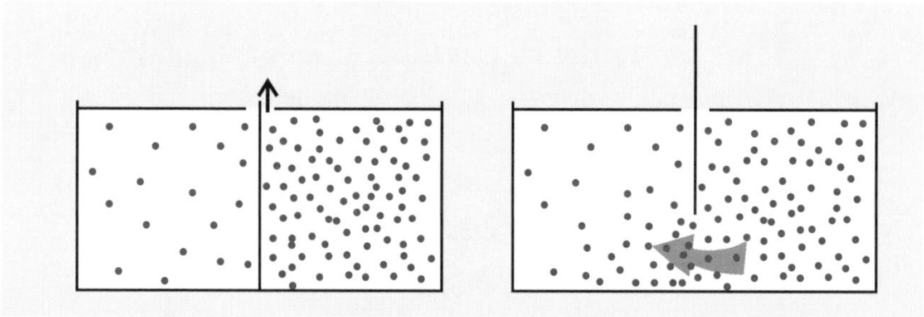

図 2.8　拡散のイメージ

$20\,\mathrm{cm}^2/(\mathrm{V}\cdot\mathrm{s})$ である．$O_2$ や $N_2$ のイオンでは $1\,\mathrm{cm}^2/(\mathrm{V}\cdot\mathrm{s})$，$SF_6$ の負イオンでは $0.5\,\mathrm{cm}^2/(\mathrm{V}\cdot\mathrm{s})$ 程度である．

電子の移動度は，質量が小さいため，イオンに比べて非常に大きく $10^3\,\mathrm{cm}^2/(\mathrm{V}\cdot\mathrm{s})$ 程度である．電子の $v_\mathrm{d}$ が熱速度に比べて無視できなくなると，$v_\mathrm{d} \propto (E/P)$ の関係が成立せず，$v_\mathrm{d} \propto (E/P)^{\frac{1}{2}}$ が成立するようになる．

### 2.8.2　拡散

図 2.8 に示すように，粒子の密度が異なる空間を隔壁で分離した状態から，隔壁を急に持ち上げてみる．そうすると，粒子密度 $n$ の大きい右側の粒子が平均的に密度の小さい左側の空間へ移動する現象が生じる．これが，密度勾配ドリフトすなわち**拡散**である．拡散によって生じる粒子の移動の大きさ $\Gamma$ $(= nv$，$v$：移動の速さ$)$ は流れと等価であり，次式で示される．

$$\Gamma = -D\,\mathrm{grad}\,n \tag{2.33}$$

ここで，$D$ は**拡散係数**，$\mathrm{grad}\,n$ は粒子密度 $n$ の勾配である．$\mathrm{grad}\,n$ は，電位の勾配 $\mathrm{grad}\,\phi$ が電界であったことを思い出して物理イメージを考えてみる．密度の大きさを高さ方向にとったとき，そこに現れる傾斜が密度勾配で，密度が短い距離で急激に変化するほど勾配も大きくなる．流れ $\Gamma$ は密度が大きい方から小さい方に向かって，密度勾配の大きさに比例して生じる．(2.33) 式はそのことを示している．

放電空間では，電子，正イオン，負イオンそして励起粒子が多量に生成される．これらの粒子が，放電をしていない空間との密度勾配によって，放電をしていない空間の方へ拡散によって広がっていく．拡散係数は，気体分子で 0.1〜

1 cm$^2$/s，正・負イオンで 0.03〜0.5 cm$^2$/s 程度である．

電子に関しては，電界ドリフトと拡散という 2 つの輸送現象の間で密接な関係があり，次の**アインシュタイン** (Einstein) **の関係式**が成立する．

$$\frac{\mu_e}{D_e} = \frac{e}{kT_e} \tag{2.34}$$

$\mu_e$ : 電子の移動度，$D_e$ : 電子の拡散係数，$e$ : 電気素量，

$k$ : ボルツマン定数，$T_e$ : 電子の温度

この式は，$\mu_e$ と $D_e$ の一方しかわかっていない場合に，残るもう 1 つの量を求めるのに便利である．

### 高電圧工学教育の黎明期 (2)

「東京帝国大学学術大観 (工学部，航空研究所)」(昭和 17 年発行) の記述から高電圧工学教育の黎明期を概観するために，その一部を引用し文語体を口語体に変えて紹介してみたい．

『明治 40 年 (1907 年) に東京電燈会社の 5 万 5 千 V 送電事業が開始され，中野初子《はつね》教授は顧問としてこの計画に参加していた．この高電圧送電の成功は更に各地において同種の計画が発起される機運を促進し，これに伴い高電圧現象に関する研究は将来益々その重要性が拡大するものと考えられた．

本電気工学科においても高電圧現象研究の設備を充実すべきと明治の末期より計画し，大正 3 年 (1914 年) わが国における最初の高電圧実験室が完成した．ここに備えられたものは 50 万 V 試験変圧器を主体とし，この電源としての 80 kVA 単相交流発電機，55H.P. 直流電動機および付属品であった．また猪苗代水力電気会社より寄贈された模擬送電線もほぼ同時に完成し，ダッデル氏オッシログラフ，鳳秀太郎《ひでたろう》教授の発明した静電オッシログラフ，ウェスチングハウス製静電電圧計をも備え，これに以前に購入した 15 万 V 試験変圧器を加え，当時としては最も完備している高電圧実験室であった．

高電圧工学に関する講義は明治の末年には既に鳳教授が交流理論の一部として講述していたが，大正 4 年 (1915 年) に初めてその名称が学科目の表に現れ，大正 11 年 (1922 年) まで鳳教授が担当し，大正 12 年 (1923 年) より西健教授の担任となり今日に至っている．

鳳教授は講述していたものを集め，これに自ら研鑽したものを補い大正 9 年 (1920 年)「高圧絶縁論階梯《かいてい》」として出版した．』

## 2 章の問題

□ **1** 1 気圧，20 ℃ 窒素気体中に密度 $10^9/\mathrm{m}^3$ の電子が存在する．窒素分子の半径は，$1.9 \times 10^{-10}$ m，電子の半径は窒素分子に比べて無視でき，質量は $9.11 \times 10^{-31}$ kg である．また，窒素分子および電子は熱平衡状態にあって，衝突を行っている．必要であれば，アボガドロ数 $= 6.02 \times 10^{23}$，ボルツマン定数 $= 1.38 \times 10^{-23}$ [J/K]，プランク定数 $= 6.63 \times 10^{-34}$ [J · s] を用いよ．

(1) 気体の密度を求めよ．

(2) 電子の熱速度を求めよ．

(3) 電子の衝突断面積を求めよ．

(4) 電子の衝突周波数と平均自由行程を求めよ．

(5) 電子の衝突確率 (単位長さ進む間に窒素分子と衝突する回数) を求めよ．

(6) 電界が印加されても衝突周波数は変化しないと仮定し，窒素分子が電子との衝突で電離する場合に必要な電界の大きさはいくらか．一般には，この電界より低い値で電離を開始するが，その理由を説明せよ．

(7) 光を照射して電離するには，どのような光が必要となるか．また，それを実現するにはどのような装置が必要か．

(8) 熱電離をする場合には，どのような条件が必要となるか．また，それを実現するにはどのような装置が必要か．

# 3 気体の放電

高電圧を電極に印加したときに，もっとも簡単に目にすることができるのが気体の放電である．気体の放電はわずか 1 個の電子からスタートし，前章で学んだ基礎過程を経て，特に衝突電離が頻繁に起こることによって電子やイオンを次々と発生させ放電開始につながっていく．本章では，この放電開始のメカニズムを知る上で重要なタウンゼント理論とストリーマ理論をまず学び，続いて詳細な実験から得られたパッシェンの法則を学ぶ．更に，電極形状，電圧波形，気体の圧力など，種々のパラメータによって気体の放電がどのように変化するか理解を深める．

**3 章で学ぶ概念・キーワード**

- 衝突電離係数
- タウンゼント理論
- ストリーマ理論
- パッシェンの法則
- 雷放電
- 高ガス圧
- 真空
- 高周波電界

## 3.1　放電の開始まで

図 3.1(a) に示すように，大気圧空気中に置いた平行平板電極の間に電圧を印加し，その電圧を 0 から徐々に増大させながら電極間に流れる電流を測定したとしよう．

測定結果は図 3.1(b) のようになる．大きく 3 つの領域に分けることができる．まず，電流が電圧に比例して大きくなる領域 (**オーム則領域**)，次に電流が電圧によらず一定になる領域 (**飽和領域**)，そして電流が電圧の上昇に対し急激に増大する領域 (**電離増倍領域**) である．最終的には閃光や音を伴う火花放電に至る．火花放電に至る直前までは，人間が感じる光や音を伴わないので**暗流**あるいは**暗電流** (dark current) という．

ここで電圧が少し印加された状態でも電極間に電流が流れることを不思議に思うかもしれない．その疑問に答えるためには，自然界 (大気中) の**電離**を考えておく必要がある．自然界の電離は宇宙線や自然放射線によって引き起こされる電離で，大気中 1 $cm^3$ 当たり毎秒 10 対程度の正・負荷電粒子が発生している．それらはほぼ同等の速さで再結合し消滅している．定常値として 1 $cm^3$ 当たり $10^3$ 個ずつ程度の正と負の荷電粒子 (イオン) が存在している．

オーム則領域は，まさに電極間にもともと存在している正・負イオンが，電

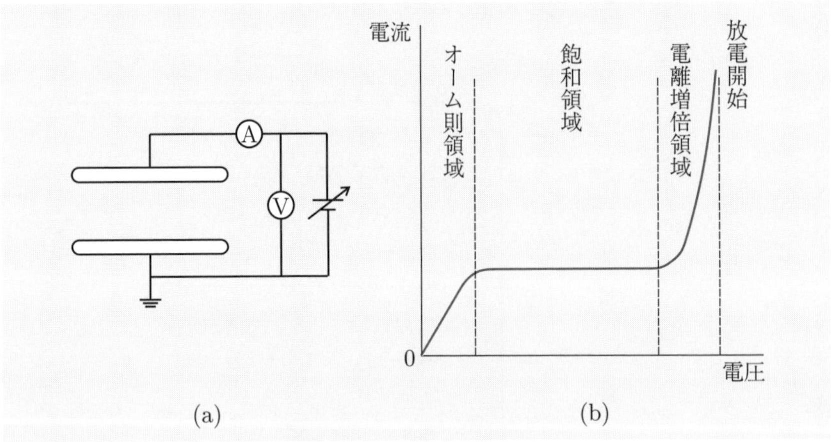


**図 3.1**　気体の電圧電流特性

極間の電界によってドリフトするために生じる．電流は電荷量とその電荷の速度の積によって表される．(2.32) 式により速度が電界に比例し，また電荷量が一定であることを考えると，電流は電界や電圧に比例するというオーム則が成立する．

電圧が上昇すると，正イオンは陰極へ，負イオンは陽極へ大きな速度で次々と流れ込むことになる．しかし自然界に存在する正・負イオンの数には上限があり，また新たに生成される電荷の数も限られている．ある電圧を加えた定常状態では，電極間に単位時間に発生する荷電粒子が全て電極に流れ込んでしまうと，いくら電界がかかっていても荷電粒子がないためにそれ以上の電流が流れなくなる．すなわち，電流に上限が生じる飽和領域が生まれる．この電流の飽和値は，電極間の体積 $V'$ と 1 秒当たりに単位体積に発生する荷電粒子の電荷量 (正・負電荷を合わせて) $q_0$ との積で表され，例えば $V' = 100\,[\mathrm{cm}^3]$, $q_0 = 3.2 \times 10^{-18}\,[\mathrm{C}/(\mathrm{cm}^3 \cdot \mathrm{s})]$(荷電粒子の発生数 $n_0 = 20\,[$個$/(\mathrm{cm}^3 \cdot \mathrm{s})]$ と仮定) とすると $3.2 \times 10^{-16}\,[\mathrm{A}]$ となり，極めて小さな電流である．

電圧がさらに増加すると，電子はその速度を増し，気体原子・分子に衝突した際，**衝突電離**を起こせるような運動エネルギーを持つようになる．さらに，衝突電離で生じた電子も電界で加速され，衝突電離を起こすようになる．このようにして，次々と衝突電離が生じることにより，電子の数が指数的に増大する．この過程を定式化してみよう．1 個の電子が電界方向にある微小距離 $dx$ だけ進むときに，衝突電離を引き起こす回数 $dN$ は，$dx$ に比例すると考えられる．

$$dN = \alpha\, dx \tag{3.1}$$

上式の比例定数 $\alpha$ を**衝突電離係数**という．

この衝突電離係数 $\alpha$ を用いて，電子数の増加を計算してみる．図 3.2 に示すように，$n_0$ の電子が陰極から出発，衝突電離を繰り返しながら陽極方向へ進んでいる．電子が陰極から $x$ の距離に到達したとき，電子の数は $n_\mathrm{e}$ になったとする．さらにその先，$dx$ 進む間に増加する電子の数 $dn_\mathrm{e}$ は，その間に生じる衝突電離の回数に等しいことから次式を得る．

$$dn_\mathrm{e} = n_\mathrm{e}\, \alpha\, dx \tag{3.2}$$

この微分方程式を，$x = 0$ で $n_\mathrm{e} = n_0$ という境界条件を用いて解くと，

$$n_\mathrm{e} = n_0\, e^{\alpha x} \tag{3.3}$$

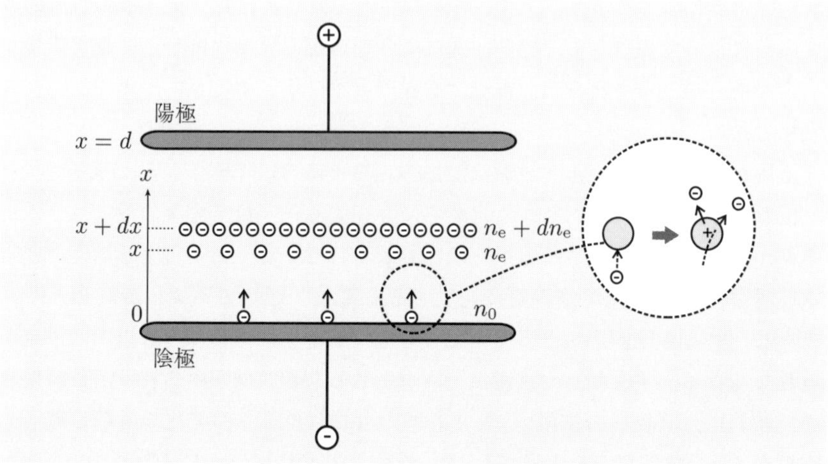


**図 3.2** 衝突電離による電離増倍

となる．すなわち $n_0$ 個でスタートした電子の数は，$x$ の距離を進むと $e^{\alpha x}$ 倍に増倍することがわかる．したがって電子が陽極に到達したときには，その数は $e^{\alpha d}$ 倍になる．例えば $\alpha$ の値を 10 回 /cm とすると，$e^{\alpha d}$ の値は $d=1\,\mathrm{cm}$ で $2.2\times10^4$，$d=2\,\mathrm{cm}$ で $4.8\times10^8$，$d=3\,\mathrm{cm}$ で $1.1\times10^{13}$ というように進む距離の増加によって電子の数が桁違いに急増することがわかる．

これまでに述べた衝突電離による電子数の増倍は，英国の物理学者である**タウンゼント** (J. S. E. Townsend) によって研究がなされた．また，彼は衝突電離係数 $\alpha$ を気体圧力 $p$ で除した $\alpha/p$ は，電界 $E$ を $p$ で除した $E/p$ の関数になることを見出している．具体的な関数形として次式が提案されている．

$$\frac{\alpha}{p}=A\exp\left(-\frac{Bp}{E}\right) \tag{3.4}$$

ここで，$A$, $B$ は気体の種類による定数である．

最後に，電子の**衝突電離作用** (これを **$\alpha$ 作用**ともいう) を伴う場合の電圧電流特性を求めておく．陰極に紫外線を照射して $n_0$ 個の光電子を定常的に発生させることを考える．この初期電子電流を $I_0$ とすると，電子電流は途中で衝突電離によって (3.3) 式と同様に増倍して，陽極に到達する．電極間に流れる電流は，

$$I=I_0\,e^{\alpha d} \tag{3.5}$$

となり，これに (3.4) 式および電圧 $V$ $(=Ed)$ を代入すると，次式が得られる．

$$I = I_0 \ \exp\left\{ Apd \Big/ \exp\left(\frac{Bpd}{V}\right)\right\} \tag{3.6}$$

電圧 $V$ の増加に伴い，電流 $I$ が指数的に増加することが示されている．

(3.6) 式は確かに電流の急増を表しているが，これだけをもって放電開始とはいわない．その理由は，紫外線照射で作り出した初期電流 $I_0$ をゼロにすると，どんなに指数関数の項が大きくても電流はゼロになってしまい，電流の急増を維持できないからである．つまり大きな電流を維持して放電を開始するには，外部からの作用で初期電子を供給しなくてもよいような別の機構を考える必要がある．これを次節で説明しよう．

**高電圧工学教育の黎明期 (3)**

高電圧工学教育が始まった大正初期 (1910 年代) に，大学ではどのような研究が行われたかについても興味が持たれる．そこで再び「東京帝国大学学術大観 (工学部，航空研究所)」(昭和 17 年発行) から抜き出して紹介したい．

『鳳秀太郎《ひでたろう》教授は早くから高電圧現象の研究に着手し，静電電動機，静電オッシログラフなどの研究があった．研究論文としては破裂放電説がある．大正 3 年 (1914 年) に高電圧実験室が完成した頃より視力が弱くなったため，西健講師が代わって実験的研究に従事した．大正 5 年 (1916 年) 西健助教授は模擬送電線に関する研究を終了して電気学会において講演した．その後この実験室において西助教授が研究したものは大正 6 年 (1917 年) より同 8 年 (1919 年) の終わりまでは，高電圧変圧器の共振現象，オッシログラフの周波数特性，誘電体表面の電荷蓄積現象，送電線対線静電容量による同期機の同期化などである．

鯨井恒太郎助教授は高周波実験室に備えられた高周波発電機を用い，高周波高電圧を発生し，各種絶縁材料の誘電体損失のために破壊する現象を研究して，その結果を大正 4 年 (1915 年) 電気学会において発表した．おそらく当時としてはこの種の研究として最初のものである．この頃王子製紙株式会社苫小牧変電所の電力用変圧器に普通と違った故障が頻発したが，鯨井助教授はこれについて直接調査実験を行い，その原因は当時何人も気付かなかった高周波異常電圧による変圧器巻線の共振現象であることを確かめ，更に進んでその保護装置を大正 6 年 (1917 年) に提案発表しこの種の事故を明快に解決した．』

現代と同様に，社会からの要請に応える実用的な研究がいくつも行われていたことがわかる．大正後期以降については「高電圧工学教育の黎明期 (4)」で紹介したい．

## 3.2　放電開始の理論

衝突電離係数 $\alpha$ の値が 0 を超える程度に平行平板電極間の電界を大きくすると，陽極に到達する電子の数は急増する．これを継続して放電開始に移行させるためには，**電離増倍**の元になる電子を，何らかの過程で再び作り出す機構 (**二次電子放出**機構) が必要となる．考えられる機構は図 3.3 に示すように，1) 電離増倍によって生じた正イオンが陰極に衝突して電子を放出する，2) 電離と同時に起こっている衝突励起や再結合によって発生した光が陰極に当たって光電子を放出する，3) 同じく衝突励起によって生じた準安定励起粒子が陰極に衝突して電子を放出する，4) 上記 2) で発生した光が周囲の気体原子・分子に吸収され光電離を起こして電子を放出する，5) 空間の負イオンから離脱によって電子を放出する，である．1)〜3) は陰極からの二次電子放出で **$\gamma$ 作用**と呼ばれ，これに基づいて 3.2.1 項のタウンゼント理論が構築された．また，4), 5) は気体空間内での二次電子放出であり，これらに基づいてミーク (J. M. Meek，英国の電気工学者) とレーブ (L. B. Loeb，米国の物理学者) は 3.2.2 項のストリーマ理論を構築した．

### 3.2.1　タウンゼント理論

電子による衝突電離を $\alpha$ 作用，陰極からの二次電子放出を $\gamma$ 作用というと，中間の $\beta$ 作用はないのかという疑問が生ずるかもしれない．タウンゼントは，

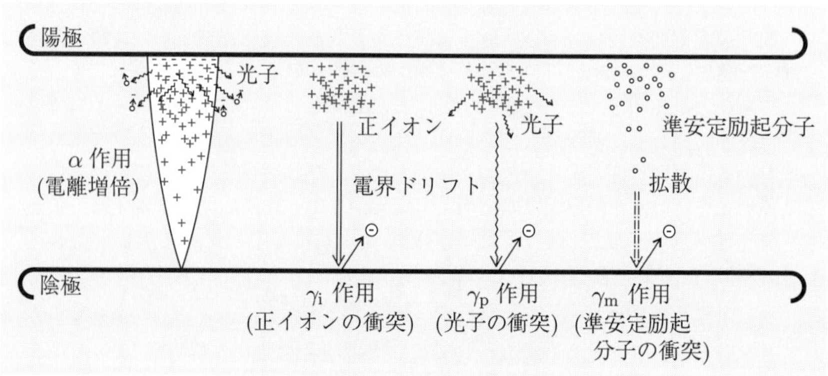


**図 3.3**　種々の二次電子放出機構

正イオンが電界によって陰極方向へドリフトする際，気体原子・分子に衝突し電離を起こす $\beta$ 作用を 20 世紀初頭に提案した．しかし，その後の研究により，通常の状態では $\beta$ 作用が起こる確率は極めて低いことがわかり，$\beta$ 作用という用語は使わなくなっている．

さて，正イオンの $\gamma$ 作用が支配的な場合について放電開始に至る条件を考えてみる．図 3.4(a) に示すように，$n_0$ 個の**初期電子**は陰極から出発し，陽極へ向かう途中 $\alpha$ 作用によって電子と正イオンを多数発生させる．この様子は雪山で起こるなだれのように成長することから，**電子なだれ** (electron avalanche) と呼ばれる．電子なだれの中では，電子の移動度が正イオンの移動度より非常に大きいので電子は進行方向の最先端部に集中し，それに対し正イオンは発生した場所にとどまるような分布になっている．

電子なだれの先端にある電子は $n_0e^{\alpha d}$ 個となって陽極に流入する．すなわち，電子は $n_0$ 個から $n_0e^{\alpha d}$ 個となり，その差 $n_0(e^{\alpha d}-1)$ 個だけ増加したことになる．この増加した電子数と同じ数の正イオンが同時に発生している．

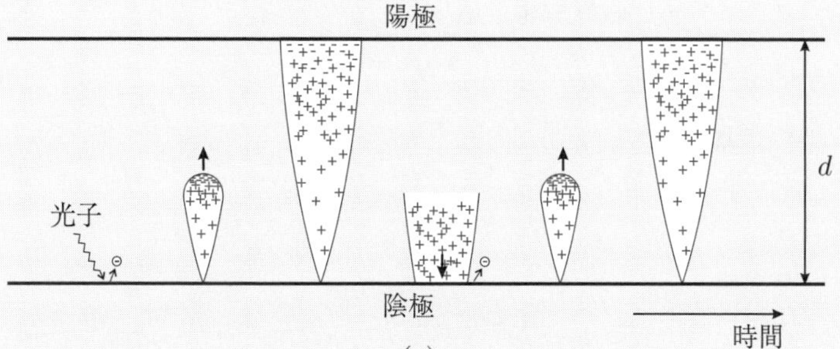

(a)

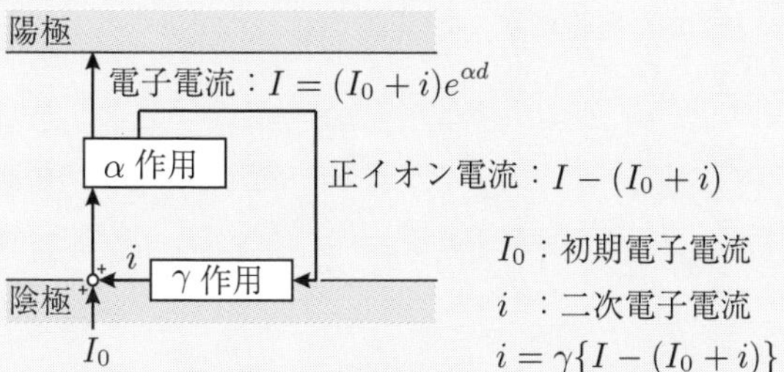

(b)

**図 3.4**　タウンゼント理論

空間に存在する正イオンは，電界ドリフトで陰極方向へ移動する．正イオンは最終的に陰極と衝突し，陰極から電子をもらって中性の原子・分子に戻る．その衝突の際，正イオンの運動エネルギーが大きいと，そのエネルギーによって陰極から自由電子を放出させる場合がある．これが正イオンによる $\gamma$ 作用である．$\gamma$ 作用で電子放出が起こる確率を **$\gamma$ 係数**という．$\gamma$ 係数は陰極の材料や気体の種類によっても異なるが，$10^{-3}$～$10^{-6}$ 程度と小さな値である．つまり，1 千～100 万個の正イオンが陰極に衝突して，ようやく 1 個の電子が放出される程度である．いずれにしても，$\gamma$ 作用で放出される電子を**二次電子**と呼び，その数は正イオン数が $n_0(e^{\alpha d}-1)$ 個であることから $\gamma n_0(e^{\alpha d}-1)$ 個で表される．

もし，十分な正イオンが陰極に衝突し，$\gamma$ 作用によって $n_0$ 個の二次電子が放出されるならば，最初と同じような電子なだれが再度進展することになる．そこで，最初と同じ数の正イオンが作られ，それが陰極に衝突し，再び $n_0$ 個の二次電子が放出される．

これ以降も同じ過程が繰り返され，電離現象が継続することになる．つまり二次電子の数が $n_0$ 個以上であれば，電離現象が維持ないしは増大されることとなる．これをもって**放電開始**ということができる．つまり，

$$\gamma n_0(e^{\alpha d}-1) \geqq n_0 \tag{3.7}$$

という条件式において放電開始の最小の条件は等号が成立する時であり，

$$\gamma(e^{\alpha d}-1) = 1 \tag{3.8}$$

と書くことができる．

次に電子や正イオンによる電流の観点から放電開始を検討してみる (図 3.4(b) を参照)．陰極上の初期電子電流を $I_0$，二次電子電流を $i$ とすると陽極上の電子電流 $I$ は $\alpha$ 作用による電離増倍で次式のようになる．

$$I = (I_0 + i)e^{\alpha d} \tag{3.9}$$

$\alpha$ 作用によって生成された正イオンが陰極に流れ込むときの電流は，$I-(I_0+i)$ に等しい．陰極に流れ込む際の衝突で $\gamma$ 作用が生じ，次式で示す二次電子電流 $i$ を発生する．

$$i = \gamma\{I - (I_0 + i)\} \tag{3.10}$$

(3.9) 式と (3.10) 式を用いて $i$ を消去することにより，

$$I = \frac{e^{\alpha d}}{1-\gamma(e^{\alpha d}-1)} I_0 \tag{3.11}$$

が得られる．(3.11) 式の分母が 0 になると，初期電子電流 $I_0$ に関係なく電子電流 $I$ が無限大になることがわかる．まさに放電によって電極間が短絡された状態となっており，この条件，

$$\gamma(e^{\alpha d}-1) = 1 \tag{3.12}$$

が**放電開始**の条件であり，また (3.8) 式と一致している．

初期電子を供給し続けなくても大きな電流が維持される状態では，大きな音や強い発光を伴う放電が観察され，これを**火花放電**と呼んでいる．したがって (3.8) 式や (3.12) 式は火花放電開始を与える重要な条件式である．

$\alpha$ が電界 (電圧) の関数であることから，(3.8) 式や (3.12) 式を満たす電界 (**火花放電電界**) および電圧 (**火花放電電圧**ないし**火花電圧**) を求めることができる．

### 3.2.2 ストリーマ理論

タウンゼント理論において，特に電子なだれによって陽極付近に作られた正イオンが陰極に衝突し，新たな種の電子を得る場合には，どうしても正イオンが陽極付近から陰極まで電界ドリフトするだけの時間が必要となる．この時間を大気圧空気中，ギャップ長 1 cm の平行平板電極で計算してみる．

正イオンのドリフト速度を $v_{\mathrm{i}}$，正イオンの移動度を $\mu_{\mathrm{i}}$，電界を $E$，正イオンが移動に要する時間を $t$，そしてギャップ長を $d$ とすると次の関係がある．

$$v_{\mathrm{i}} = \mu_{\mathrm{i}} E \tag{3.13}$$

$$t = d/v_{\mathrm{i}} \tag{3.14}$$

ここで，$\mu = 1\,[\mathrm{cm}^2/(\mathrm{V}\cdot\mathrm{s})]$, $E = 30\,[\mathrm{kV/cm}]$, $d = 1\,[\mathrm{cm}]$ を用いて，$t$ を求めると，33 $\mu$s となる．火花放電開始までの遅れ時間を観測してみると，大気圧空気では数 10 ns となり，今求めた時間の 1/1000 と極めて短い時間で火花放電が生じていることがわかってきた．つまり，タウンゼント理論では説明できない現象もあり，これを補うものとして**ストリーマ理論**が提案されている．

ストリーマ理論で考えられる放電の過程を示すと図 3.5 になる．陰極からスタートした初期電子は，衝突電離を繰り返し，電子なだれとして成長する (図 3.5(a))．その先端にある電子群が陽極に到達して陽極に吸収されると，空間に

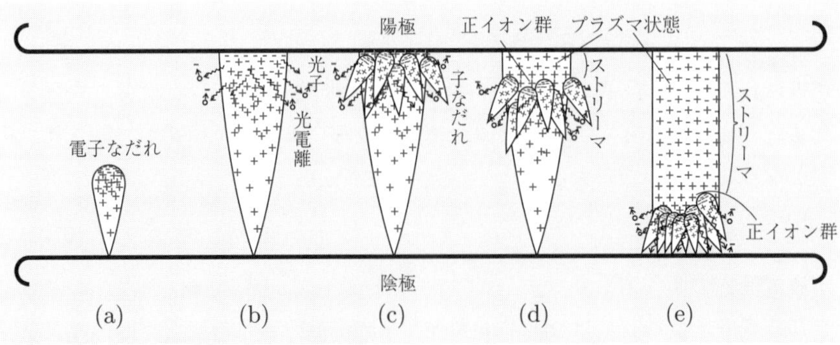


**図 3.5**　ストリーマ理論

正イオン群が残される．ここまではタウンゼント理論と変わりないが，その状態で，正イオン群付近から放出される光がその周辺の空間にある中性の原子・分子に吸収され，光電離を発生させる (図 3.5(b))，と考えるところにストリーマ理論の特徴がある．ここで考える光は，電離と同時に生じる励起およびそれに続く脱励起によって発生している．光電離で生じた電子 (二次電子) は，陽極および正イオンが作る電界によって加速され，衝突電離を伴う新たな電子なだれを形成する (図 3.5(c))．

この電子なだれは**子なだれ**と呼ばれる．陰極からスタートした電子なだれは，印加電界だけで成長したが，子なだれの方は正イオンが作る電界が加わるため，より短い距離の進展で十分な成長 (大量の電子や正イオンを生成) をすることができる．

複数の子なだれの先端が正イオン群に飛び込むと，正イオンと電子が混在する領域，すなわちプラズマが生じる．また，子なだれが残した正イオンは，プラズマ化された最初の正イオン群に代わって，新たな正イオン群を形成する (図 3.5(d))．この正イオン群から放出される光子は，新たな子なだれの生成に必要な種電子を光電離によって作り出す．一連の過程をまとめておくと次のようになる．

① 正イオン群の形成

② 正イオン群内の脱励起現象による光子の発生

③ 正イオン周辺に光電離による二次電子の発生

④ 二次電子が印加電界，正イオン群の作る電界によって加速，衝突電離を繰り返すことによる電子なだれ (子なだれ) の形成

⑤ 子なだれ先端の電子が正イオン群に飛び込み，正・負電荷が混在するプラズマの形成

⑥ 子なだれが残した正イオン群は，プラズマ化された元の正イオン群の前方 (陰極側) に新たな正イオン群を形成

① から ⑥ までの過程が繰り返されることにより，プラズマ化された部分が陰極方向に伸びていく．この様子を**ストリーマ**の進展という (図 3.5(e))．ストリーマが陰極に到達すると，陽極と陰極は導電性の高いプラズマで橋絡されることになり，電極間に大電流が流れ，**火花放電**に移行する．

ストリーマの進展は，子なだれ同士が次々とリレーをして進んでいくイメージとなり，その速度は電子のドリフト速度にほぼ等しくなる．大気圧では，$10^5 \sim 10^8$ [m/s] ($10^7 \sim 10^{10}$ [cm/s]) になる．その結果，火花放電までの遅れ時間は，電極間を正イオンが移動する場合に比べて極めて短くなる．

こうしたストリーマの存在およびその発生条件は，レータ (H. Raether)，レーブ (L. B. Loeb) やミーク (J. M. Meek) によって 1940 年頃研究された．ストリーマの発生する条件がいくつか提案されているが，それをまとめると，「最初に陰極からスタートした電子なだれ先端の電子の数が $10^8$ 個程度になるとストリーマが現れる」ということになる．

陰極からスタートした 1 個の電子が電極間 $d$ の距離を進んだ時，衝突電離によって生成される電子数は $e^{\alpha d}$ 個である．ここで $\alpha$ は衝突電離係数である．したがって，ストリーマ発生の条件は，

$$e^{\alpha d} \approx 10^8 \tag{3.15}$$

$$\alpha d \approx 18 \tag{3.16}$$

となる．衝突電離 $\alpha$ と距離 $d$ の積は**電離指数**と呼ばれ，ストリーマ発生の条件を電離指数によって表すことがある．

上の例では，電離指数が 18 になるときにストリーマが発生することになるが，一般的に定数 $K$ を用いて，

$$\alpha d = K \tag{3.17}$$

とする．$K$ の値としては，10〜20 を用いることが多い．

**例題 3.1**

圧力 $p$ の気体中に配置されたギャップ長 $d$ の平行平板電極に，電圧 $V$ を印加したとき火花放電が発生した．この気体の電離係数 $\alpha$ は次式で与えられる．

$$\frac{\alpha}{p} = k_1\left(\frac{E}{p} - k_2\right)^2 + k_3 \tag{3.18}$$

ここで，$E$：電界，$k_1, k_2, k_3$：定数である．

火花放電電圧 $V$ を，ストリーマ理論に基づき求めてみよう．以下の問いに答えよ．

(1) 電界 $E$ と電圧 $V$ の関係を求めよ．

(2) 1 個の電子が陰極上をスタートし，電離増倍をしながら陽極に到達すると，電子の総数は $N$ 個となっている．この $N$ を $\alpha d$ の関数として表せ．

(3) ストリーマ理論によると，電子数 $N$ が $10^8$ 個になるとストリーマを生じ火花放電に至る．この条件が満たされる $\alpha d$ の値はいくらか．

(4) (3) の結果を利用して，火花放電電圧 $V$ を求めよ．($p, d, k_1, k_2, k_3$ を含む式になる．)

**【解答】**

(1) 電界 $E$ は $E = V/d$ と表せる．

(2) (3.3) 式を用いて $n_0 = 1$ を代入することにより，$N = e^{\alpha d}$ となる．

(3) $e^{\alpha d} = 10^8$ より $\alpha d = 18.4$ となる．

(4) (3.18) 式の両辺に $pd$ を掛けると，$\alpha d = \{k_1(E/p - k_2)^2 + k_3\}pd$ となる．この式に $\alpha d = K, E = V/d$ に代入することにより，次式が得られる．

$$V = pd\left(\sqrt{\frac{1}{k_1}\left(\frac{K}{pd} - k_3\right)} + k_2\right) \tag{3.19}$$ ■

### 3.2.3 タウンゼント理論とストリーマ理論

タウンゼント理論とストリーマ理論の 2 つを紹介したが，そのうちどちらが正しいかというのではなく，実験条件によってどちらかの理論によって説明できる．タウンゼント理論に基づく (3.12) 式で示した火花放電開始の条件式を書き換えると

$$e^{\alpha d} = 1 + \frac{1}{\gamma} = \text{定数} \tag{3.20}$$

となり，ストリーマ理論で示された条件式と同じ形式になっている．

2 つの理論においては，次々と電子なだれの発生を繰り返すための機構，つまり二次電子の発生，供給の機構に違いがある．タウンゼント理論では，陰極からの電子放出，ストリーマ理論では，気体分子・原子の光電離による電子放出である．したがって，いずれの電子放出機構が支配的であるかにより，適用できる理論が変わることになる．

図 3.6 は，気体の圧力 $p$ とギャップ長 $d$ の積 $pd$ および印加電圧の大きさを示す**過電圧率** (次式参照) を用いて，2 つの理論の成立する範囲を表したものである．

$$\text{過電圧率} = \frac{\text{印加電圧 } V - \text{最低火花電圧 } V_0}{\text{最低火花電圧 } V_0} \tag{3.21}$$

$pd$ 値が小さい領域では，陽極付近にある正イオンが陰極まで到達しやすいことからタウンゼント理論が適用される．一方，$pd$ 値の大きな領域では，特に過電圧率が大きくなると，エネルギーの大きな光子が多量に放出され，それを吸収する気体原子・分子が周辺に多数存在することから，気体原子・分子の光電離の割合が急増しストリーマ理論の適用が可能となっている．

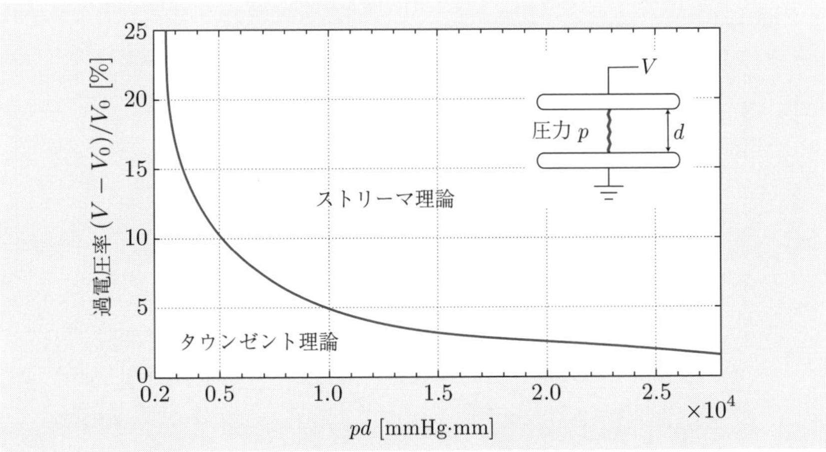


**図 3.6**　タウンゼント理論とストリーマ理論の成立範囲

## 3.3 パッシェンの法則

平行平板電極で作られるような平等電界の火花電圧を考える時，タウンゼント理論やストリーマ理論と並んで重要な経験則がある．それが**パッシェンの法則** (Paschen's law) と呼ばれる火花電圧の相似則で，以下の通りである．

パッシェンの法則：平等電界中の火花電圧 $V_{\mathrm{s}}$ は，気体の圧力 $p$ とギャップ長 $d$ の積 $pd$ のみの関数で与えられる．

$$V_{\mathrm{s}} = f(pd) \tag{3.22}$$

パッシェンの法則で理解すべき重要な点は，ギャップ長 $d$ を $n$ 倍の $nd$ に，一方，圧力 $p$ を $1/n$ 倍の $p/n$ にしても，火花電圧は元の $V_{\mathrm{s}}$ から変わらないことである．すなわち，火花電圧を維持したままギャップ長を増加させたい時は，圧力を同じ割合で減少させればよく，またギャップ長を減少させたい時は，圧力を同じ割合で増加させればよい．

もう 1 つ重要な点は，火花電圧を縦軸に $pd$ 積を横軸にとって，火花電圧の特性を描くと図 3.7 のように 1 本の曲線となることである．この曲線を**パッシェン曲線**と呼んでいる．この図は空気の場合であるが，他の気体でもほぼ同様な曲線となる．パッシェン曲線の明確な特徴は，**パッシェン・ミニマム** (最小値)

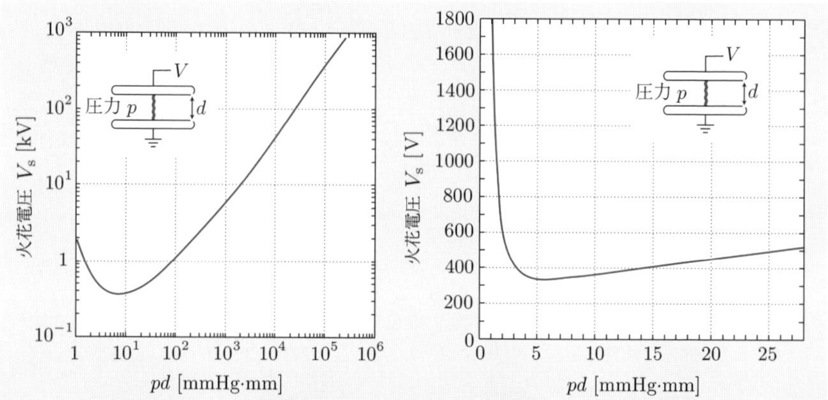


(a) 全体像（両対数表示）　　(b) パッシェン・ミニマム付近

**図 3.7**　パッシェン曲線

と呼ばれる極小値を持つ点である．空気では，$(pd)_{\min} = 5.5\,[\mathrm{mmHg \cdot mm}]$ で $V_{\mathrm{s\,min}} = 340\,[\mathrm{V}]$ となる．例えば，大気圧空気中で平等電界を構成し，ギャップ長を減少させると，ほぼギャップ長に比例して火花電圧も減少する．しかし，ギャップ長が $7.2\,\mu\mathrm{m}$ に達し，火花電圧が 340 V となった後，さらにギャップ長を減少させても火花電圧は 340 V 以下にはならず，逆に火花電圧は上昇してしまうという通常の感覚とは異なる特性となっている．

パッシェン曲線は，火花放電の条件式と衝突電離係数の実験式を用いて定式化できる．ここではタウンゼント理論で考えてみる．

$$\text{タウンゼント理論による火花放電の条件式：}\quad \gamma(e^{\alpha d} - 1) = 1 \tag{3.23}$$

$$\text{衝突電離係数の実験式：}\quad \alpha/p = A\exp(-Bp/E) \tag{3.24}$$

$$\text{火花放電時の電界：}\quad E = V_{\mathrm{s}}/d \tag{3.25}$$

上の 3 つの式から $\alpha$, $E$ を消去して，整理すると次式が得られる．

$$V_{\mathrm{s}} = \frac{Bpd}{\log(pd) + C} \tag{3.26}$$

$$C = \log A - \log\log\left(1 + \frac{1}{\gamma}\right) \tag{3.27}$$

$V_{\mathrm{s}}$ は $pd$ 積の関数となっている．また，$pd = x$ とおいて $x$ で微分を行い，

$$\frac{dV_{\mathrm{s}}}{dx} = 0 \tag{3.28}$$

と置くことにより，$V_{\mathrm{s}}$ の極値 (この場合は最小値) が次式で求められる．

$$V_{\mathrm{s\,min}} = \frac{Be}{A}\log\left(1 + \frac{1}{\gamma}\right) \tag{3.29}$$

ここまでは，気体の温度 (絶対温度 $T$ で表す) が一定であることを暗黙のうちに仮定していた．もし，気体の温度 $T$ が変化する場合には，気圧 $p$ の代わりに気体の相対密度 $\delta$ $(= ap/T,\ a$：定数$)$ を用いて，(3.22) 式を次式のように書き換えることができる．なお，$\delta$ の具体的な定義は後に (3.32) 式として示される．

$$V_{\mathrm{s}} = f(\delta d) \tag{3.30}$$

この式は，気体の液化が始まる直前までの極低温から 1000 K 程度の高温まで成立することから，室温で火花電圧特性を求めておくと，低温から高温まで温度が大きく異なる条件下での火花電圧を簡単に推定するのに利用でき便利である．

## 3.4　電極形状と放電特性

放電の様子は，電極形状，つまり電極によって作られる電界分布の違いによって変化する．電界が場所によって変化せず一様な場合を**平等電界**といい，一方，電界が局所的に強くなるなど場所により変化する場合を**不平等電界**という．平等電界，不平等電界を形成する代表的な電極配置を図 3.8 に示す．

平等電界といっても完全な平等電界は，無限に大きな平板電極を用いないと実現できない．通常の平板電極には縁《ふち》があり，その部分の電界が強く不平等電界が形成され，そこから放電が発生してしまうことをよく経験する．平板の中央部で電界が最大となり，縁に近づくにしたがって徐々に電界が低下するように工夫すると，放電は中央付近で起こるようになる．このような電界分布にな

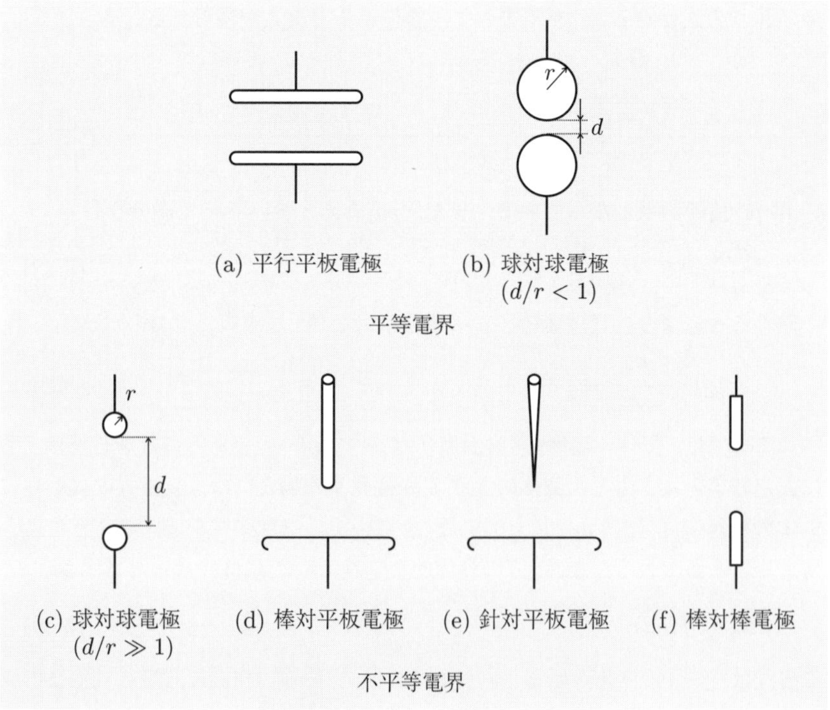


**図 3.8**　代表的な電極配置

るよう平板電極の縁の形成を改良した代表として，ロゴウスキー (Rogowski) 電極，ブルース (Bruce) 電極，ハリソン (Harrison) 電極がある．その他，球対球電極でギャップ長が電極半径より小さい範囲で近似的な平等電界が形成できる．

平等電界ギャップの放電は図 3.9(a) に示すように，タウンゼント理論やストリーマ理論で予測される放電開始電圧 $V_s$ に達すると，強い光と大きな音を伴う火花放電へ移行する．火花放電が発生する電圧を**火花放電電圧**，または放電を略して**火花電圧**という．空気中ギャップ長 $d$ [cm] の火花放電電圧 $V_s$ [kV] は，

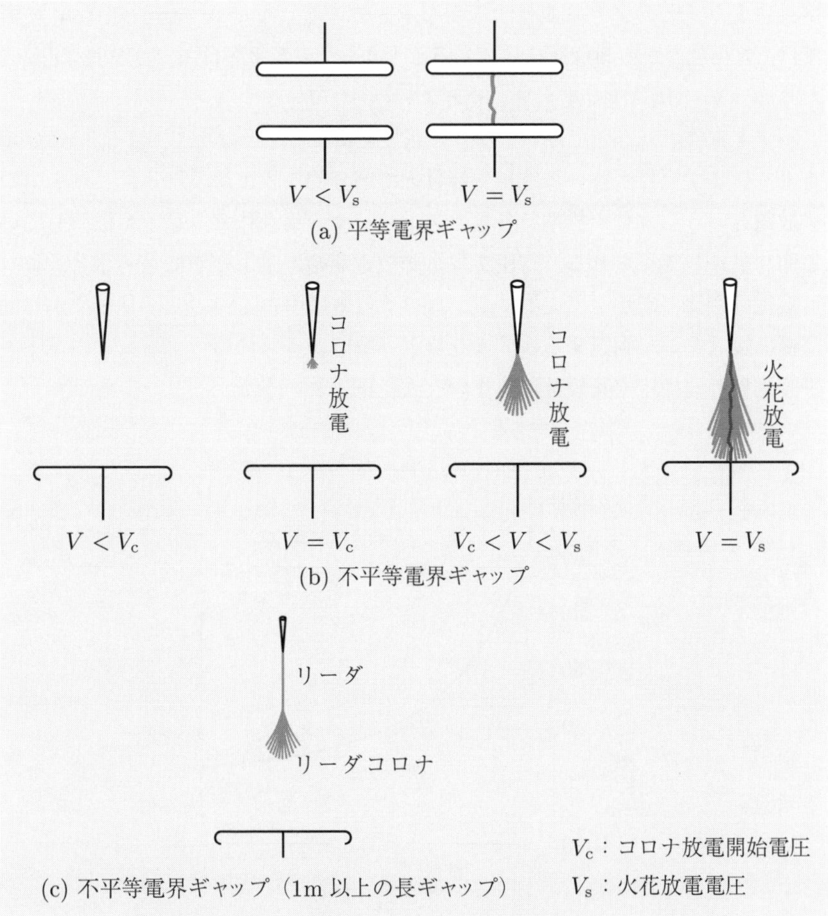


**図 3.9**　平等電界および不平等電界における放電進展形態

パッシェンの法則にしたがった次の実験式で与えられる．

$$V_s = 23.85\delta d\left(1 + \frac{0.329}{\sqrt{\delta d}}\right)[\mathrm{kV}] \tag{3.31}$$

ここで $\delta$ は**相対空気密度**で，20℃, 760 mmHg (1013 hPa) の標準状態を基準とした密度の補正係数を示している．気圧 $p$ を与えると $\delta$ は次式で求まる．

$$\delta = \frac{0.386p\,[\mathrm{mmHg}]}{273 + t\,[^\circ\mathrm{C}]} = \frac{0.289p\,[\mathrm{hPa}]}{273 + t\,[^\circ\mathrm{C}]} \tag{3.32}$$

図3.10には大気圧空気中で火花放電が生じる電界強度 (**火花電界強度**) がギャップ長により，どのように変化するかを示している．ギャップ長 1〜10 cm の所では，火花電界が約 30 kV/cm であることから，火花電圧はギャップ長 1 cm 当たり 30 kV (3万V) と覚えておくとよい．

不平等電界ギャップではいきなり火花放電になることはなく，図3.9(b) に示すようにまず電界が強い棒電極先端付近で部分的な放電が現れる．これを**コロナ放電**という．コロナ放電は多数のストリーマの集合体で，電圧を維持している間，継続して見られる．電圧をコロナ放電開始電圧より増加させると，コロナ放電は空間に向かって進展する．コロナ放電の中の1つのストリーマが対向電極に接近ないし到達すると，火花放電へ瞬時のうちに移行する．この電圧を平等電界と同様に火花放電電圧ないし火花電圧という．

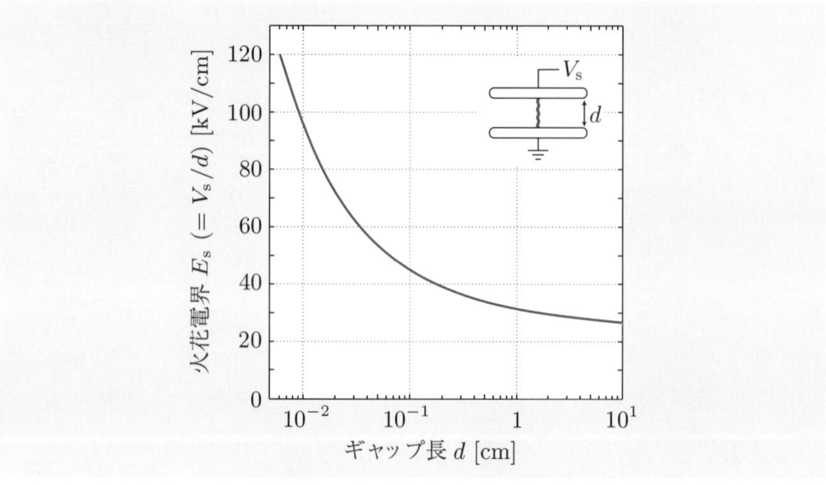


**図3.10**　平等電界下の火花電界強度

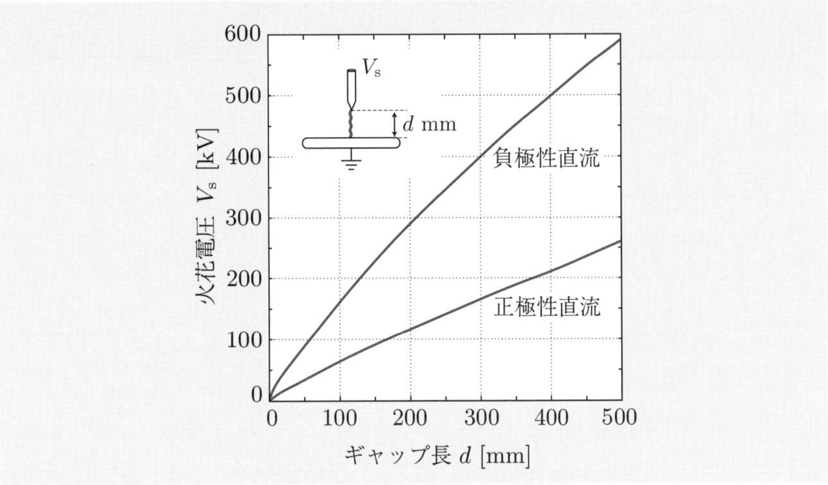


**図 3.11**　火花電圧の極性効果

強い電界が作られる棒や針電極に加わる電圧の極性によって，放電の様子や火花電圧に大きな違いが見られる．これを**極性効果**という．火花電圧の極性効果の例を図 3.11 に示す．大気圧空気中では，正極性電圧に対する火花電圧はギャップ長 1 cm 当たり 5 kV 程度である．一方，負極性電圧に対しては，ギャップ長 1 cm 当たり 10 数 kV 程度と 2〜3 倍になる．極性効果と共に，平等電界ギャップの火花電圧との違いにも注目してほしい．同じギャップ長でも不平等電界においては，火花電圧は平等電界の値に比べて数分の一まで低下する．特に正極性電圧が印加された不平等電界ギャップは火花放電が発生しやすいことがわかる．

不平等電界ギャップにおいて，ギャップ長が 1 m を超えるような**長ギャップ**になると，放電の様子に変化が加わり図 3.9(c) にある**リーダ**が現れる．リーダはコロナ放電の一部の導電性が高くなったもので，リーダの先端には次々にコロナ放電 (**リーダコロナ**) が発生する．リーダはリーダコロナを前方に伴いながら進展する．リーダコロナが対向電極に接近ないし到達すると火花放電に移行する．長ギャップにおける火花電圧は，ギャップ長に比例して増加せず飽和する傾向にある．ギャップ長が 10 m を超えると，ギャップ長 1 cm 当たり 1〜2 kV まで低下する．

## 3.5 電圧波形と放電特性

これまで加える電圧として主に直流電圧を考えてきたが，高電圧の波形としては次のものがある．

- 直流電圧
- 交流電圧
- インパルス電圧
  - 雷インパルス電圧
  - 開閉インパルス電圧

交流電圧波形の時間変化は放電が進展する時間 (ns〜$\mu$s オーダ) に比べて遅いので，放電の様子は直流電圧が徐々に増減する場合と同様に考えてよい．したがって，交流電圧を加えたギャップの火花電圧は，一般に直流の正極性印加時の火花電圧と負極性印加時の火花電圧のうち，低い方の火花電圧と一致する．

### 3.5.1 インパルス電圧

**インパルス電圧**は，落雷時や電力系統の開閉時に発生する過電圧を模擬するために設定された電圧である．この発生原因に由来して，**雷インパルス電圧**と**開閉インパルス電圧**に分類され，前者は数十 $\mu$s，後者は数 ms 程度継続するパルス状の電圧である．交流電圧との比較で 2 つのインパルス電圧波形を模式的に描くと図 3.12 になる．

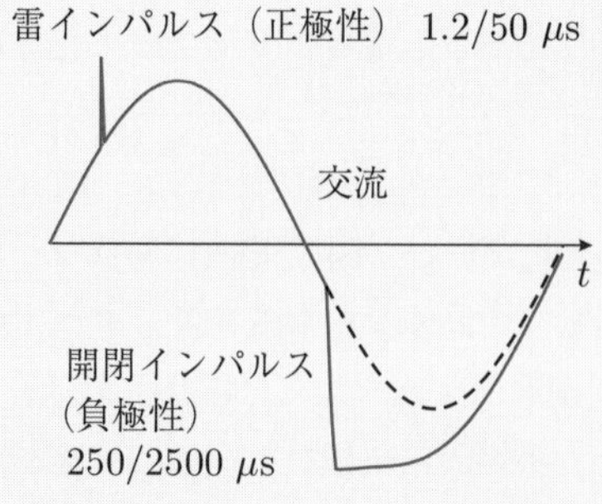


**図 3.12** 交流電圧に重畳した雷インパルス電圧と開閉インパルス電圧

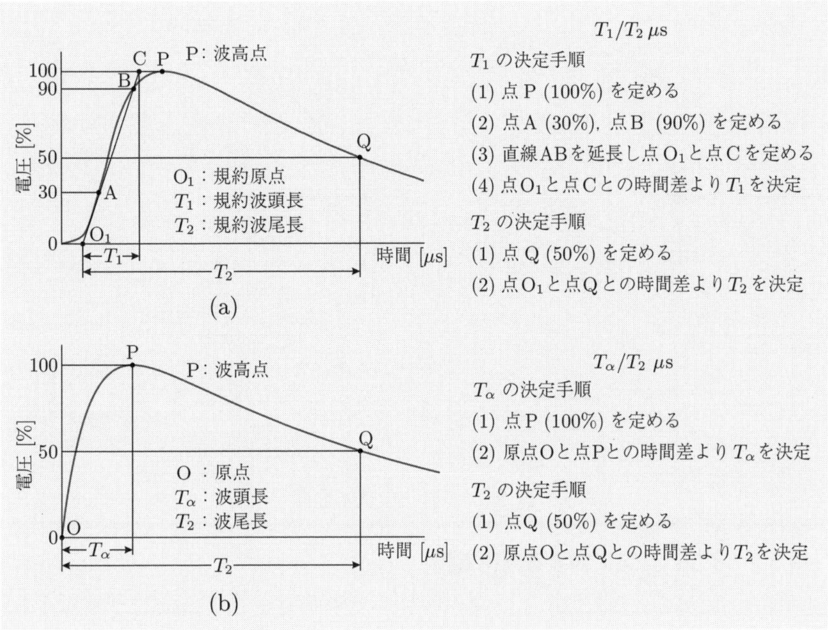


**図 3.13** インパルス電圧波形の表示法

インパルス電圧波形の表し方は国際的な標準規格で定められており，それを図 3.13 に示す．波形の特徴を表す数値として重要なものは，**波高値**，(規約) **波頭長**，(規約) **波尾長**である．それぞれの値を実際にどう求めるかについては，図 3.13 中の説明を読んでほしい．

雷インパルスは開閉インパルスと少し異なる定義をしている．これは，雷インパルスの速い立ち上がりの初期段階において高周波の振動波形が重畳するなど，どの時点で電圧が立ち上がるか見極めにくいためである．

雷インパルスと開閉インパルスにはそれぞれ波頭長と波尾長を与えた標準波が定められており，規格に基づく表記で示すと以下の通りである．

$$\begin{cases} \text{雷インパルス} & 1.2/50\,\mu\text{s} \\ \text{開閉インパルス} & 250/2500\,\mu\text{s} \end{cases}$$

波頭長と波尾長の値の間に / (スラッシュと読む) を入れ，最後に時間の単位を付けている．

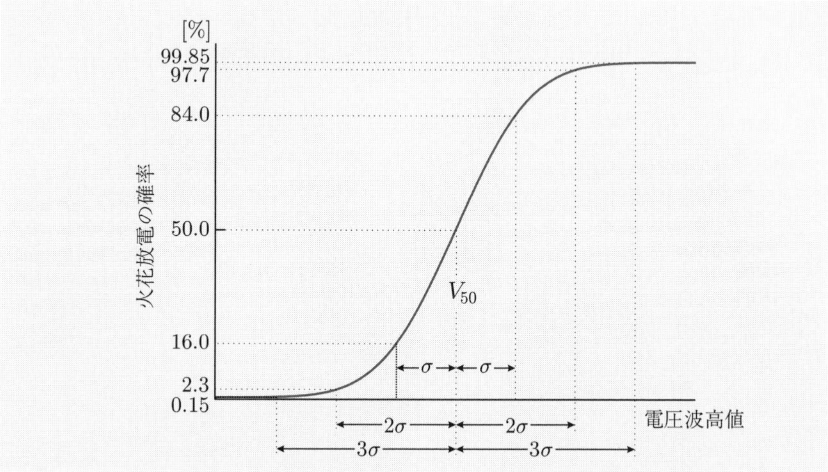


**図 3.14　火花放電率曲線**

### 3.5.2　インパルスに対する火花電圧

インパルス電圧をあるギャップに印加して火花電圧を求めることを考える．ある一定値のインパルス電圧を加えても，火花放電が発生したり，しなかったりする．そこで，一定電圧を多数回加えて火花放電の発生した確率を求める作業を行う．その作業を異なる電圧値に対して行い，それぞれの放電確率を電圧波高値の関数としてプロットする．プロットした結果は図 3.14 のようになり，これを**火花放電率曲線**と呼んでいる．

インパルス電圧に対する火花電圧は，この火花放電率曲線において，放電率が 50％ となる電圧波高値 $V_{50}$(**50％火花電圧**) で示している．

火花放電率曲線は，通常，正規累積分布で近似できるので，図 3.14 に示すように，放電率 16％ あるいは 84％ の電圧値から正規分布の標準偏差に相当する値 $\sigma$ (**シグマ**と読む) を求めることができる．電圧波高値が $(V_{50}-2\sigma)$ 以下となる場合の火花確率は 2.3％，また，$(V_{50}-3\sigma)$ 以下となるのは 0.15％ となることから，火花放電がほとんど発生しない電圧として $(V_{50}-2\sigma)$ や $(V_{50}-3\sigma)$ の値を用いることがある．

なお，$V_{50}$ や $\sigma$ を求める手法として昇降法も利用されている．具体的な手順については，付録 C を参照して頂きたい．

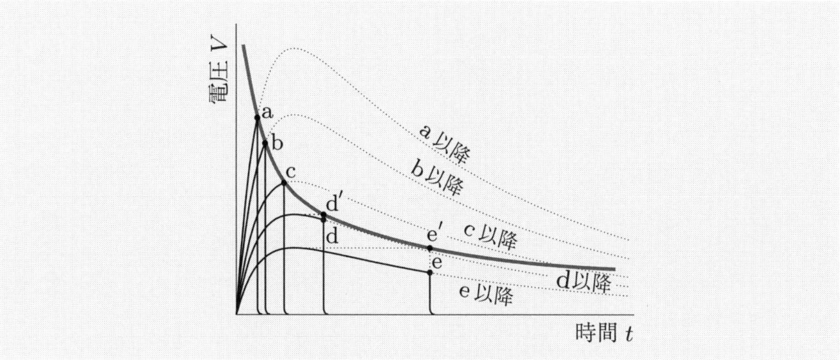


**図 3.15**　電圧–時間特性

インパルス電圧を加えたときの火花放電は，いつも電圧が波高値に達したとき発生するわけではなく，火花放電が生じるまでの時間 (放電時間遅れ) も統計的に変動する．この様子を図 3.15 のようにプロットしたものが，電圧–時間特性 ($V$–$t$ 特性) である．火花放電が発生するとギャップが放電によって短絡されることによって，印加電圧は急激に低下する．この点を**裁断点**と呼び，火花放電開始時点 (時間) が特定できる．基本的にはこの裁断点における電圧と時間をプロットすることになるが，インパルスの波高値以降で裁断点が生じる場合は，裁断点の電圧ではなく電圧波高値の値をプロットすることになっている．図 3.15 で，d 点ではなく d′ 点が，また e 点ではなく e′ 点が $V$–$t$ 特性のデータとして採用されていることに留意してほしい．

一般に $V$–$t$ 特性は，1 つのインパルス波形を用いて波高値を変えながら求めている．一度ある供試物の $V$–$t$ 特性を求めておくと，任意波形のインパルス電圧を加えた時その供試物に火花放電が発生するかどうかは，$V$–$t$ 特性とインパルス波形とが交差するかどうかで予測ができる．交差する場合には，供試物に加えられるインパルス電圧波形には $V$–$t$ 特性より高い値が含まれ，火花放電が発生することになる．このように $V$–$t$ 特性は，火花放電特性の全体像を知るために $V_{50}$ や $\sigma$ と並んで重要なデータである．

直流，交流，インパルスという 3 つの波形に対する火花電圧 $V$ を比べてみると，次のようになる．

平等電界：

$$V(\text{直流}) \doteqdot V(\text{交流波高値}) \doteqdot V_{50}(\text{インパルス})$$

ただしインパルス電圧の $V$–$t$ 特性において，数 $\mu$s 以下の時間領域になると火花電圧が上昇し始める．

不平等電界 (短ギャップ長の場合)：

$$V(\text{直流}) \doteqdot V(\text{交流波高値}) < V_{50}(\text{インパルス})$$

正極性，負極性いずれの場合も，ギャップ長が 20 cm 程度までは $V_{50}$(インパルス) は $V$(直流) の 1.2 倍程度，ギャップ長が 25 cm を超えると $V_{50}$(インパルス) は $V$(直流) の 1.1 倍程度になる．

### 3.5.3 長ギャップ放電における火花電圧の U 特性

印加する電圧波形による火花電圧の変化を見たとき，不平等電界で特にギャップ長が 1 m を超えるような**長ギャップ**の場合には，短いギャップとは異なる特性となる．このことが 1960 年代に明らかにされた．図 3.16(a) は，正極性開閉インパルスに対する $V$–$t$ 特性を示したもので，数 10 $\mu$s〜数 100 $\mu$s で 50 %火花電圧が極小値をとっている．これを $V$–$t$ 特性の形から **U 特性**と呼んでいる．また，火花電圧が極小値となる波頭長を**臨界波頭長**と呼んでいる．U 特性が発見されるまでは，開閉インパルスが注目されることはなかった．しかし，この U 特性の発見をきっかけに開閉インパルス電圧の標準波の波頭長が 250 $\mu$s と定められ，極小値付近での火花電圧測定を行うようになった．

なぜ，数 10 $\mu$s〜数 100 $\mu$s 付近で火花電圧が極小値となるかについては，まだ完全には明らかにされていないが，この状況ではリーダ放電の進展がスムーズに行われていることから，ストリーマからリーダに転換していく速さが，電圧の上昇速度と調和しているためと考えられている．

開閉インパルス電圧印加時の長ギャップ放電に特有な性質は，U 特性以外にもいくつか知られている．その 1 つが図 3.16(b) に示す**飽和特性**，すなわち火花電圧がギャップ長に比例して増加せずに飽和傾向が顕著になる性質である．500 kV 以上の電力系統で現れる開閉インパルス波形の過電圧 (**開閉サージ**という) の大きさが，ちょうど飽和傾向の強まるところと一致しており，設備の絶縁

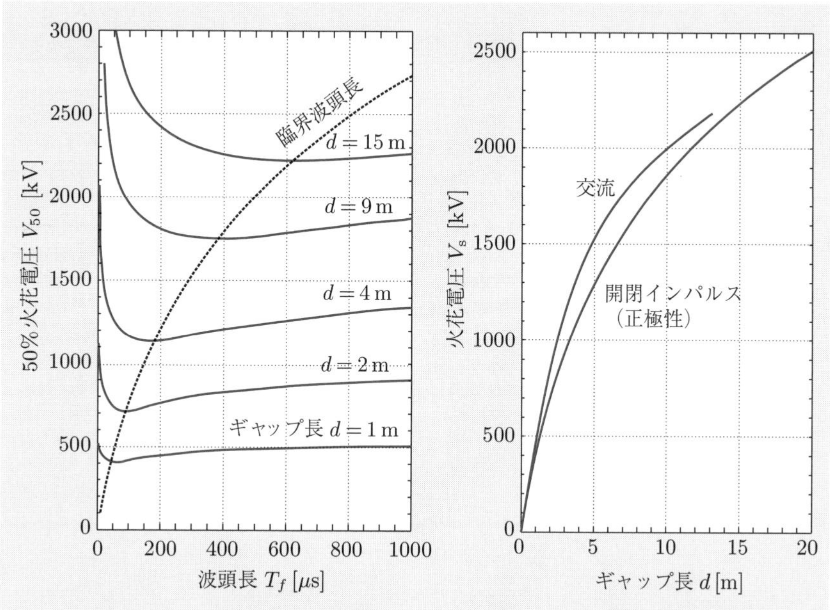


(a) U 特性　　(b) 飽和特性

**図 3.16**　正極性開閉インパルス電圧印加時の長ギャップ放電の特性

設計に大きな影響を与えている．開閉サージの大きさは電力系統の回路条件で変わることから，もし工夫して開閉サージを少しでも小さくできれば，空気中の絶縁距離を効果的に減らすことが可能となる．

なお，U 特性の最小 50％火花電圧 $V_{50}$ [kV] をギャップ長 $d$ [m] の関数で表すと次式になる．

$$V_{50} = 1080 \ln(0.46d + 1) \tag{3.33}$$

そのほかに，火花電圧の偏差 $\sigma$ (ばらつき) が 5〜6％と大きくなること (雷インパルスに対しては 2〜3％) や，火花放電の経路が電極間の最短経路ではなく最短の 2〜3 倍になり大きく屈曲する例が頻繁に現れる (**異常放電**という) ことが知られている．

## 3.6 雷 放 電

放電の進展距離を長くすると，その極限は**雷放電**につながる．また自然現象の中で今でも人間に脅威となっていることから，雷放電についてまとめておく．

まず雷放電の元である**雷雲**がどのようにできるかを見てみよう．雷雲は気象用語では積乱雲に分類され，その発生には地上付近の湿った空気と上昇気流が必要である．図 3.17 に示すように湿った空気に含まれる水蒸気は，上昇気流に乗って上空に達する．上空に行くと温度が下降するために，水蒸気は水滴となりさらには水滴の外側から氷結してくる．水滴の外側は電子が相対的に少なく正に帯電した状態，逆に水滴の内側は電子が多く負に帯電した状態にある．こ

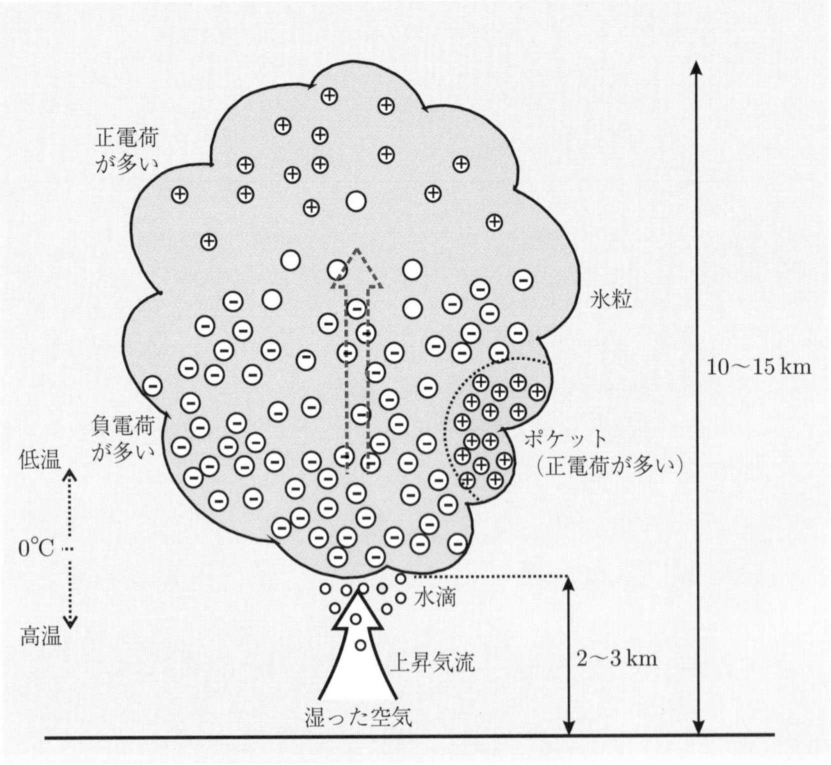


**図 3.17**　雷雲の発生機構

のために始めに凍る外縁部では，正に帯電して氷が作られることになる．外側が氷結した水滴は上昇気流の中で互いに衝突し，外縁の氷が少しずつ砕かれ細かな氷結となってさらに上昇を続ける．水滴の中心部が氷結するまでこうした状況が続き，最終的には，正の電荷を持った細かい氷粒が上層に，一方最後に氷になる負の電荷を持った大きめの氷粒が下層に集まるような氷の集団，すなわち雷雲ができあがる．この生成過程からわかるように，雷雲の上部は正に，また地上に近い下部は負に，それぞれ帯電した分極状態が形成される．なお，雷雲下部の一部には，正電荷の多い**ポケット**と呼ばれる部分が形成されることも知られている．ここで述べた雷雲の電荷構造は夏季の雷において典型的なものである．ただこれまでの研究によると正電荷と負電荷の位置が逆転するなど例外的な構造もいくつか見出されている．

雷雲と地上との間で生ずる対地雷撃の多くは雷雲下部からスタートする負極性の放電である．この放電の進展の様子を時間分解して模式的に描いたものを図 3.18 に示す．

まず，雷雲下部から地面方向へ**ステップリーダ** (stepped leader，英語発音に近い**ステップトリーダ**や和訳の**階段状リーダ**も用いる) と呼ばれる放電が進展開始する．このステップリーダは，1 $\mu$s の時間で 50 m 程進んではいったん停

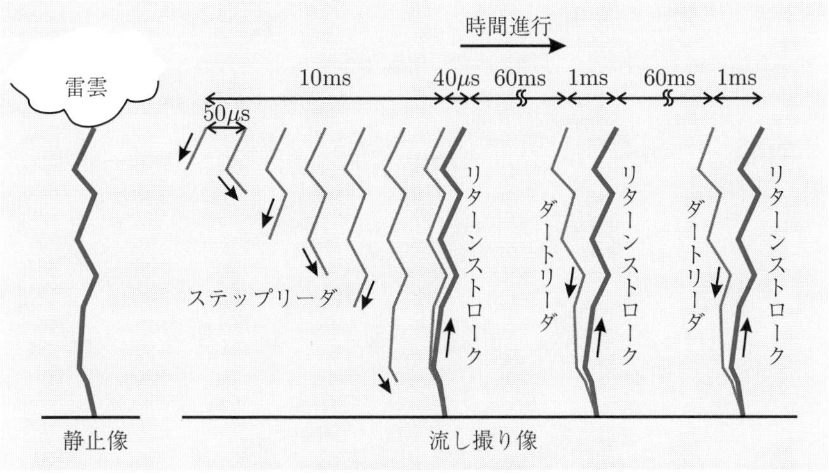


図 3.18 雷放電の進展機構

止 (約 50 $\mu$s) し，またその先 50 m 程進んでは停止するということを繰り返しながら地上に接近する．ステップリーダの先端が地上に達すると，雷雲と地面がリーダで短絡される．この瞬間に**リターンストローク** (return stroke，**主放電**ともいう) が地面から雷雲に向かって，リーダ経路上を強い発光と音を伴いながら進んで行く．これが私達の目にする稲妻で，その速さは光速の 1/3 程度に達する．落雷という用語から稲妻は雲から地面に進むと思われるが，リターンストロークの進展方向から考えると下から上へ登って行くようである．

リターンストロークにより放電路の導電性は急速に高まる．そのため雷雲下部の別の部分から放電路に沿って**ダートリーダ** (dart leader，**矢形リーダ**ともいう) が進展し，地上に到達後，リターンストロークが再び地上から雲に伸びることもある．このように雷撃が繰り返すことを**多重雷**と呼んでいる．繰り返しの回数を**多重度**といい，その平均値は 2～3 である．

わが国の日本海側では，雪の降る冬季にも雷が観測される．この場合の雷の極性は正と負で半々ずつとなり，一般に見られる夏季の雷の 90% が負極性であるのと大きく異なっている．冬季の日本海では，海水温の方が大陸から吹く北西の季節風の温度より高くなり上昇気流が生じる．この上昇気流に含まれる水分によって雷雲が生じ，季節風に乗って日本に近づく．このときの雷雲の雲頂は図 3.17 に示した高さの半分程度で 5～7 km，雲底も 300～700 m とかなり低くなっている．温度差による上昇気流，強い季節風，降雪に伴う下降気流などが複雑に入り乱れることによって，雷雲中の電荷構造も図 3.17 の典型例から大きく変化しているようで，特に雷雲下部には負電荷の塊と同程度に正電荷の塊が存在することが観測されている．このようなことから，地上への雷撃の極性も正，負ほぼ半々になると考えられている．

## 3.7 雷 遮 蔽

雷の直撃から人や構造物をどのように守るかという**雷遮蔽**の課題に触れておきたい．1750 年にフランクリン (Franklin) が避雷針を考案して以来，雷遮蔽に関する研究は，250 年以上続けられているが未だに完全に解明されているわけではない．

まず，高さ $h$ の避雷針が 1 本立っている場合を対象とし，雷から遮蔽される範囲 (**保護範囲**) について従来の考えをまとめておくと図 3.19(a), (b) になる．

図 3.19(a) は古典的な考え方で地上に半径 $h$ の底面を持ち，避雷針の先端が頂点となる円錐の内部は保護範囲となるものである．図 3.19(b) はシュワイガー (Schwaiger) が提案したもので円錐の側面が図のような円弧で切り込まれる形になり，保護範囲が (a) 図より狭くなっている．

樹木は電気的には導体に近いと考えられるので，野原に高さ $h$ の木が 1 本立っているときも上述の保護範囲を適用できる．しかしながらとっさに図 3.19(a) や (b) の保護範囲を頭に描くのは難しいので，図 3.19(c) の a の位置にしゃがむことが推奨されている．a の位置は木から $h/2$ 離れた地点で，しゃがむのは体全体を保護範囲に入れるためである．保護範囲は木に近づくほど地上高が高くなり，より安全のように見える．しかし，一度，木に雷撃が生じた後，木に流れる急峻な大電流により枝などの電位が上昇し，それによって近くの人や物

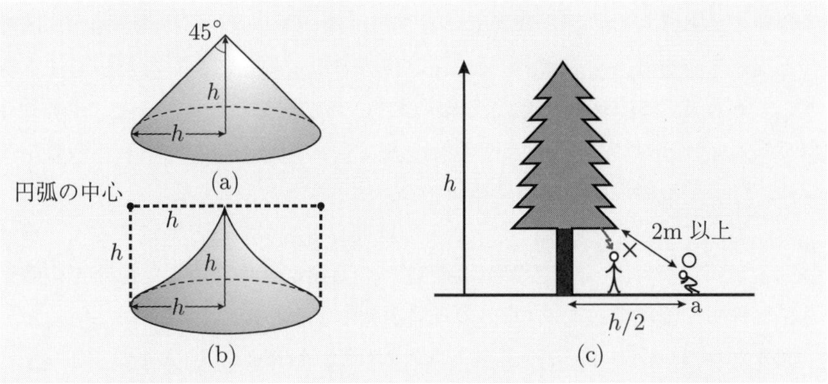


**図 3.19**　保護範囲の考え方．(a) 古典的な保護範囲，(b) シュワイガーの保護範囲，(c) 樹木周囲で雷撃を避ける方法

体に二次的な放電 (側雷) が生じる．このため木の根本や枝から離れた所にいる必要がある．

以上の考え方は雷遮蔽の概略を捉えるにはよいが，放電現象は確率的要素を含むことから，それを考慮したより合理的な保護範囲の検討が行われている．特に，送電線路においては送電線とその雷遮蔽を行う架空地線の配置を決める際に利用されている．

図 3.20(a) に示した送電鉄塔において，架空地線 O の高さを $h$，上相の送電線 O′ の高さを $h'$ とし，架空地線と送電線は紙面に垂直に延びていると考えることにする．以下では，O と O′ の 2 つを取り出して考えることにする．図 3.20(b) は 1950 年に三田昇が提案した雷遮蔽モデル (**三田モデル**ないし**三田の吸引理論**) で，架空地線 O の上に半径 $h$ の，また送電線 O′ の上に半径 $h'$ の半円形断面を持つ**吸引空間**を設けている．雷雲が進んできたステップリーダがこの吸引空間に達すると，その点から吸引空間の中心に向かって直進すると仮定する．吸引空間に重なりがある場合は，最も近い中心に向かうとしている．例えば，上方から進んできて a で吸引空間に到達するとまず O に向かう．その後 b でもう 1 つの吸引空間に到達すると，O と O′ への直線距離の短い方，この場合は O に向かい最終的に O への雷撃が発生することになる．

この考え方に基づくと O と O′ に等確率で雷撃が生じる吸引空間の境界が存在する．O と O′ を結ぶ線分の垂直二等分線が円弧 C′ と交わる点を e とすると，この e まで到達したリーダは O と O′ に等確率で進むことになる．e に達する前は，円弧 C の内側を進んでいることから，O と点 e を結ぶ直線が，円弧 C と交わる点を d とすれば，d から e に向かうことになる．したがって d を境として c と d の間に入ってきたリーダは，O への雷撃となる．また，d より外側で円弧 C′ の端点である f′ までの間に入ってきたリーダは，点 O′ への雷撃となる．f′ より外側地面の場合は地面への雷撃となる．

もし地面に対して垂直に，上空から等密度で雷撃があると仮定すると，線分 Og の長さに比例した確率で架空地線 O への電撃が発生し，また線分 g′f′ の長さに比例した確率で送電線 O′ への電撃が発生することになる．

図 3.20(c) は 1968 年にアームストロング (H.R.Armstrong) とホワイトヘッド (E.R.Whitehead) が提案した電気幾何学モデル (日本では提案者の頭文字を取って **A–W モデル**ないし **A–W 理論**と呼ばれることも多い) の説明図である．三田

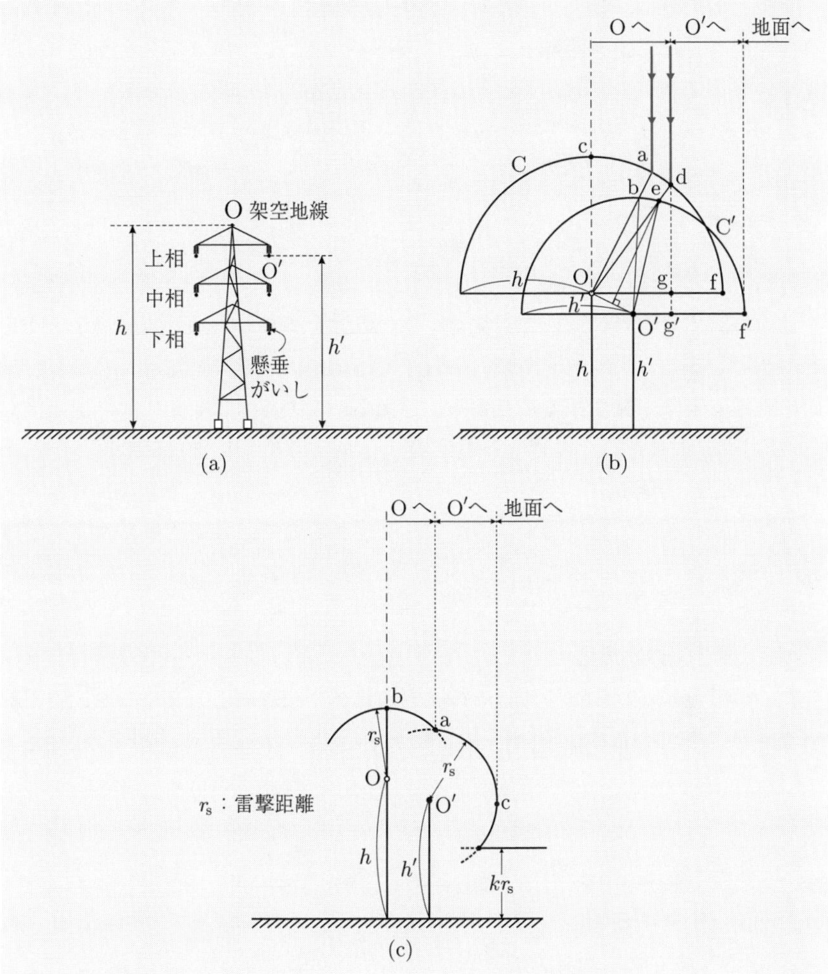


**図 3.20**　実用的な雷遮蔽の考え方．(a) 3 相 2 回線の送電鉄塔モデル，(b) 三田の吸引空間モデル，(c) アームストロング・ホワイトヘッドの電気幾何モデル (A–W モデル)

モデルとの相違は，吸引空間の断面が半円から円に代わり，吸引空間の半径が導体の高さでなく**雷撃距離** $r_\mathrm{s}$ になっている．この $r_\mathrm{s}$ の値は，ステップリーダ先端の電位で空気中に起こすことができる火花放電の距離を表している．しかしながらステップリーダ先端の電位に関する情報はほとんどないことから，比較的データの蓄積が多い雷撃電流 $I_\mathrm{L}$ の関数として，$r_\mathrm{s}$ の値は例えば次式で評価されている．

$$r_\mathrm{s} = 6.72\, {I_\mathrm{L}}^{0.8} \quad r_\mathrm{s}\,[\mathrm{m}],\ I_\mathrm{L}\,[\mathrm{kA}] \tag{3.34}$$

地面に対する雷撃についても雷撃距離の概念を適用し，$kr_\mathrm{s}$ ($k = 0.7$〜$1$) をその値としている．リーダが吸引空間に入った後は，最短距離にある導体や地面に直進し雷撃が発生することから，円弧 ba に到達したリーダは架空地線 O へ，円弧 ac に到達した場合は送電線 O′ へ，c より外側にあれば地面へそれぞれ向かい雷撃に至る．

雷撃電流の確率分布に関する観測データがあるので，各電流値に対する雷撃確率密度を掛け合わせることによって，架空地線や各送電線に対する雷撃確率を計算できる．

A–W モデルの特徴の 1 つは，$r_\mathrm{s}$ が小さい，すなわち $I_\mathrm{L}$ が小さな雷になるにつれて，円弧 ac の長さが円弧 ba の長さに比べて相対的に大きくなり，送電線への雷撃確率が増加する (遮蔽失敗が増加する) ことが生じる．

## 3.8 高ガス圧

**パッシェンの法則**によれば，火花電圧は気体の圧力 $p$ とギャップ長 $d$ の積で決まり $p$ の増加は $d$ の増加と等価になるはずであるが，圧力がある値以上になるとこの法則が成立しなくなる．図 3.21 はこれを示す例である．平等電界中における空気および $SF_6$ の火花電圧を示しているが，$pd$ 積の変化に対して 1 本の曲線上にのっていないことがわかる．空気では $d = 5$〜$15\,\mathrm{mm}$ に対して 5〜6 気圧で，一方，$SF_6$ では $d = 1$〜$50\,\mathrm{mm}$ に対して 2〜3 気圧で**パッシェン曲線**からはずれ始め火花電圧が低くなっている．

**高ガス圧**下の火花電圧に関して留意すべき点を挙げておくと，1 つはギャップ長一定で圧力を増しても，火花電圧は直線的に上昇せず飽和特性を持っている点である．もう 1 つは高ガス圧下の火花電圧がもともと高いことから，陰極表面の電界も大きく陰極からの電子の電界放出が支配的となり，電極表面の荒さや電極材料の違いによって火花電圧が変化する点である．

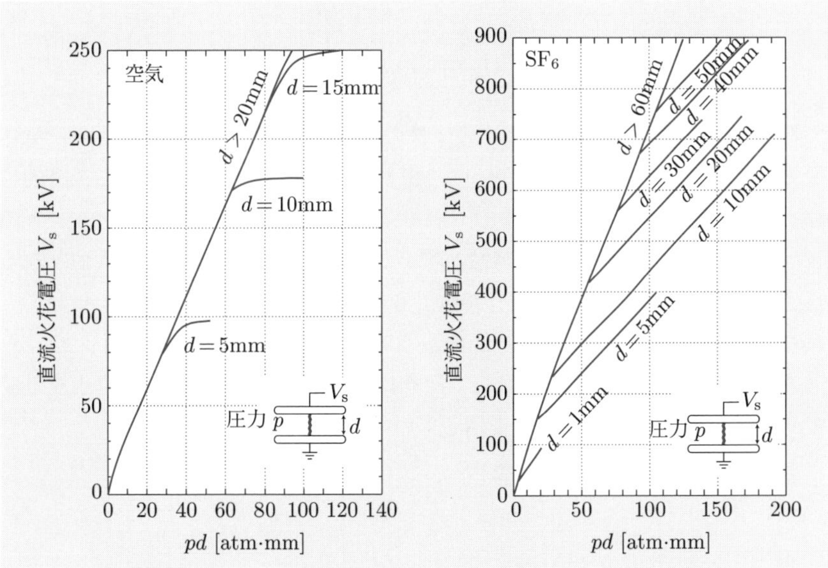


**図 3.21**　高ガス圧気体の火花電圧 (平等電界)

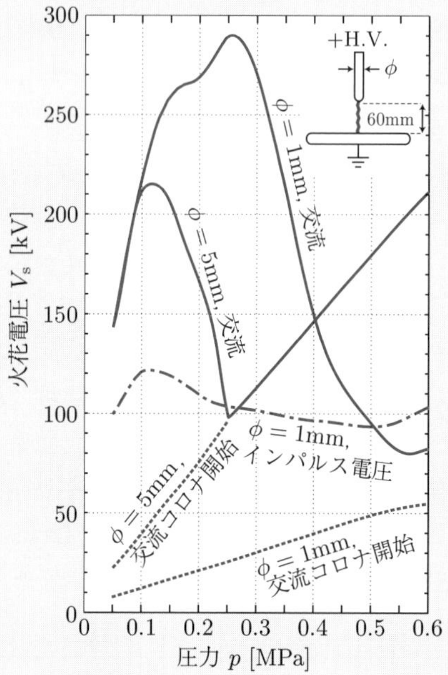


**図 3.22**　高ガス圧 $SF_6$ の火花電圧 (不平等電界)

高ガス圧における不平等電界ギャップの火花電圧特性を図 3.22 に示す．気体圧力の増加に対し，火花電圧が一度，極大値をとり，その後減少して最終的には上昇するという特異な変化をしている．この変化は大文字アルファベットの N に似ているところから，**N 特性**と呼ぶこともある．火花電圧が極大値となる圧力は，$SF_6$ ガスで 1〜3 気圧，空気で 6〜7 気圧というようにガスの種類でも異なっている．N 特性は直流や交流電圧に対しては顕著であるが，図 3.22 に示したようにインパルス電圧に対してはそれほどではない．また，コロナ放電開始電圧は単調に増加し N 特性を示していない．

## 3.9 真　　空

気圧の圧力を下げると電子の平均自由行程は圧力に反比例して長くなり，大気圧 (0.1 MPa) では 0.1 $\mu$m であったものが，通常の真空装置で実現できる 0.1 Pa $(7.6 \times 10^{-4}$ mmHg) では 10 cm にもなる．つまり，圧力を大きく下げていくと電子と分子の衝突が少なくなり，それにともない衝突電離も減少し電離増倍も不活発になることから火花電圧の上昇が起こる．これが**パッシェン曲線**において，最小値より左側で火花電圧が上昇する理由である．

陰極から出発した電子が気体分子と一度も衝突せず陽極に到達するような**真空**になると，気体放電で前提としている衝突電離が発生しなくなり，タウンゼント理論やストリーマ理論，そして**パッシェンの法則**が全て成立しなくなる．この状況では電界が 300〜500 kV/cm になると火花放電が生じる．真空は極めて優れた絶縁媒体といえる．

なぜ高真空中なのに気体放電が起こるのか．その疑問に答えるためには，陰極から電子が継続的に出てくることと，その電子が衝突電離を引き起こすターゲットになる金属原子が電極から金属蒸気として出てくることを考える必要がある．その結果，気体放電と同様，電極間に大量の電子やイオンが発生し，電極間の導電性が急上昇する．このような現象を前提に，高真空中の火花放電機構として**陰極加熱説**，**陽極加熱説**，**微粒子起因説**が提案されている．3 つの説を図に示すと図 3.23 となる．

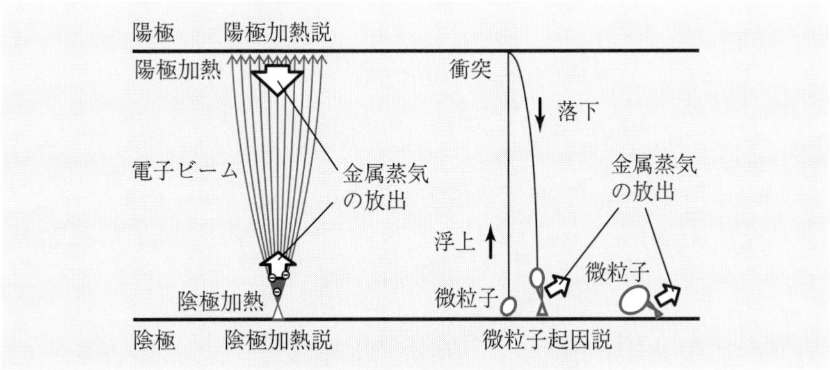


**図 3.23**　真空中の火花放電機構

陰極表面の荒さや傷などの突起部分を起点とした電子ビームによって陰極や陽極が加熱され，金属蒸気として原子が真空中に放出される (陰極加熱説，陽極加熱説).

もう一つが，電極上に存在する金属粒子，薄膜，じんあいなどの微粒子に起因するものである (微粒子起因説). 特に真空遮断器では，大電流を遮断する際に，発生する熱により電極の一部が溶融し，その液体金属が飛散して再び固体に戻ると金属微粒子として多数電極上に残ることになる．これらの微粒子は電極上の突起となり，陰極加熱説や陽極加熱説で述べた電子ビームの発生源になる．また，微粒子は静電気力を受けると，真空中に飛び出して加速され対向電極に衝突し，そのときに逆極性の電荷をもらって逆方向に飛翔するという運動を繰り返すことがある．微粒子が陰極に接近すると，陰極上の突起との間の電界が急上昇することにより，電子ビームの発生と陰極加熱を引き起こして，金属蒸気を生み出すことが考えられている．陰極上の大きな粒子は，陰極から浮上しないものの陰極と完全に接触していなかったり，絶縁被膜で覆われていたりして浮遊電位にあると，電極上の突起などとの間で，上述の飛翔微粒子が陰極に接近するときと同じ状況が生じ金属蒸気の発生要因となり得る．

従来，微粒子 (クランプ，clump とも呼ばれる) が電極間で飛翔する際に，微粒子の運動エネルギーが熱エネルギーに変換され金属蒸気が発生するというクランプ説も提案されていた．しかし，最近の研究によると，このような金属蒸気の発生の可能性は小さいと考えられている．

真空の優れた絶縁性を実現するために留意すべき重要な点がある．それは**コンデショニング**作業で，真空に引きながら火花放電を何回 (10 回以上) か発生させることにより，電極表面に残る微小な突起，吸着ガス，水分，ちりなどをできるだけ除去する．電極材料が十分コンデショニングを行うことにより電子放出しにくい性質 (一般に融点，沸点が高いことに対応する) を持つようになり火花電圧も高くなる．真空中の火花電圧 $V_s$ とギャップ長 $d$ の関係は，

$$V_s = Ad^\alpha \tag{3.35}$$

で示され，$d$ が 1 mm 以下では $\alpha \approx 1$，1 mm を超えると $\alpha < 1$ になる．微粒子起因の場合には $\alpha = 0.5$ で，火花電圧のギャップによる増加特性は飽和傾向が見られるようになる．

## 3.10 負性気体

2.6 節で述べたように自由に運動する電子を自分の電子軌道内に取り込んでしまう，すなわち電子付着の生じる気体原子・分子を**負性気体**という．電離係数は「電子が単位長さ進む間に電離を生じる割合」と定義されたと同様に，電子付着係数は「電子が単位長さ進む間に付着される割合」と定義されている．

電子は分子に付着されると負イオンになってしまうため，自由電子のように高速に動くことができず電離には関与しなくなる．そこで負性気体中では，電子が単位長さ進む間に実際に電離を生じる割合として**実効電離係数** $\alpha-\eta$ を用いる．このために，電子付着を考慮していないタウンゼント理論やストリーマ理論の火花条件式を少し修正する必要がある．どのように修正すればよいかを表 3.1 にまとめておく．

**表 3.1** 負性気体における火花放電条件式の修正

| | 電子付着を考慮しない場合 | 電子付着を考慮する場合 |
|---|---|---|
| タウンゼント理論 | $\gamma(e^{\alpha d}-1) \geqq 1$ | $\dfrac{\gamma\alpha}{\alpha-\eta}\left\{e^{(\alpha-\eta)d}-1\right\} \geqq 1$ |
| ストリーマ理論 | $\alpha d = K$<br>$\displaystyle\int_0^d \alpha\,dx = K$ | $(\alpha-\eta)d = K$<br>$\displaystyle\int_0^d (\alpha-\eta)\,dx = K$ |

$\gamma$：二次電子の放出係数，$\alpha$：電離係数，$\eta$：付着係数，
$d$：ギャップ長，$K$：定数

**表 3.2** 空気と $SF_6$ ガスの特性比較

| ガス絶縁で求められる性質 | 空気 | $SF_6$ |
|---|---|---|
| (1) 絶縁耐力が高い | 火花電界 30 kV/cm (1 気圧) | 89 kV/cm (1 気圧) |
| (2) 圧縮が可能 | 0 ℃ で 100 気圧まで圧縮可 | 0 ℃ で 13 気圧まで圧縮可 |
| (3) 化学的に安定 | きわめて安定 (酸化反応はある) | きわめて安定 |
| (4) 毒性がない | 毒性なし | 毒性なし |
| (5) 経済的である | きわめて安価 | 約 1000 円/kg |
| (6) 環境にやさしい | 自然界に存在 | 高い温暖化係数を持つ |

電気設備や機器で現在多く用いられる負性気体の代表は，空気と **$SF_6$ ガス**である．絶縁ガスで要求される性質について，この2つの気体を比較すると表3.2になる．

$SF_6$ ガスは空気の3倍近い絶縁性を有しており，その他の性質においても優れていることから，20世紀までは，世界中で広く利用されてきた．ところが，地球環境に対する関心が高まる中，$SF_6$ ガスは地球温暖化係数 (GWP) が約25,200倍と大きく，1997年12月には第3回気候変動枠組み条約締約国会議 (COP3) において，温暖化ガスに指定されている．その結果，$SF_6$ ガスの大気への放出を厳しく制限するだけでなく，2050年頃に向けて，$SF_6$ ガスに代わる代替ガスへ切り換えようとしている．ただ，現時点では $SF_6$ ガスを総合的な特性で超える単体の負性気体は実用化されていない．そこで，環境に与える影響を最小限にすることを重視し，それ以外の性質については多少劣ることを許容しようとする $SF_6$ 代替ガスの開発が進められている．また，もともと自然界に存在する気体 (空気，$N_2$, $O_2$, $CO_2$) や真空を見直す動きもある．

$SF_6$ 代替ガスの例としては，F ケトン ($C_5F_{10}O$)，F ニトリル ($C_4F_7N$)，ハイドロフルオロオレフィン (HFO)，トリフルオロヨードメタン ($CF_3I$) などがあり，実用化に向けての研究が進められている．これらのガスは $SF_6$ に比べて液化温度が高く，高ガス圧下では液化して単体では用いることができないことから，空気や $CO_2$, $O_2$ との混合ガスとして用いることになる．一部，電力系統の開閉器への適用可能性の実証試験が始まっている．

ここで，将来的に期待されている全く新しい代替ガスの検討についても述べておく．近年進歩が著しい計算機科学に着目し，量子化学計算で求めた物理諸量と機械学習を駆使してガス材料の絶縁破壊電界および沸点を予測することができつつある．このことから，計算機上で合成された新しいガス種についても同様のことが可能であり，その中から $SF_6$ ガスを総合的な特性で超えかつ環境に優しい気体を見出す研究が進んでいる．

# 3.11 混合気体

2種類以上の気体を混ぜて**混合気体**を作り，その火花電圧を測定してみると大変興味深い特性を示すことが多い．図 3.24 は気体 A と B の混合率を横軸にとった場合における火花電圧特性の模式図である．横軸の左端では気体 A が 100％，気体 B が 0％で，右方向に行くにしたがって気体 B の割合が多くなり，右端では気体 B が 100％，気体 A が 0％の混合状態を表している．

常識的には，混合率に応じてそれぞれの気体単体が示す火花電圧を比例配分するような直線 $C_1$ を描くと予想される．しかし実際には，このような例はあまりなく，曲線 $C_2$〜$C_4$ で表せるような非線形特性を示す．これを**シナジズム** (synergism，相乗効果) と呼び，直線 $C_1$ より火花電圧が高くなるような曲線 $C_3$, $C_4$ を正のシナジズム，逆に直線 $C_1$ より火花電圧が低くなるような曲線 $C_2$ を負のシナジズムと呼ぶこともある．

絶縁性向上を期待する場合には曲線 $C_3$，$C_4$ の特性は有効で，特に曲線 $C_4$ の特性を持つ混合気体は気体単独のいずれの火花電圧より高くなり，新しい絶縁気体を発見したことに等しい．

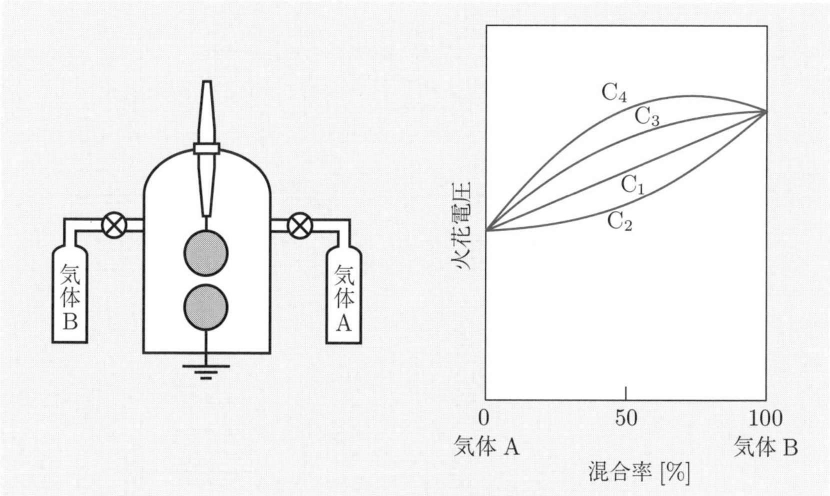


**図 3.24**　混合ガスの火花電圧の特徴

### 3.11.1 平等電界ギャップ

絶縁気体の代表である $SF_6$ ガスに $N_2$ ガスを混合したときの火花電圧を図 3.25 に示す．図 3.24 の曲線 $C_3$ に相当する特性である．比較的高価な $SF_6$ ガスに安価な $N_2$ ガスを 10～20％ 混ぜても火花電圧はあまり変化しないことや，火花電圧がかなり低い $N_2$ ガスにわずか数％の $SF_6$ を加えるだけで 10～20％ の火花電圧の向上が見られることがわかる．火花電圧特性以外の物性については，混合率に対して線形に変化することが知られている．例えば，液化温度 (沸点) もその 1 つで，液化温度の高い $SF_6$ ガスに液化温度の低い $N_2$ ガスを混ぜるとその量に比例して液化温度を下げることができる．極寒地や極低温に近い状態で $SF_6$ ガスを利用したい場合などにはこのことを知っておくと便利である．

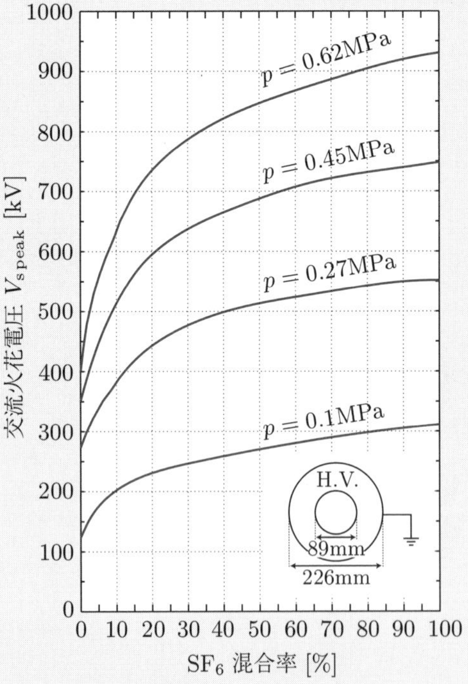


**図 3.25**　$SF_6$–$N_2$ 混合ガスの平等電界火花電圧

### 3.11.2 不平等電界ギャップ

針対平板ギャップを $N_2$ と $O_2$ の混合ガスで満たした場合の特性を図 3.26 に示す．火花電圧は $O_2$ が 10％付近で最大となり，また空気組成付近でも最大値をほぼ維持しており，図 3.24 の曲線 $C_4$ に対応する．$O_2$ には電子付着作用があり，電離増倍を引き起こす電子を自分に付着させることによって，動きが鈍く電離に関与しない負イオンにすることができる．

一方，$N_2$ は，電子付着作用はないものの，電子が $N_2$ に衝突した際その運動エネルギーを吸収して電子を減速させ，$O_2$ による電子付着を起こしやすくする働きをしている．このような働きをする気体を**バッファーガス**と呼んでいる．

空気は負性気体である $O_2$ とバッファーガスである $N_2$ との混合気体であるが，その混合率は絶縁性が最も悪くなる不平等電界においてその火花電圧が最大値付近となる値 ($O_2$ : 21％) となっている．まさに自然界の驚異である．

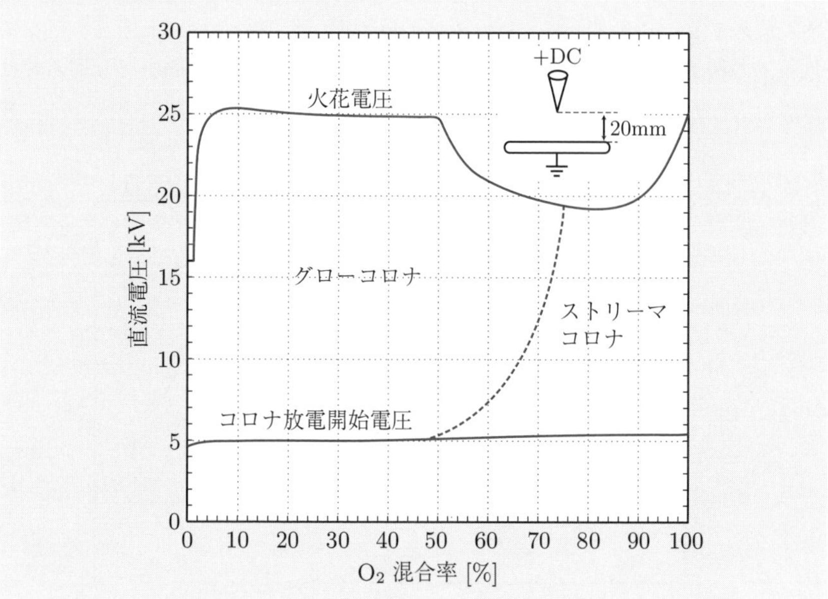


**図 3.26** $N_2$–$O_2$ 混合ガスの不平等電界火花電圧

## 3.12 高周波電界

### 3.12.1 火花電圧の周波数依存性

ここまで交流電圧では商用周波数 (50 Hz ないし 60 Hz) の交流のみを考えてきたが，周波数をより高くしたときに，火花電圧はどのようになるのであろうか．**高周波電界**を印加した場合の様子を示すと図 3.27 になる．全体として周波数が上昇するにつれて，火花電圧が低下する傾向を示している．ただし細かく見ると，途中で火花電圧が低くなったり高くなったり波を打つような特性を示している．

交流電圧を電極間に加えると半周期ごとに電界の方向が反転し，電極間に存在する電子やイオンの移動方向も同様に反転する．周波数が低いときは，ある半周期，例えば正の半波において陽極付近にいる正イオンは陰極方向へ移動し陰極に衝突して電荷を失う．同様に陰極付近にいる電子は陽極に向かい最終的に陽極に流入する．このように，単一極性の直流電圧を加えた場合と同じような荷電粒子の振舞いをする．ところが，周波数が高くなると電極間を渡り切る前に電界の方向が反転し始めに向かっていた電極に衝突せず，出発点に向かって逆

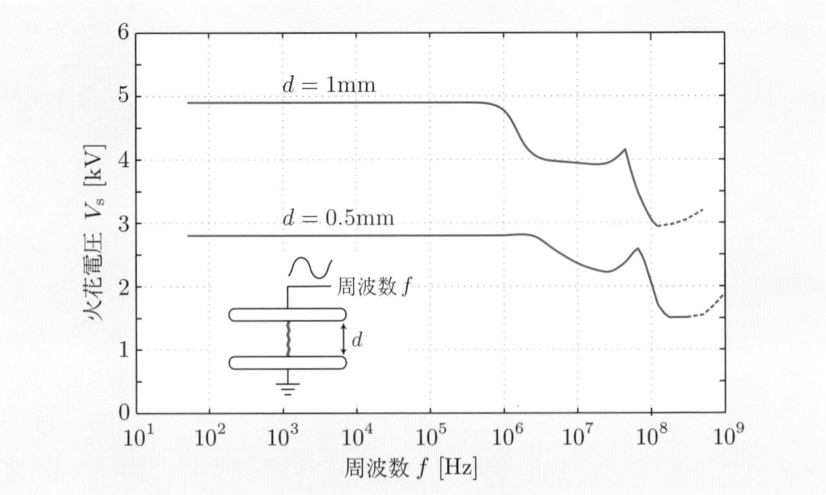


図 3.27　空気中平等電界の高周波火花電圧

方向に移動せざるを得ない荷電粒子がでてくる．つまり空間電荷としてギャップ間に残ることになる．こうした現象は，同じ電界の大きさに対してゆっくりとしか動けない (移動度が小さい) 荷電粒子ほど低い周波数で起こる．電子と正イオンでは，正イオンの方が移動度が小さいため，比較的低い周波数で正イオンが電極間に長くトラップ (捕捉) され空間電荷として働くようになる．図 3.27 の周波数 $10^6$～$10^7$ Hz の領域では，このような状況が起こり始めている．なぜ，火花電圧が低下するのであろうか．それは，空間に残った正イオンは，電界が反転して新しく陰極となった電極との間の電界を強める働きをするためである．その結果，陰極からスタートする電子をより加速し，電離増倍が盛んになって火花電圧も低下する．

周波数 $10^7$～$10^8$ Hz の領域では，正イオンが一段と動きにくくなり，ある半波では陰極に衝突しなくなる．陰極に衝突する正イオンは $\gamma_i$ 作用により二次電子を陰極からたたき出していたが，この火花放電を維持するために必要な $\gamma_i$ 作用が小さくなることで，今度は火花電圧が上昇することになる．

周波数が $10^8$ Hz 近くになると，電子も電極間にトラップされ始める．滞留した電子は陽極に流入しないので，電極間を行ったり来たりすることで何回でも電離増倍を引き起こし，結果的に電離が活発になる．その結果，火花電圧が再び低下し始める．

さらに高い周波数となり $10^8$ Hz を超えると，電子の移動距離が平均自由行程オーダになり，衝突電離が起こりにくくなってしまう．そのために火花電圧が上昇するようになる．

電子やイオンがどの程度の周波数でトラップされ始めるかは，章末の問題 9 を解くことによって実感できるはずである．

### 3.12.2 高周波放電の応用

3.12.1 項で述べた電子のトラップ現象が生じるような周波数領域では，電子は空間を往復する間に衝突作用を繰り返し放電を維持するので，もはや放電空間内に電極を必要としない．すなわち**無電極放電** (electrodeless discharge) が可能となる．

無電極放電においては，電極から放電空間への金属原子や不純物の放出がないため，純粋なプラズマが生成される．半導体ウェハのエッチング，薄膜の生

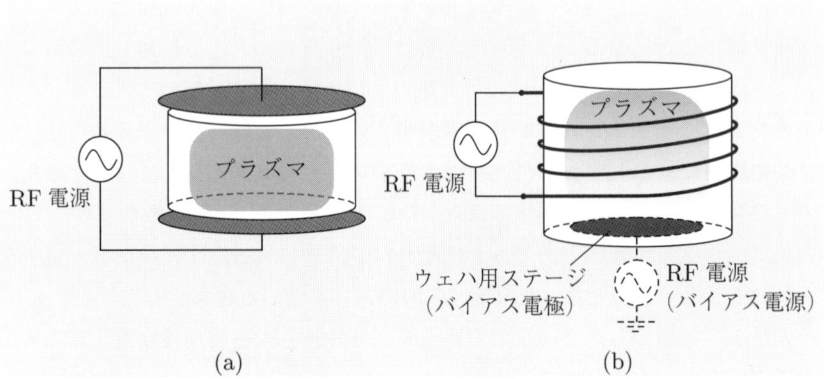


**図 3.28**　高周波無電極放電の発生法．(a) CCP 発生装置，(b) ICP 発生装置

成，表面処理などのプラズマプロセスに広く利用されている．

高周波無電極放電の発生法には**容量結合形プラズマ** (capacitively coupled plasma, CCP) と**誘導結合形プラズマ** (inductively coupled plasma, ICP) がある．図 3.28(a) に CCP, (b) に ICP の発生装置の概念図をそれぞれ示す．プラズマは放電空間内に誘起された誘導電界によって生成される．CCP は 10〜100 Pa 程度の圧力で広い面積にわたって一様なプラズマ (プラズマ密度：$\sim 10^{10}\,\mathrm{cm}^{-3}$) が得られやすいことから，太陽電池など大面積基板への成膜に用いられている．

一方で ICP は 0.05〜1 Pa 程度の圧力で比較的高密度プラズマ (プラズマ密度：$\sim 10^{12}\,\mathrm{cm}^{-3}$) が得られる．また基板やウェハを置くステージが，放電を維持するための電極とはならず，バイアス電圧を印加できる．すなわち放電によるイオン量の制御と，バイアス電圧によるイオンエネルギーの制御を独立に行うことができ，エッチングに広く応用されている．

# 3 章の問題

□ **1** 学生 A と B が，次のような会話を交わしている．B の代わりに，最後のコメントを完成せよ．

A：「高電圧工学の授業で平等電界中の空気の火花電圧は，1 cm 当たり約 30 kV ということを聞いたよね.」

B：「うん，その通りだね.」

A：「この考えを進めると，1 mm のギャップ長なら 3 kV，0.1 mm なら 300 V と，どんどんギャップ長を小さくすると火花電圧も小さくなり，1 $\mu$m のギャップ長では 3 V になるけど，それでよいのかなあ？」

B：「(この部分を埋めなさい．)」

□ **2** 同軸円筒電極があり，内導体は半径 $r_0$ で正極性直流電圧 $V$ が印加され定常コロナ放電が発生し，一方，外側円筒電極は半径 $R$ で接地されている．

(1) 電極単位長さ当たりのコロナ電流を $I_1$ としたとき，正イオン密度 $\rho(r)$ を電界 $E(r)$ の関数として示せ．

(2) 半径 $r$ を変数とするポアソンの方程式は次式で与えられる．

$$\frac{1}{r}\frac{\partial}{\partial r}\{rE(r)\} = \frac{\rho(r)}{\varepsilon_0} \tag{3.36}$$

この式と上記 (1) の結果を組み合わせて解くことにより，半径 $r$ の点の電界 $E(r)$ を求めよ．ただし，$\rho(r)$ を解答に含んではいけない．

□ **3** 外部導体の半径 $R = 1$ m，内部導体の半径 $r_0$ の同軸円筒電極がある．外部導体は接地されており，内部導体に電圧 $V$ を印加する．電極間には $SF_6$ ガスが充填されている．$SF_6$ の放電開始電界は 89 kV/cm である．電極間に放電が発生せず，かつ最大の電圧を維持したい．こうした要求を満足できる $r_0$ の値および，そのときの最大印加電圧値を求めよ．

□ **4** 同軸円筒電極があり，その内部導体の半径は 5 mm で正極性の直流電圧が印加され，また外部円筒電極の内半径は 100 mm で接地されている．電極間は大気圧空気で満たされている．空気の実効電離係数 (電離係数から付着係数を差し引いた正味の電離係数) $\alpha$ [回/cm] は，電界 $E$ [kV/cm] の関数として下記の実験式から計算できるものとする．

$$\alpha = 0.138(E - 21.4)^2 - 0.958 \tag{3.37}$$

(1) 印加電圧を上昇させていくと，ある電圧で電離が開始する．電離が開始するのはどの部分で，また，そのときの印加電圧はいくらか．

(2)　(1) の状態からさらに電圧を上昇させると電離領域が増大しコロナ放電が成長する．コロナ放電は，電離の開始部分から電極間を放電によって埋めるように成長する．ここで，コロナ放電内部の電位降下が 0，すなわちコロナ放電部分は導体と同じように作用すると仮定する．そうするとコロナ放電が同軸状に成長するにつれて，ギャップ長が狭くなることになる．残された空間の全てが電離可能になるとコロナ放電が急激に進展して，ギャップを橋絡し火花放電に移行すると考えられる．このような仮定に基づいた場合の火花電圧を求めよ．

□ **5**　大気圧空気中に置かれたギャップ長 2 cm の平行平板電極の火花電圧を，タウンゼント理論およびストリーマ理論の 2 つの理論に基づいて計算し比較せよ．なお，空気の実効電離係数 $\alpha$ (電離係数から付着係数を差し引いた正味の電離係数) の実験式は，気圧 $p$ と電界 $E$ の関数として次式で与えられる．

$$\alpha/p = A(E/p - B)^2 - C \tag{3.38}$$

$A, B, C$ は定数である．ここで，単位として $\alpha$ [回/cm], $E$ [V/cm], $p$ [Torr] を用いる場合，各定数は $A = 1.047 \times 10^{-4}$, $B = 28.15$, $C = 0.00126$ である．また，二次電子の放出係数 $\gamma$ は $\gamma = 10^{-6}$ とし，ストリーマの発生ないし転換条件式で用いられる定数 (電離指数) $K$ は $K = 15$ を用いることにする．

□ **6**　ある高電圧波形を時間スケールを変えてオシロスコープで測定したところ，図 3.29 に示す結果を得た．

(1)　この波形は何と称されているか．その名称を答えよ．

(2)　測定波形から波頭長と波尾長を求めよ．

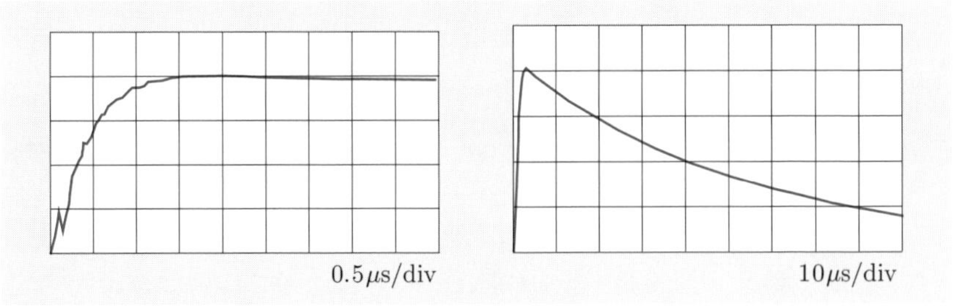


図 3.29

□ **7** 大気中の球対球ギャップ (球の直径 50 cm) および棒対平板ギャップ (棒電極の直径 5 mm，先端は円錐状に尖っている) に，交流電圧および正・負の雷インパルス電圧を印加し，ギャップ長を 1 から 30 cm まで変えて火花電圧を測定した．横軸をギャップ長，縦軸を火花電圧とした場合，それぞれの組み合わせにおいてどのような特性曲線を描くか，できるだけ定量的に説明せよ．

□ **8** 高電圧送電線は架空地線によって，雷放電から保護 (遮蔽) されている．送電線への雷撃の確率がゼロになる場合を完全遮蔽という．架空地線の高さを $H$，送電線の高さを $H'$，架空地線直下から送電線までの横方向の距離を $Y$ とする．この場合に完全遮蔽が確保できる条件式を「三田の吸引理論」に基づいて求めると，次式となることを証明せよ．

$$0 \leqq H' \leqq \frac{H}{2} \text{ の範囲では，} Y \leqq (H - H')$$

$$\frac{H}{2} \leqq H' \leqq H \text{ の範囲では，} Y \leqq H' - \sqrt{2HH' - H^2}$$

□ **9** 容器中に空気を 0.57 Torr 封入し，ギャップ長 1 cm の平行平板電極を配置した．直流電圧を印加して火花電圧を測定したところ，パッシェン・ミニマムに相当する 340 V を得た．

平行平板電極に周波数可変電源 (周波数 $f$ は $10^3$〜$10^{10}$ Hz で可変，電圧：$V = V_0 \sin 2\pi ft$) を接続して火花電圧を測定したところ，周波数によって火花電圧に変化が見られるようになった．以下の情報を用いて電子やイオンの移動距離を求めることにより，何 Hz でどのような火花電圧の変化が見られるかを考察せよ．

電子の移動度　$\mu_e = F/p$,
　ただし，$\mu_e\,[\mathrm{cm^2/(V \cdot s)}]$, $p\,[\mathrm{Torr}]$, $F$ (定数) $= 10^6$

窒素正イオンの移動度　$\mu_i = G/p$,
　ただし，$\mu_i\,[\mathrm{cm^2/(V \cdot s)}]$, $p\,[\mathrm{Torr}]$, $G$ (定数) $= 10^3$

本章の問題では，気体の圧力の単位として Torr を用いているが，他の単位で考えたい方は付録 A.2 節「圧力の換算」を利用してほしい．

# 4 定常気体放電

絶縁性の気体は火花放電によって導電性の気体へときわめて短い時間で変化する．もし十分な容量を持つ電源に接続されていると，過渡的な火花放電は定常的な気体放電である**グロー放電**ないし**アーク放電**に移行する．グロー放電になるかアーク放電になるかは，気体の圧力や回路条件などによって決まる．本章では 2 つの定常放電について，放電形態，放電機構，電気的特性における特徴を比較しながら学ぶ．

**4 章で学ぶ概念・キーワード**

- グロー放電
- アーク放電
- 陰極降下
- 陰極点
- 陽光柱

## 4.1 グロー放電

グロー放電の各論に入る前にまずグロー放電とアーク放電を，気体の圧力，放電の様子，電流の大小，電離や電子放出の機構によって比較したものを図 4.1 に示す．この図によって両者の違いを直感的に理解することができるであろう．

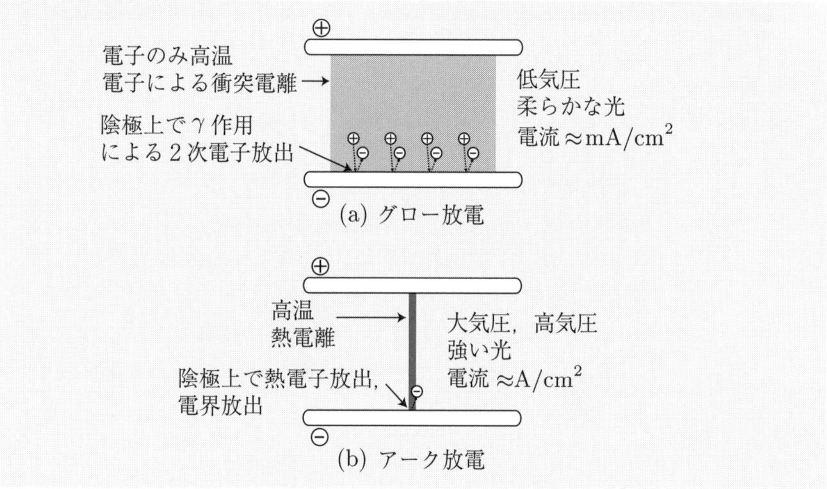


**図 4.1**　グロー放電とアーク放電の比較

次に**グロー放電** (glow discharge) の構造を眺めてみることにする．

蛍光灯のように細長い放電管に hPa (1/1000 気圧) オーダの気体を封入して，mA オーダの電流を流すと，図 4.2 に示すようなグロー放電が発生する．電極間に見られる明暗の縞模様の 1 つ 1 つでは，これまでに勉強した放電の基礎過程が特徴的に生じている．陰極からスタートした電子の動きに沿って説明する．電子が電界で加速され始めているものの，励起や電離エネルギーに達していない**アストン暗部** (Aston's dark space)．励起エネルギーに達した電子が多数あり，周囲の分子との衝突によってそのエネルギーを渡し，分子の発光をもたらす**陰極グロー** (cathode glow)．電子がさらに進んで電離エネルギーを持つようになり，衝突電離が盛んに起こる**陰極暗部** (cathode dark space)．ここでは電離が主で励起がほとんど起こらないので暗部となっている．陰極暗部ではタウ

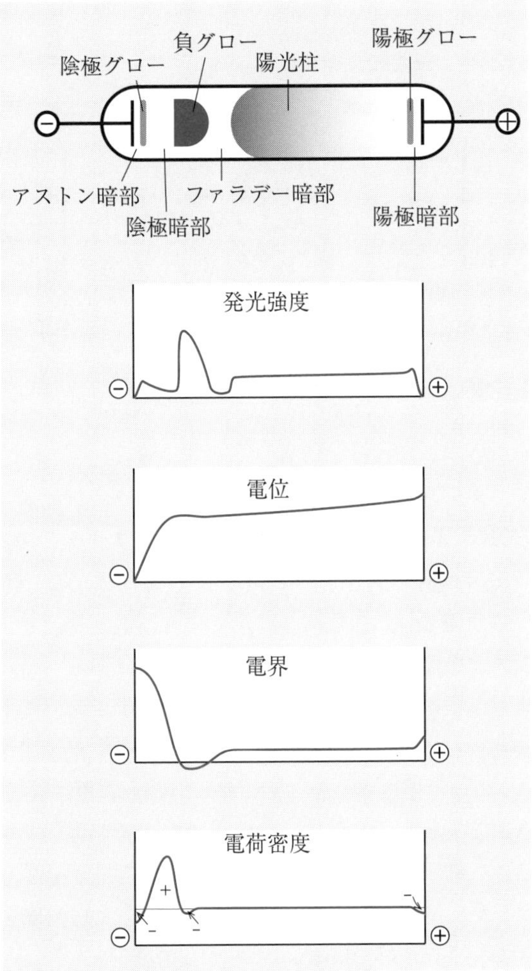


**図 4.2**　グロー放電の構造

ンゼント理論の自続放電開始条件が成立しており，それに必要な 2 次電子の供給は正イオンの陰極への衝突による $\gamma_\mathrm{i}$ 作用で行われている．電子の急激な加速もここまでで，陰極寄りに残してきた多量の正イオンの作用で電界が弱くなり，電子は励起エネルギー程度に減速させられたり，低速の電子と低速の正イオンの再結合も生じるようになる**負グロー** (negative glow)．ここでは励起や再結合

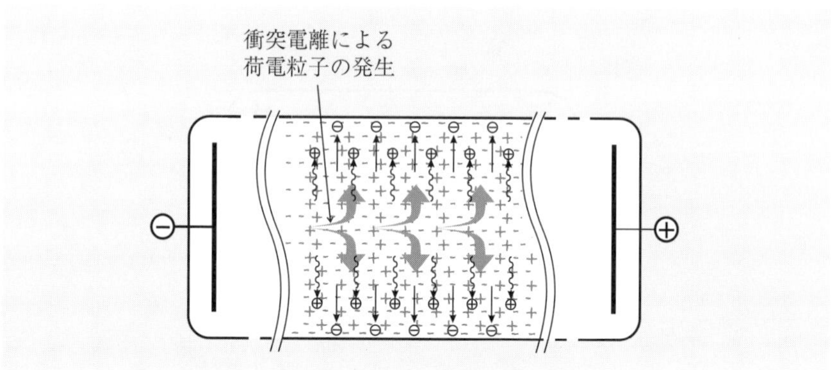


**図 4.3**　陽光柱における荷電粒子の発生，消滅

に伴う光子の放出で明るく輝いている．

負グローで正イオンとの再結合をまぬがれた電子は再び加速され始める．ただし，励起や電離エネルギーには至っていないので，**ファラデー暗部** (Faraday's dark space) となる．電子が再び励起や電離を行えるようになり**陽光柱** (positive column) が始まる．陽光柱は，図 4.3 に示すように電子密度と正イオン密度がほぼ等しいプラズマとなっている．放電管の軸近くにあるプラズマと管壁との間には大きな荷電粒子密度の差が存在し，電子や正イオンの管壁方向への拡散が生じる．このときの拡散は，高速で動く電子に対して正イオンからのクーロン力が働き，電子の拡散速度がかなり抑えられている**両極性拡散**となっている．なお，両極性拡散で失われる電荷粒子は陽光柱内の衝突電離で補われる．

陽極の近くには，電子が吸い寄せられ密度の高い部分が発生し電界が強くなる．そこでは電子が加速され，励起や電離が一層活発になり**陽極グロー** (anode glow) および**陽極暗部** (anode dark space) が生じる．

グロー放電の主要部となるのは陽光柱で，電極間のギャップ長を大きくしたり小さくしたりすると，それに応じて陽光柱の長さが変化する．ギャップ長をきわめて短くすると陽光柱が消滅し，負グローだけが目につくようになる．

電極間の電位，電界の様子を再び図 4.2 で見ると，陰極付近に電界の強い部分が生じ，陰極から陰極暗部までで印加電圧のほとんどを分担していることがわかる．この部分を**陰極降下部** (cathode fall)，またそこに加わる電圧を**陰極降下電圧**と呼び，電離を維持するために重要な役割を担っている．

## 4.2　電圧電流特性

放電管に可変抵抗を通じて直流電圧を加えて，電流と電極間の電圧の変化を測定すると図 4.4 のようになる．図の中央には，電流が変化しても電圧がほぼ一定となる領域が存在している．これを**正規グロー** (normal glow) と呼び，一般にグローといえばこの正規グローを指す．正規グローでは，陰極付近に現れる陰極グローの面積が変化することにより電流が変化する．つまり，電流密度をほぼ一定に保ちながら，電流が小さいときには陰極上の点として見えるように，そして電流が大きくなると陰極の全面を覆うように，それぞれ電流の変化に対応している．

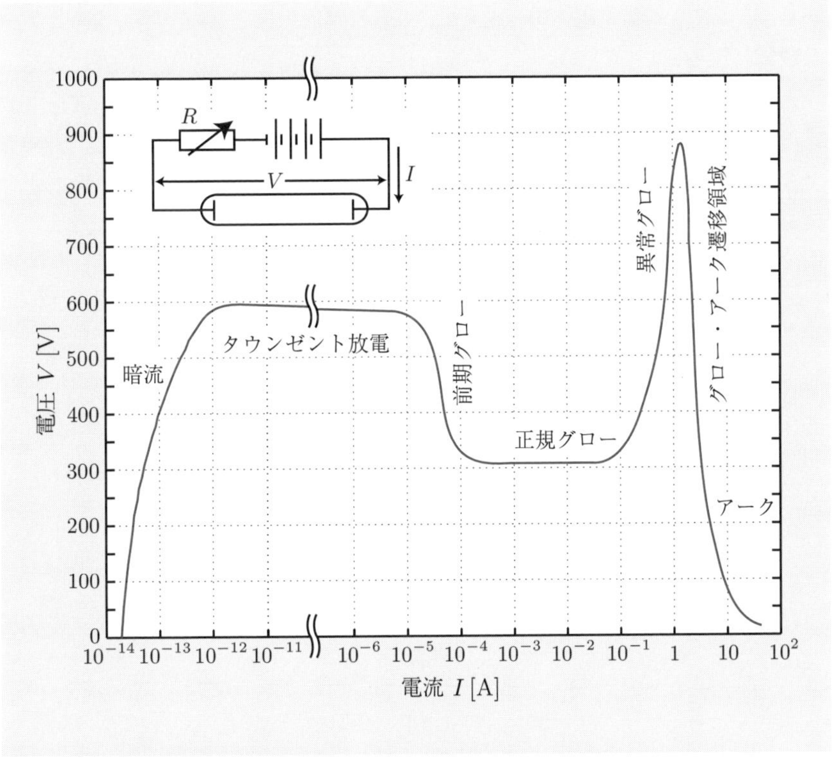


**図 4.4**　グロー放電の電圧電流特性

電流が小さい場合には，放電路全体も細く体積の割には表面積が大きい．そのために荷電粒子が放電管壁方向へ拡散して失われる割合が大きくなる．したがってこれを補うために高い電圧をかける必要がある．この領域が**前期グロー**であり，前期グローの電圧が最大になる点が，タウンゼント放電開始電圧に相当する．電流を増加させて正規グローを実現させるためには，どうしても放電開始電圧という電圧の山を越える必要がある．

図4.4においては正規グロー領域でより電流の大きい側にも電圧の山が存在している．陰極上の面積を大きくすることで電流増加を維持してきた陰極グローも陰極全面まで広がってしまうと，それ以上面積を増やすことはできず，一定に保っていた電流密度を増やすことで電流増加を実現するようになる．このときにグロー内部に発生する電圧降下も大きくなる．この領域が**異常グロー放電**であり，ここで現れる電圧の山を越えて，さらに電流の大きな方へ移行すると**アーク放電**に至る．

正規グローを維持するには通常数百Vの電圧が必要である．一方，アーク放電ではその1/10以下の数〜数十Vときわめて低い電圧で維持できる．しかし，グローやアークを実現するにはその維持電圧だけでは足らず，そこに至るまでに一度は高電圧の山を越える必要があることを図4.4は意味している．

## 4.3 アーク放電

**アーク放電** (arc discharge) の構造は，グロー放電に比べ単純で図 4.5 に示すように電極間のほとんどが**陽光柱** (あるいは**アーク柱**) で，陰極上には**陰極点** (cathode spot) また陽極上には**陽極点** (anode spot) と呼ばれる輝点が存在している．

陰極点はまさに点のように面積が小さく，そこに全電流が流れるために電流密度がきわめて高く，高融点材料 (炭素，タングステンなど) の陰極では $10^3$～$10^4$ A/cm$^2$，低融点材料 (銅，アルミニウム，水銀など) では $10^6$ A/cm$^2$ 以上となる．

陽極点も陰極点と同じように陽光柱が陽極付近で収縮して発生している．陽極点においては多量の電子が陽極に衝突してエネルギーを与えることから，一般に陽極の温度は陰極の温度より高くなる．一例を挙げると，炭素電極を用いた場合，陰極点温度が 3500 K に対し陽極点温度が 4000 K という観測結果がある．陰極でも正イオンが衝突してエネルギーを与えるが，一方で電子を放出することによりエネルギーを消費している．陽極からの正イオン放出はなくエネルギー放出もないため，その分だけ温度が上昇しやすい．

### 4.3.1 アーク柱

アーク放電の主要部であるアーク柱 (陽光柱) の断面を観測すると，温度がきわめて高く，電流密度も大きい**アークコア**と呼ばれている部分と，温度，電流密度共に少し小さいが化学的には活性な**外炎**と呼ばれる部分に分類できる．

$N_2$ ガスおよび $SF_6$ ガス中で発生するアーク柱の半径方向の温度分布を示すと図 4.6 になる．温度分布は電流の大きさによって変化し，電流が大きくなるとアークコアの温度が上昇し，またその部分が広がる．

図 4.6 を見るとアークコアと外炎の境界付近で温度分布の変化が一度ゆるくなり，分布の肩を形成する部分がある．$N_2$ では 7000 K 付近，$SF_6$ では 3000 K 付近にそれが現れている．これらの温度 ($T_c$) は，それぞれの気体で熱伝導率が極大値をとる温度に対応している．つまり，$T_c$ より温度が高い部分では，温度が上がると熱伝導率が小さくなり，外部への放熱が少なくますます温度が上昇し，アークコアを形成しやすい要因を作っている．一方，$T_c$ より温度が低い部分では，温

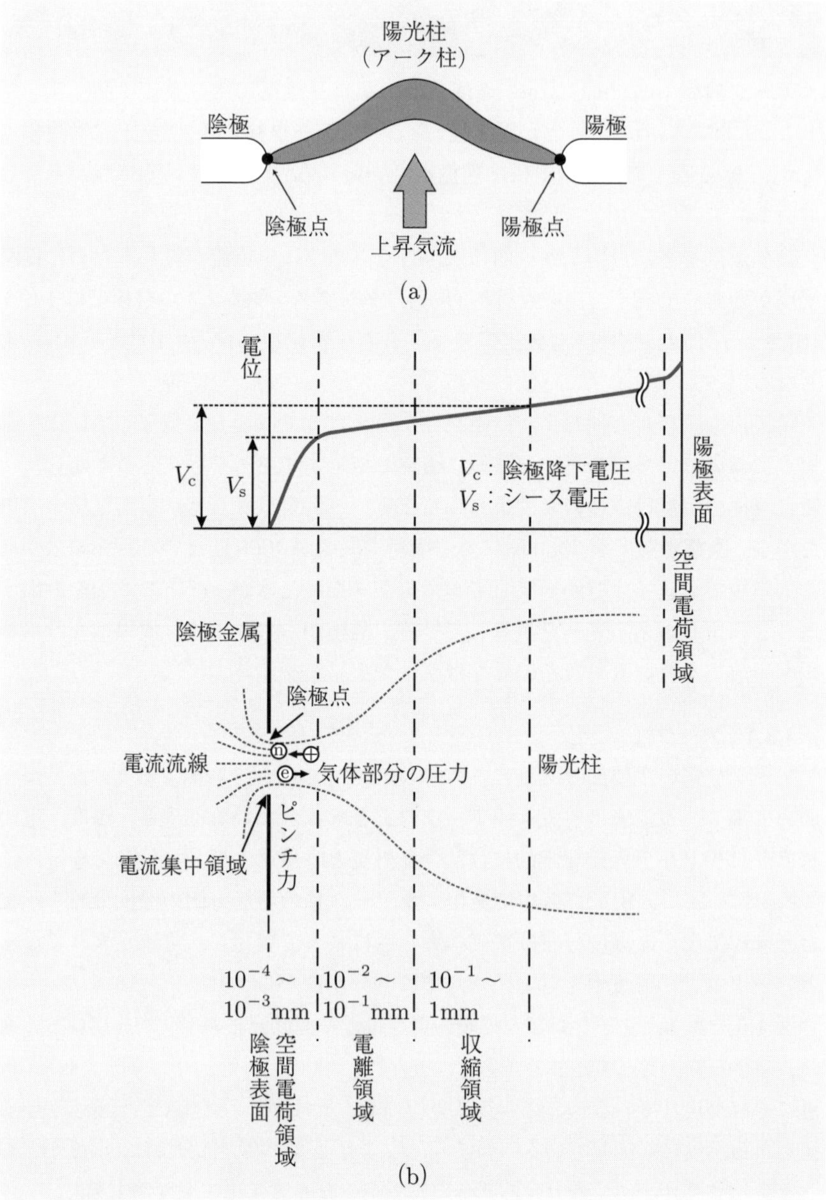


**図 4.5**　アーク放電の構造．(a) 全体の構造，(b) 陰極点付近の構造

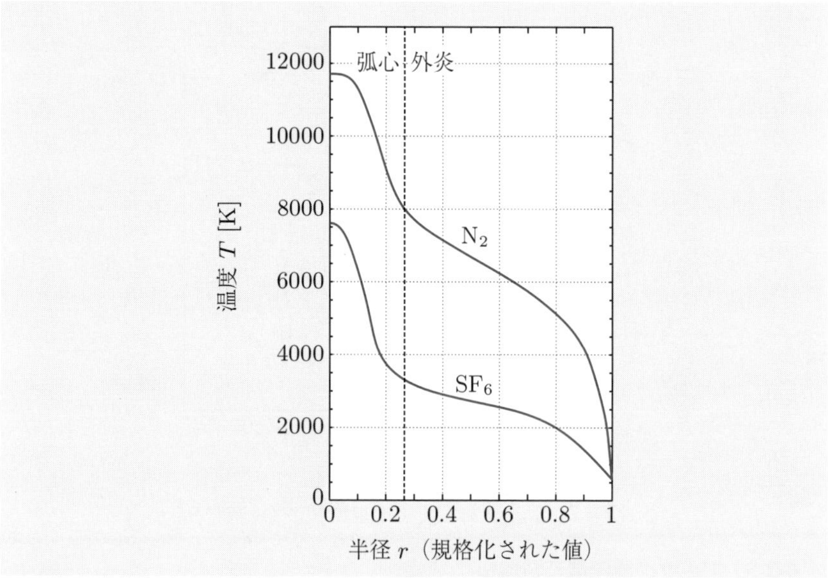


**図 4.6**　アーク柱断面内の温度分布

度が上がると熱伝導率が大きくなり，外部への放熱も大きく温度が上昇しにくいため，アークコアにならず外炎を形成しやすい要因を作り出している．

$SF_6$ ガスは遮断器の**消弧媒体**としても利用されている．遮断現象において電流が 0 になってアーク柱へのエネルギー供給が 0 になった後，アーク柱の導電率が減少していく速さを**アーク時定数**という．その値が小さいほど，よい消弧媒体とされている．$SF_6$ は空気の 1/100 以下のアーク時定数を持つことが知られている．

このことは図 4.6 からも推定できる．$SF_6$ ガス中では，もともとアークコアと外炎ともに温度が低く，電流 0 でエネルギー供給が絶たれるとさらに温度が低下して電子密度が一層小さくなる．それと合わせて，電子付着による導電性の低下や $SF_6$ 分子の熱分解によるエネルギー消費の増加が起こり，絶縁回復の速さが大きくなる．

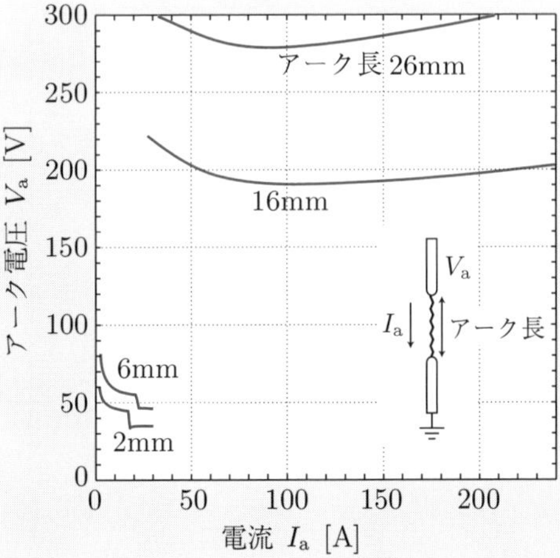


**図 4.7**　アーク放電の電圧電流特性 (正極性)

### 4.3.2 アークの電圧電流特性

アークの電圧電流特性は，図 4.7 からわかるように負特性を示す．電流が 20 A 程度まで適用できる実験式として，次の**ノッティンガム** (W. Nottingham) の式がある．

$$V_a = a + bl + \frac{c + dl}{{I_a}^n} \tag{4.1}$$

ここで $V_a$ はアーク電圧，$I_a$ はアーク電流，$l$ はアーク長であり，$a, b, c, d$ は電極材料や気体の種類によって決まる定数である．また，$n$ は陽極材料の沸点 $T$ [K] の関数として，次式で与えられる．

$$n = 2.62 \times 10^{-4} T \tag{4.2}$$

なお，$n = 1$ の実験式は**エアトン夫人** (Hertha M. Ayrton) の式と呼ばれている．

図 4.7 に示すように電流が 100 A 近くないしそれを超えるようになると，電流の増加につれて電圧も増加する正特性を示すようになる．このような状態になると，放射エネルギーも大きく高温に起因する激しい対流や電極からの激しい金属蒸気の噴出が生じ，アーク放電を一定の状態に維持するのは難しい．そこで放射エネルギーを吸収するために放電管の管壁を気体や水で冷却したり，蒸気噴出を抑えるために電極を冷却したりして，アーク柱の安定化を図っている．

## 4.4　グロー放電，アーク放電の利用

グロー放電は従来，照明や表示用の放電管として使用されてきた．陽光柱の発光を利用したネオン管，電極間隔をきわめて小さくして，負グローの発光を利用したネオンランプがその代表である．

陰極に正イオンが衝突するときに，そのエネルギーが大きいと陰極を構成する材料原子およびそのクラスタをたたき出し，飛散させることがある．これを**陰極飛沫作用** (cathode sputtering) といい，陰極金属を周囲の物質に付着させることができることから，蒸着や表面処理に応用されている．なお陰極飛沫作用は，放電管においては寿命を短くする負の働きをする．

そのほか，グロー放電は LSI (半導体集積回路) の微細加工や鋼の表面窒化など，表面の加工や改質に利用されている．また，プラズマの発生源やガスレーザの励起源としてもよく用いられている．

一方，アーク放電は 19 世紀後半には照明器具であるアーク灯に広く用いられていた．アーク灯は 20 世紀に入ると使用されなくなったが，蛍光灯や水銀灯などの照明器具として引き続きアーク放電は利用され，そのほかに，アーク灯やアーク溶接などの制御性のよい加熱装置および各種プラズマ応用装置などにも広く利用されている．

電気接点や遮断器では，アーク放電の特性によって回路開閉の良し悪しが決まり，特に遮断器ではアークをいかに消滅させるかが研究課題になっている．

**エアトン夫人の話**

アークの電流電圧特性を表す実験式としてエアトン夫人の式が出てきたが，エアトン夫人（Hertha M. Ayrton，1854 年～1923 年）は英国の科学者で，アーク放電の研究により英国電気学会で初めての女性会員となっている．本書の本文に登場する人物では唯一の女性である．

夫人と称されるからには夫であるエアトン氏が当然存在する．実はこのエアトン氏，わが国の電気工学にとって恩師とも言える大変重要な人物で，1873 年 (明治 6 年) から 5 年程わが国に滞在されている．その詳細は「エアトン先生の話」で紹介したい．

エアトン先生がエアトン夫人と知り合われたのは英国帰国後であることから，残念ながらエアトン夫人とわが国との直接的な接点はなさそうである．

# 4章の問題

□**1**　図 4.8(a) のような電圧電流特性を持つグロー放電管がある．これを図 4.8(b) に示す回路で安定に点灯させるための条件，すなわち電源の開放電圧 $V_0$ とインピーダンス $Z$ を求めよ．ただし，放電管の動作点は 20 mA，400 V とし，火花電圧は 3000 V(1 mA) である．

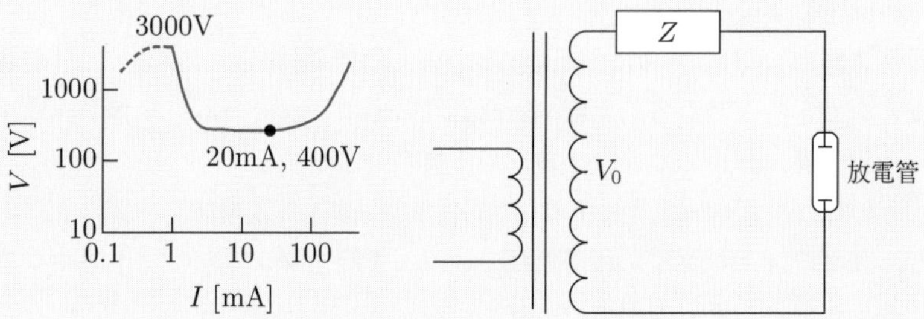


(a)　　(b)

**図 4.8**

□**2**　あるアークランプの光の強度 (光度) は，電流 $i$ とアークの長さ $l$ の積に比例する．またアークの電極間の電圧は，$e_0$ と $K$ を定数として，次式で与えられるとする．

$$e = e_0 + \frac{Kl}{\sqrt{i}} \tag{4.3}$$

このアークランプを一定電圧 $E$ の直流電源で点灯する場合，アークの長さ $l$ を変えたとき最大光度が得られる電流の大きさを求めよ．ただし，電源の内部抵抗やリード線など，回路には全体で $r_0$ の抵抗があるものとする．また，$E > e_0$ とする．

# 5 液体，固体の放電

本章では**液体**の放電および**固体**の放電について学ぶが，液体や固体の中の電気伝導，そして絶縁破壊の機構は，これまでに学んできた気体とは異なる点も多い．しかしながら，気体，液体，固体で起こる現象を相互に比較しながら見ておくと，個々の現象をより理解しやすくなる．2.1 節で述べたように気体，液体，固体が持っている基本的な性質を比べると，気体中では粒子が動きやすい一方で，液体や固体中では粒子が動ける余地がほとんどないという特質があり，ここから話を始めたい．

**5 章で学ぶ概念・キーワード**

- 電気伝導
- 空間電荷効果
- 絶縁破壊
- 面積効果，体積効果

## 5.1　液体，固体の電気伝導

3.1 節では気体の電気伝導について述べたが，それと同様に対象となる媒質(気体，液体，固体) に平行平板電極で電界を加え，電極の電圧とそれによって流れる電流がどのように変化するかを示すと図 5.1 のようになる．

電流が急激に増大し絶縁破壊に至る電圧は，気体，液体，固体の順に大きくなっていくことがわかる．一方，いずれの媒質においても，特性曲線は 3 つの領域に分けられる．

領域 a は図 3.1 でも説明したように**オーム則**が成立し，気体，液体，固体共に一定の体積抵抗率を持つ高抵抗とみなせる．一般に媒質の抵抗率はこの領域において定義される．

領域 b は媒質によって異なる特性を示している．気体では電流が一定値に飽和するのに対し，液体では飽和の傾向を持ちながらも電圧増加で電流が少しずつ増大し，また固体では電圧に対し電流が指数的に増大し始めている．このような違いは，電気伝導に寄与する荷電粒子がどのように供給されているかによっ

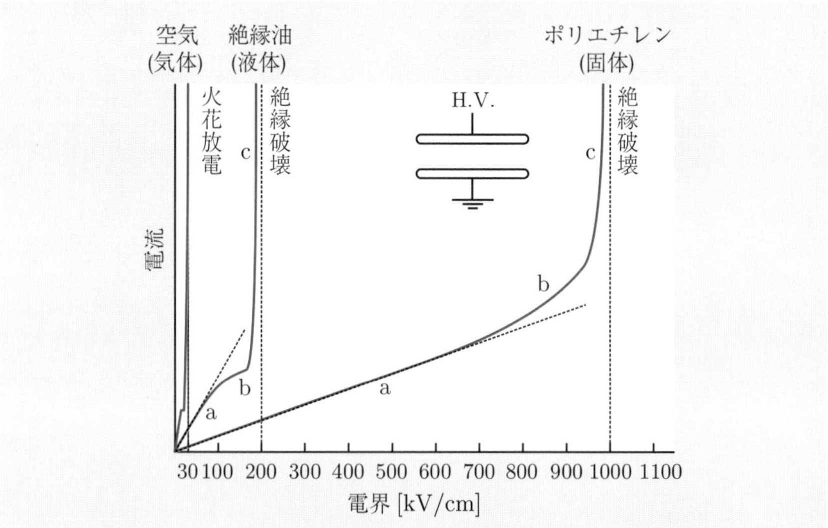


**図 5.1**　気体，液体，固体の電圧電流特性

て生じている．気体では，宇宙線などによって引き起こされる自然電離で生じる電子，イオンだけがこの段階では唯一の荷電粒子源である．したがって，その生成量には限界があり電流は頭打ちになってしまう．液体や固体でもベースになる供給源は気体と同じであるが，領域 b で加わる電界が非常に大きいために，分子や不純物が解離してイオンが発生するなど新たな荷電粒子の生成要因が加わるところに違いがある．

領域 c では，気体の場合には電子の衝突電離による電離増倍で電流が指数的に増大するが，液体，固体の場合には，原子・分子の密度が高く電子による衝突電離には 1 MV/cm 程度の電界が必要であり，全ての電流増大を衝突電離だけでは説明できない．その点を含めて，液体や固体における荷電粒子の発生要因をまず次節で説明する．

**エアトン先生の話**

「エアトン夫人の話」に登場した夫であるエアトン先生について紹介したい．

英国人であるエアトン先生 (William Edward Ayrton，1847 年 9 月 14 日～1908 年 11 月 8 日) は，明治政府の招聘により 1873 年 (明治 6 年) に創設された工部省工学寮電信科 (現東京大学工学部電気系学科の前身，世界最古の電気系学科) の初代教授として赴任し，1878 年 (明治 11 年) まで教鞭を執り，20 名の日本人学生を指導するとともにわが国の電気工学の基礎を築いたことで知られている．

エアトン先生は非常に勤勉な学者で，寸暇をも無駄に費やすことを嫌い朝早くから夜遅くまで研究に没頭し，その成果を英国の学会誌などに次々と発表している．その顕著な業績により，19 世紀の偉大な物理学者であるマクスウェル (J. C. Maxwell) が「電気学界の重心は日本に近づけり」と彼の研究を評したという有名な伝説が残されている．

1878 年 (明治 11 年) 3 月 25 日に，工部省中央電信局の落成晩餐会が工部大学校 (1877 年に工部寮から改称) で開催された際，エアトン先生とその教え子はわが国初の電気灯 (フランス製アーク灯) を公開の場で点灯させることに成功している．これがわが国で電気エネルギーを利用するようになった始めということから，3 月 25 日を「電気記念日」としている．

エアトン先生は英国に帰国後もロンドンの Central Institition(現ロンドン大学の前身) で物理および電気工学の教授を終生務め，また 1881 年 (明治 14 年) には Royal Society(王立協会) 会員，1890 年 (明治 23 年) には英国物理学会会長，1892 年 (明治 25 年) には英国電気学会会長に選任されるなど，当時の英国を代表する電気学者として活躍された．

壮年期のエアトン先生に指導されたわが国の教え子達の活躍については，「エアトン先生の教え子」で述べることにする．

## 5.2　荷電粒子の発生要因

液体や固体では，絶縁破壊に至るまでにかなり大きな電界が加わるため，気体では考慮されなかったいくつかの荷電粒子の発生が見られる．

### 5.2.1　電極からの電子放出

液体と固体に共通するものとして，液体や固体と接する電極からの電子放出がある．その電子放出の機構として，**ショットキー** (Schottky) **放出**と**電界放出**が考えられている．

**ショットキー放出：**電極から電子が外へ飛び出てくるために必要なエネルギー (仕事関数) は，図 5.2 に示すように印加電界が大きくなると低下する．これを**ショットキー効果**といい，電極から放出される電子電流密度の大きさ $j_s$ は，電界 $E$，温度 $T$ の関数として次式で表される．

$$j_{\mathrm{s}} \propto \exp\left(\frac{\sqrt{E}}{T}\right) \tag{5.1}$$

このショットキー放出は 100 kV/cm 以上の高電界で顕著となる．

**電界放出：**電界が 500 kV/cm 以上になると，図 5.2 に示すように仕事関数を決めている電極と媒質の間のポテンシャル障壁の厚さが薄くなり，電子が障壁を突き抜けるような**トンネル効果** (tunnelling effect) が生じる．このトンネル効果で電極から放出される電子電流密度 $j_t$ は，電界 $E$ の関数として次式で表される．

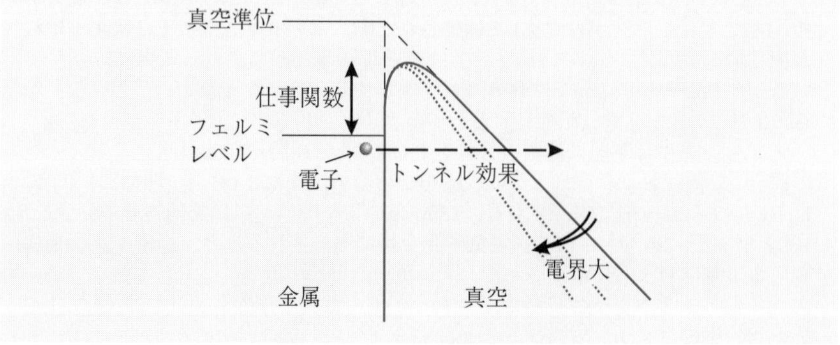


**図 5.2**　電極からの電子放出機構

$$j_{\mathrm{t}} \propto E^2 \exp\left(-\frac{1}{E}\right) \tag{5.2}$$

### 5.2.2 液体からの荷電粒子放出

電界を加えることにより液体の中から荷電粒子が発生する機構としては，**解離**と**衝突電離**がある．

**解離**：液体分子やそこに含まれる不純物分子は，自然界の放射線エネルギーだけでなく，電界のエネルギーによっても解離してイオンになる．NaCl や HCl などのイオンになりやすい電解質の不純物がわずかに含まれるだけで，電界によって解離する分子の数は指数的に増大することが知られている．

**衝突電離**：気体の中と同様に，電界で加速された電子が液体分子に衝突することにより電離を起こすことがある．その際の電離増倍は，電離係数を $\alpha$，電子の移動距離を $x$ として，$\exp(\alpha x)$ として記述できる．ただし，電界が 1 MV/cm を超えないと $\alpha > 0$ とならず，きわめて衝突電離は生じにくいといえる．

### 5.2.3 固体からの荷電粒子放出

固体から荷電粒子が発生する機構としては，**熱解離**，**格子欠陥**を通じての粒子移動，**プール・フレンケル** (Poole-Frenkel) **効果**がある．

**熱解離**：イオンになりやすい不純物や高分子材料の分子が熱的に解離し，イオンを供給することが知られている．

**格子欠陥を通じての移動**：結晶を構成する固体においても，理想的な格子構造からはずれる欠陥が存在する．NaCl や KCl などのイオン結晶では，格子点にあるべき正イオンが格子点から飛び出して空孔を作ったり (**フレンケル欠陥**という)，1 対の正・負イオンが格子点から飛び出して 1 対の空孔を作ったり (**ショットキー欠陥**という) する．これらの欠陥には周囲のイオンが電界によってその空孔に移動することが可能となる．このようにして移動可能なイオンが生じる．

**プール・フレンケル効果**：価電子帯の電子や不純物準位にトラップされている電子は，伝導帯にある電子とは異なり，通常自由に動くことはできない．価電子帯や不純物準位と，それらの上位にある伝導帯との間にはエネルギーギャップがあり，電子はこのギャップを乗り越えないと伝導帯に移れない．このエネルギーギャップは電界が大きくなるにつれて小さくなる．これを**プール・フレンケル効果**といい，電極からの電子放出で見られた仕事関数が電界によって低下するのと同様の原理である．

## 5.3　空間電荷効果

液体や固体などの媒質を図 5.3 のように電極間へ配置することを考える．陰極表面の電界が大きいと，陰極から媒質へ電子放出が生じる．これと同時に媒質中ではその媒質の抵抗率 (導電率) に応じて電気伝導が生じる．ここで陰極から放出される電子電流密度の大きさを $j_{\mathrm{c}}$ とする．

まず，図 5.3(a) のように媒質の抵抗率が非常に大きい場合を考える．そのときの媒質中の電子電流密度の大きさを $j_{\mathrm{b}}$ とすると，電子がきわめてゆっくりしか動けないことから $j_{\mathrm{c}} > j_{\mathrm{b}}$ となる．この場合，電極から出た電子はすぐには陽極に移動できず陰極付近に滞留する．滞留した電子は電極 (陰極) と同じ極性 (負) を持つことから**ホモ** (homo) **電荷**と呼ばれている．ホモ電荷によって電極付近の電界は低下するので $j_{\mathrm{c}}$ は減少する．一方，ホモ電荷と陽極との間の媒質の電界は大きくなるので $j_{\mathrm{b}}$ は増加することになる．最終的には，図 5.3(b) の

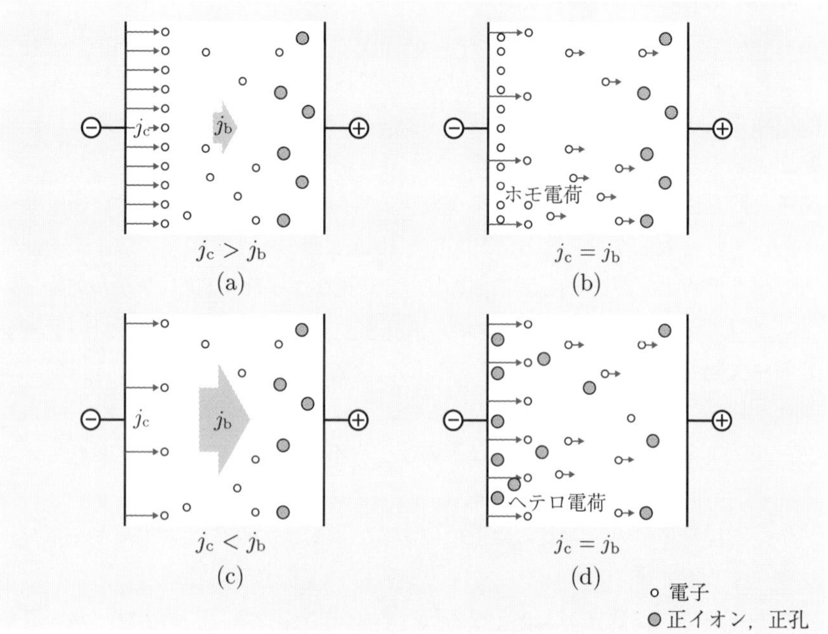


**図 5.3**　空間電荷効果の概念

ように $j_\mathrm{c} = j_\mathrm{b}$ の電流連続条件が成立するまで，ホモ電荷は増加し続けて定常状態に至る．

次に，図 5.3(c) のように媒質の抵抗率が比較的小さい場合を考える．この場合には，図 5.3(a) とは逆に $j_\mathrm{c} < j_\mathrm{b}$ となる．陰極から放出された電子は早い時点で陽極付近へ達し，一方，媒質中に正イオンや正孔 (ホール) が存在すると陰極付近に集まってくる．陰極付近の電界は上昇するので $j_\mathrm{c}$ は増加する．また，媒質中の電界は低下するので $j_\mathrm{b}$ は低下する．こうした $j_\mathrm{c}$ の増加と $j_\mathrm{b}$ の減少は，図 5.3(d) のように $j_\mathrm{c} = j_\mathrm{b}$ の条件が成立するまで続くことになる．陰極付近に存在する電荷は電極 (陰極) と逆極性 (正) の電荷であることから**ヘテロ** (hetero) **電荷**と呼ばれている．

陰極からの電子放出量と媒質中の電子の流れやすさとは互いに独立で従属関係がないことから，電極付近には必ずホモ電荷やヘテロ電荷という**空間電荷**が現れることになる．

直流電圧が印加される設備や機器では，ある極性から逆の極性に切り換える極性反転という操作を行うことがある．こうした状況では，特にホモ電荷に注意を払う必要がある．例えば，陰極付近にあったホモ電荷 (負電荷) は陰極との間の電界を弱める働きをするが，極性反転時には陰極が陽極に変わるため陽極と負電荷の間の電界は逆に強くなる．この電界は空間電荷がない通常時の電界より大きく，媒質の絶縁破壊を引き起こす可能性もある．

固体は液体に比べ抵抗率が大きく直流高電圧の絶縁によく用いられるが，極性反転を伴う場合には，抵抗率をむやみに上げすぎないことが肝要となる．

## 5.4　液体の絶縁破壊

純粋な液体誘電体を対象として，その絶縁破壊電圧を決めている要因を考えてみる．まず定性的には，構成分子の容積が大きいあるいは密度が高い液体は，荷電粒子の加速を抑制することから破壊電圧の上昇が見られる．一方，定量的には，気体中と同様に液体中の衝突電離を前提とした「電子破壊理論」や液体中に発生する気泡を前提とした「気泡破壊理論」が提案されている．しかし現状では，気体の「タウンゼント理論」や「ストリーマ理論」ほど，適切に現象を予測できているとはいえない．その原因として，実際に使用される液体誘電体には気泡や様々な不純物 (水分，繊維，導電性微粒子など) が含まれ，それらが破壊電圧を決めていることなどが挙げられる．そこで，まず破壊電圧を支配する要因を押さえておく．

### 5.4.1　破壊電圧を支配する要因

**気泡**

**気泡**の存在が液体の絶縁破壊に大きく関与している．液体中の溶解ガスから気泡が生まれ，気泡内で気体放電が発生してその放射エネルギーで気泡は成長する．気泡の中は液体中に比べ電子の運動が容易で電離増倍が進みやすいため，気泡が一度成長し始めると正のフィードバックがかかり，電極間を橋絡するような大きな気泡に成長することもある．この段階になると液体中の放電ではなく気体中の火花放電になるため，低い電圧で電極間が放電路で橋絡され絶縁破壊に至ってしまう．気泡の影響が大きいことは，図 5.4 に示す液体に加わる圧力と破壊電界の関係から理解できる．液体を加圧しても密度はあまり変わらないが，気泡の成長や気泡内の放電進展は抑制され破壊電界が上昇すると考えられている．気泡の成長にはある程度の時間が必要であり，直流や交流のように電圧を長時間加えられる場合に特に気泡による絶縁破壊が生じやすい．

**絶縁油中の水と繊維**

液体絶縁物として実用的に用いられる代表は**絶縁油**である．絶縁油は，変圧器，コンデンサ，ケーブルに用いられている**鉱油** (原油から精製されて作られる) と，化学合成によって作られるアルキルベンゼンやシリコーン油などの**合成油**に分類できる．

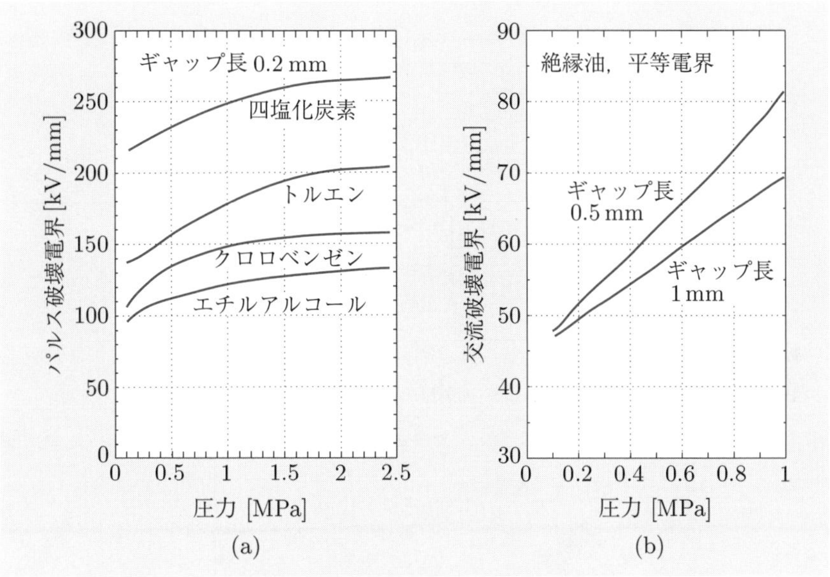


**図 5.4**　液体破壊電圧への圧力の影響

この中でも鉱油には，各種の気体，水分，繊維，微粒子など不純物が含まれる可能性が高く，これら不純物によって絶縁破壊強度が大きく左右される．特に水分と繊維が同時に存在すると，絶縁破壊電圧が大きく低下する．その例を図 5.5 に示す．

良質な絶縁油に水分ないし綿繊維がそれぞれ単独で存在しても破壊電圧は低下しているが，水分 (0.03 %) と綿 (1 mg) が同時に存在すると，本来の破壊電圧 (140 kV) の 1/7 程度まで大幅に低下するのがわかる．水分と繊維が共存すると水分は繊維に吸収され，比誘電率が 80 と非常に大きな水分が細長い繊維に分散されるのがポイントである．絶縁油 (比誘電率は 2 程度) 中に水分含有で誘電率が大きくなった繊維が多数存在し，そこに電界が印加されると，繊維は静電気力によって電気力線に沿って整列するようになる．その結果，電極表面から突起が伸び出すような状況や，電極間が長く連なった繊維で橋絡されるような状況が生じる．このようにして電極間の破壊電圧が大幅に低下してしまう．

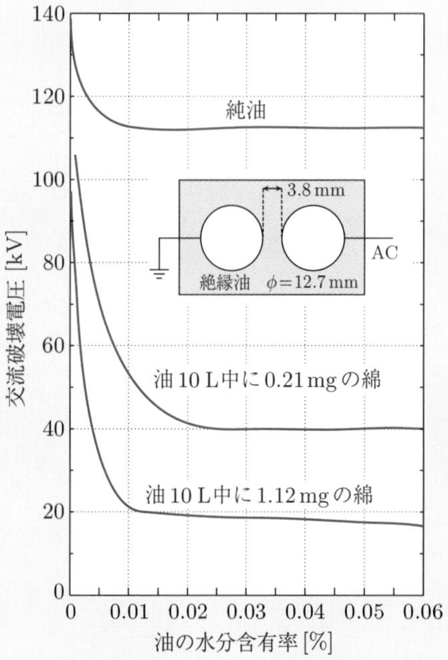


**図 5.5** 絶縁油破壊電圧への水分と繊維の影響

### 面積効果，体積効果

電極と液体が接する表面積や電界が加わる液体の体積が大きくなると，液体の破壊電圧は低下することが知られている．この特性をそれぞれ**面積効果**，**体積効果**と呼んでいる．

面積効果が現れる理由は次のように説明されている．電極表面には，絶縁破壊のトリガとなるような微小突起 (先端電界は非常に強く，陰極では電子の放出源となる) や吸着ガス (気泡発生源となる) が存在し，同一の印加電圧であっても，そうした絶縁上の弱点が多くなると破壊の確率は高くなる．電極面積が大きくなると弱点の数も増加するため破壊確率は上昇し，より低い電圧で絶縁破壊することになる．

体積効果も同様に考えることができる．電界が加わる部分の体積が大きくなるとそれだけ弱点となる不純物粒子の数も増加し，より低い電圧で絶縁破壊してしまう．

大気圧空気では，電極表面の微小突起などが破壊電圧に与える影響が小さい．これは微小突起などの影響が現れる電界に達する前の低い電圧で破壊してしまうためであり，その結果，面積効果はほとんどない．ただし，$SF_6$ などの絶縁ガスを高気圧にした場合には，電極表面電界がかなり高くなることがあり，面積効果が見られるようになる．一方，気体の中に不純物がとどまることもないことから，体積効果もほとんど現れない．

**ギャップ長の影響**

気体で平等電界ギャップを構成すると，火花電圧はギャップ長にほぼ比例して増加する．一方，絶縁油では破壊電圧 $V_{\mathrm{B}}$ はギャップ長 $d$ に対して，

$$V_{\mathrm{B}} \propto d^{a}, \qquad a = 0.5 \sim 0.7 \tag{5.3}$$

となることが知られている．つまり，ギャップ長を大きくしても破壊電圧がそれほど大きくならない飽和特性を示す．これは体積効果の延長と考えてよい．破壊電圧および破壊電界の特性の一例を図 5.6 に示す．図 3.10 に示す空気の破壊電界と比較すると，絶縁油の破壊電界はギャップ長が 5 mm 以下の場合，空気の 7～8 倍に達するが，ギャップ長が 30 mm 程度になると 3 倍程度になる．このように破壊電圧や破壊電界の大きさを比較する場合，ギャップ長依存性にも注意を払う必要がある．

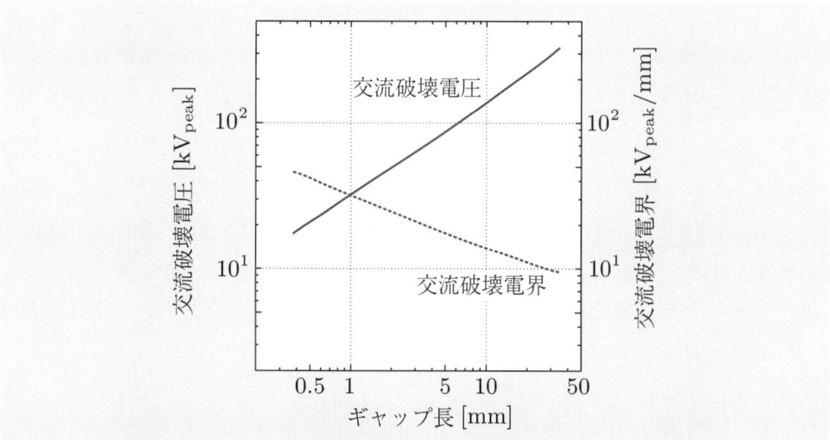


**図 5.6**　絶縁油破壊電圧のギャップ長依存性

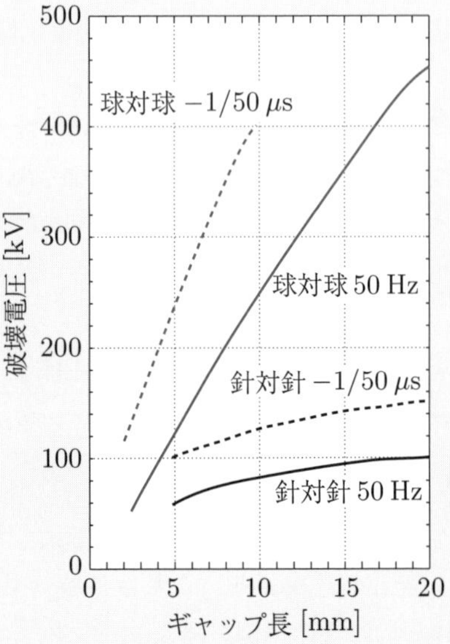


**図 5.7**　絶縁油破壊電圧への電圧波形の影響

### 電圧波形の影響

図 5.7 は絶縁油の 50% インパルス破壊電圧 $V_{50}$ を交流破壊電圧 (波高値) $V_{\mathrm{AC}}$ と比較したものである．$V_{50}/V_{\mathrm{AC}}$ の値をインパルス比 $R_{\mathrm{imp}}$ というが，図 5.7 の例では，平等電界 (球対球) と不平等電界 (針対針) いずれも $R_{\mathrm{imp}}$ は 1 より大きな値となっている．一方，気体の場合は $V$–$t$ 特性を思い出してみるとよいが，平等電界では $R_{\mathrm{imp}}$ はほぼ 1 に等しく，不平等電界では 1 より大きい．つまり絶縁油と気体を比べると，平等電界においてインパルス比が大きく異なっている．これも絶縁油中の不純物や気泡の影響によって説明ができる．平等電界中で長時間電圧が印加される交流印加時には，不純物の移動や気泡の成長が顕著となり破壊電圧 $V_{\mathrm{AC}}$ が低下する．一方，インパルスの印加時間はきわめて短く，$V_{50}$ は絶縁油本来の高い破壊電圧となる．したがってインパルス比は 1 より大きな値となる．

### 5.4.2　極低温液体

超電導応用機器などで極低温状態を実現するために，**極低温液体** (液化気体) が利用されている．これらの液体は冷媒としての役割だけでなく，電圧が印加される部分では電気絶縁体の役割を担う必要がある．3 種類の極低温液体の交流破壊電圧を室温の絶縁油と比較して示すと図 5.8 になる．液体窒素や液体水素は室温の絶縁油より優れた絶縁特性を持っていることがわかる．特に液体窒素は，高温超電導材料を利用した機器やケーブルに冷媒として用いられているが，その理由の 1 つとして優れた絶縁特性が挙げられる．今後も冷媒と絶縁の両方の観点からさらなる活用が期待されている．

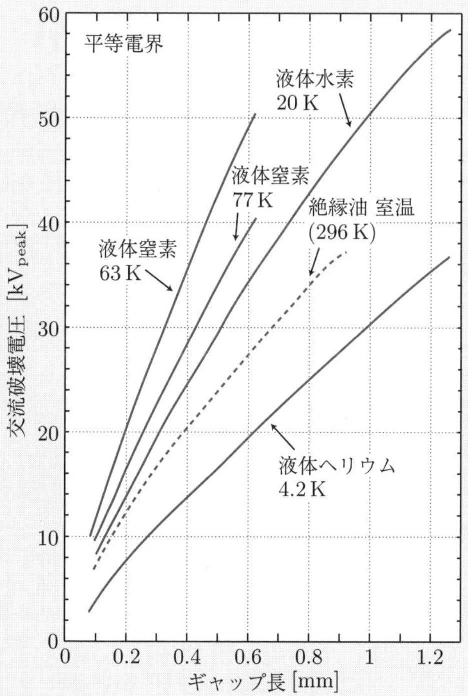


**図 5.8**　極低温液体の破壊電圧

## 5.5 固体の絶縁破壊

まず，種々の固体絶縁材料について絶縁破壊電界の実例を体積抵抗率や比誘電率と共に表 5.1 と表 5.2 に示す．固体の絶縁破壊の条件を導く理論として，結晶中を移動する電子のエネルギー収支に注目した真性破壊を前提とした理論や，電子なだれのエネルギーに着目し電子なだれ破壊を前提とした理論などの「電子破壊理論」と，電気伝導に基づくジュール熱に着目した「熱破壊理論」が提案されている．しかしながら，これらの理論は結晶構造が単純な場合に対してのみ破壊電圧を予測できるにとどまっており，表 5.1 と表 5.2 の値を予測するに至っていない．

**表 5.1**　マイカ，ガラス，磁器，ゴムの電気物性（絶縁破壊電界測定時の試料厚さは mm オーダ）

| 材料 | 体積抵抗率 [Ω · cm] | 比誘電率 | 絶縁破壊電界 [kV/mm] |
|---|---|---|---|
| 白マイカ | $10^{14}$～$10^{17}$ | 6～9 | 25～70 |
| ソーダ石灰ガラス | $10^{11}$～$10^{13}$ | 6.5～7.6 | 5～20 |
| パイレックスガラス | $10^{12}$～$10^{14}$ | 4～6.5 | 20～35 |
| ケイ酸アルミナ磁器 | $10^{12}$～$10^{13}$ | 5～7 | 10 |
| アルミナ磁器 | $10^{15}$～$10^{16}$ | 8～11 | 10～16 |
| ブチルゴム | $10^{14}$～$10^{16}$ | 3～4.5 | 20～30 |
| シリコーンゴム | $10^{14}$～$10^{15}$ | 3～5 | 15～20 |

**表 5.2**　合成樹脂の電気物性（絶縁破壊電界測定時の試料厚さは 3.2 mm）

| 材料 | 体積抵抗率 [Ω · cm] | 比誘電率 | 絶縁破壊電界 [kV/mm] |
|---|---|---|---|
| 低密度ポリエチレン | $> 10^{16}$ | 2.25～2.35 | 17～40 |
| ポリプロピレン | $> 10^{16}$ | 2.2～2.6 | 20～26 |
| 硬質塩化ビニル | $> 10^{16}$ | 3.0～4.0 | 14～20 |
| ポリスチレン | $> 10^{16}$ | 2.4～3.1 | 20～28 |
| ポリメチルメタクリレート (アクリル樹脂) | $> 10^{14}$ | 3.0～4.0 | 15～22 |
| ポリカーボネート | $2 \times 10^{16}$ | 2.9～3.2 | 15 |
| ポリテトラフルオロエチレン (PTFE) | $> 10^{18}$ | $< 2.1$ | 19 |
| エポキシ (ガラス繊維充填) | $10^{15}$ | 5.5 | 14 |
| エポキシ (充填材なし) | $10^{15}$～$10^{17}$ | 3.5～5.0 | 16～20 |

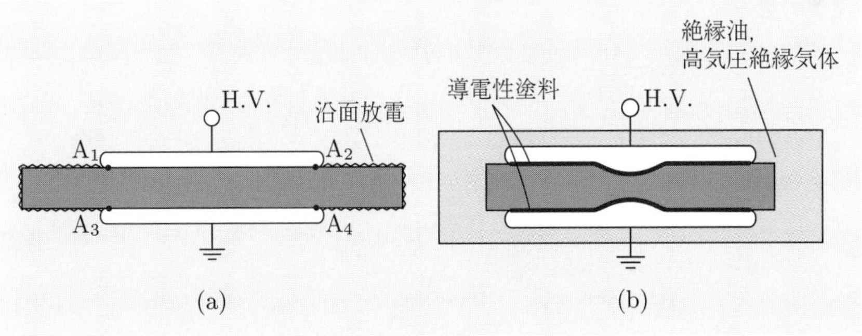


**図 5.9**　電極周囲の媒質の影響

固体の絶縁破壊電圧は，種々の要因で大きく変化することが知られている．そこで，液体と同様に破壊電圧を支配する要因を押さえておく．

**媒質の影響**

ある固体の絶縁破壊電圧を求める場合，すぐに思いつく電極配置は図 5.9(a) の構成であろう．しかし，この配置で電圧を印加すると，多くの場合，次章で詳しく説明する沿面放電が電極端部のすき間 (図 5.9(a) の $A_1$～$A_4$ の部分) で始まり，固体を回り込む形の絶縁破壊が先に起こってしまう．そこで，図 5.9(b) のように周囲を空気より絶縁耐力が大きい高気圧のガスや絶縁油で満たすことを行う．さらに固体中の貫通破壊を確実に行うために，破壊を起こす部分を他より薄くすることなども行う．以上のことを行ったとしても，電極端部のすき間や電極と固体の間にできるわずかなすき間で起こる部分放電が破壊電圧に影響を及ぼすことが知られている．これらを**媒質効果**という．

こうした媒質効果を抑えて固体固有の破壊電圧を求めるためには，電極と固体とのすき間を埋めるため導電性の塗料を電極に塗る，周りの媒質が絶縁油の場合には圧力を加える，ガスの場合はさらに圧力を高くすることなどが考えられる．

**厚みの効果**

固体の破壊電圧 $V_B$ は，液体と同様に電界が加わる部分の大きさ (固体の場合は厚さ) $d$ に対して比例せず，次の関係がある．

$$V_B \propto d^a, \quad a = 0.5 \sim 0.7 \tag{5.4}$$

### 温度の影響

固体の破壊電界に対する温度の影響は，結晶および非晶質 (高分子材料のフィルム) に対してそれぞれ図 5.10 に示すような特徴を持って現れる．

結晶の場合，室温より低温側では，温度上昇に伴い結晶格子の熱振動が活発になり，走行する電子との衝突が増加して電子のエネルギー損失も大きくなるため破壊電界が上昇する．室温より高温側では，温度上昇に伴い不純物準位に

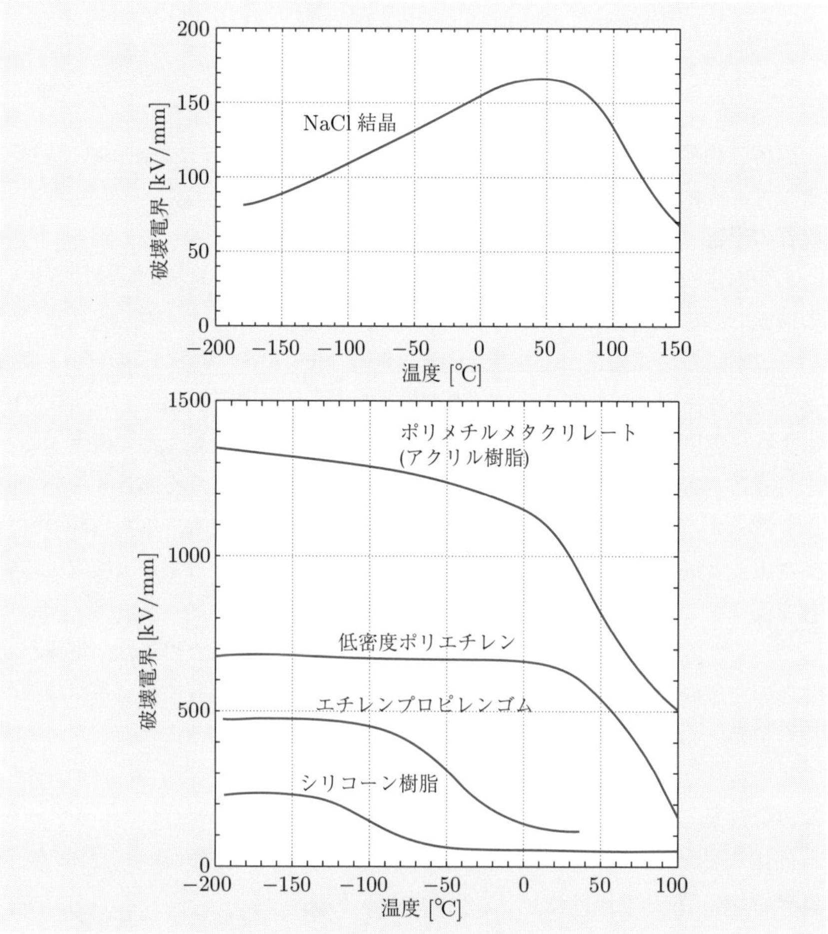


**図 5.10**　破壊電圧への温度の影響（NaCl 結晶の厚さ：0.1〜0.2 mm, 高分子フィルムの厚さ：0.01〜0.04 mm）

トラップされている電子が伝導帯へ持ち上げられる作用が支配的になり，破壊電界が低下するようになる．

一方，非晶質の場合，ガラス転移点 (ガラス状態から剛性が低下するゴム状態へ移行する温度) より低温側 (ガラス状態) では破壊電界の温度依存性はほとんどない．ガラス転移点より高温側 (ゴム状態) では，温度上昇に伴い分子ないし分子鎖の間にできる自由体積が増加するために自由電子の移動が容易になり，破壊電界が低下する．

**電圧印加時間の影響**

破壊電圧 $V$ と破壊までの遅れ時間 $t$ との関係を表す $V$–$t$ 特性は，気体や液体と同様に時間と共に右下がりの特性となる．つまり，交流や直流に対する破壊電圧はインパルスに対する破壊電圧に比べて低くなるのが一般的である．

交流破壊電圧と直流破壊電圧とを比べると，媒質効果が現れる場合にはその影響を強く受ける交流破壊電圧の方が低くなる．一方，5.3 節で述べたように，ホモ電荷による空間電荷効果が現れる場合には，極性反転時の直流破壊電圧が低くなる．これらの効果が現れない場合には，ほぼ同じ値になる．

電圧を何分，何時間，何日も印加した場合の破壊電圧 $V$ と破壊までの遅れ時間 $t$ との関係 (**長時間 $V$–$t$ 特性**と呼ばれている) は，図 5.11 に示すように両対数グラフ上で右下がりの直線になることが知られている．この関係は，

$$V \propto t^{-\frac{1}{n}} \tag{5.5}$$

と表され，$-1/n$ が図 5.11 中の直線の傾きになっている．$n$ の値が大きいほど

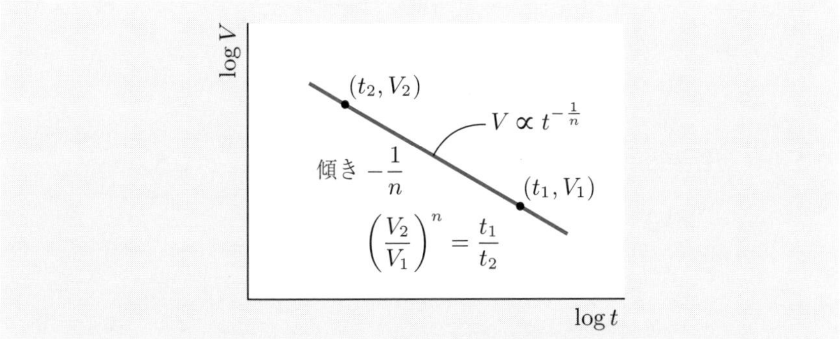


**図 5.11**　長時間 $V$–$t$ 特性

直線の傾きが小さく，長時間経ても破壊電圧があまり低下しないことを示している．この $n$ の値 (***n* 値**という) は機器の寿命を推定したり，30 年程度の寿命の機器を短い時間で試験する場合の試験電圧値を検討する際に重要な指標となっている．電力機器の $n$ 値は，ケーブルで 10〜20，変圧器で 30，ガス絶縁開閉器 (GIS) で 60 程度と言われている．

**例題 5.1**

定格電圧 550 kV，使用年数 30 年の 3 相交流変圧器の絶縁試験について考えてみる．この使用年数が経過した後も定格電圧の 1.2 倍の電圧で使用できることを確認するために必要な 1 時間 (対地) 耐電圧試験の試験電圧値を，(5.5) 式を変形して得られる次の長時間 $V-t$ 特性を基に求めよ (図 5.11 を参照).

$$\left(\frac{V_2}{V_1}\right)^n = \frac{t_1}{t_2} \qquad V_1 < V_2,\ \ t_1 > t_2 \tag{5.6}$$

なお，変圧器の絶縁を考えることから $n = 30$ としてよい．

**【解答】** $t_1 = 30$[年], $t_2 = 1$[時間] となるので，$t_1$ を時間の単位に変換して (5.6) 式の右辺を求めると，

$$\frac{t_1}{t_2} = \frac{30 \times 365 \times 24}{1} = 262800$$

となる．この結果を利用して，

$$\frac{V_2}{V_1} = \left(\frac{t_1}{t_2}\right)^{1/n} = (262800)^{1/30} = 1.516$$

が得られる．ここで，3 相交流の定格電圧は線間電圧で与えられるので，対地電圧に変換しその値を 1.2 倍することから $V_1$ は，

$$V_1 = \frac{550}{\sqrt{3}} \times 1.2 = 381.1 \text{ [kV]}$$

となり，最終的に試験電圧値 $V_2$ を次のように求めることができる．

$$V_2 = 381.1 \times 1.516 = 578 \text{ [kV]}$$

■

# 5章の問題

□ **1** ロゴウスキー (Rogowski) 電極 (平坦部の直径 100 mm) を用いて平行平板電極を構成し，ギャップ長を 10 mm とした．交流電圧印加時のこのギャップの絶縁破壊電圧を検討してみよう．以下の問いに答えよ．

(1) 電極系全体を清浄な鉱油で満たした．予想される破壊電圧は何 kV になるか．

(2) 上記 (1) において，鉱油 10 L 中に水分が 5 $cm^3$，綿繊維が 1 mg 入ってしまった場合には，予想される破壊電圧は何 kV になるか．

(3) 同じく上記 (1) において，鉱油中に直径 100 $\mu$m の大気圧空気の泡が入ってしまった場合，ギャップ間が全路破壊するより低い電圧で部分放電が発生してしまった．この部分放電はどのように発生したかを簡単に説明せよ．また，予想される部分放電開始電圧は何 kV になるか．

□ **2** 架橋ポリエチレンを用いた交流固体ケーブル (CV ケーブル) は，電力系統で広く用いられているが，ホモ電荷が発生しやすいといわれている．このケーブルの耐電圧試験を正負直流電圧で行った際，特に極性を反転させたときに絶縁破壊が起こった．単心の同軸構造を持つケーブルモデルによってその原因を考察してみよう．

(1) ホモ電荷が発生しやすい理由を説明せよ．

(2) 対象となるケーブルモデルは，電圧が印加される中心導体半径 $r_1 = 0.05$ [m]，接地されている外部導体内径 $R = 0.05e$ [m] (ここで $e$ は自然対数の底)，導体間は架橋ポリエチレンで充填されており，その絶縁破壊電界強度 $E_c = 50$ [kV/mm] である．まず初めに直流電圧 $-1$ MV を印加し，次に直流電圧 $+1$ MV へと印加電圧の極性を反転させたときに絶縁破壊が発生した．ホモ電荷の発生位置を $r_1 + 0.1$ mm と仮定すると，ホモ電荷の電荷量はケーブル単位長さ当たりいくらと見積もられるか．なお，架橋ポリエチレンの比誘電率は 2.3 としてよい．

# 6 複合誘電体の放電

これまでの章では，気体，液体，固体のそれぞれの放電や絶縁破壊について学んできた．実用の電気機器，装置においては，これらの材料を複数組み合わせる**複合誘電体**が利用されている．油浸絶縁は紙 (固体) と油 (液体) を用いたものであり，また，$SF_6$ によるガス絶縁であっても高電圧導体をガス中に保持するためにはどうしても固体のスペーサを使うことになる．複合誘電体では単独の場合とは異なる問題が新たに生じるので，それらを学ぶことにする．

**6 章で学ぶ概念・キーワード**

- 三重点
- 沿面放電
- ボイド放電
- トリー

## 6.1　複合誘電体中の電界

複合誘電体でまず考える必要があるのは，その中の電界分布である．特に留意すべき幾何学配置において電界を比較して示すと図 6.1 になる．

図 6.1(a) に示す扁平な誘電体形状は，注目している誘電体 2 がほかの誘電体 1 にはさまれた場合や，誘電体 2 が気体で誘電体 1 の中にできた間隙《かんげき》 (すき間) となる場合に相当する．ここで誘電体 2 が気体 (比誘電率 $\varepsilon_{2\mathrm{s}} \fallingdotseq 1$) である後者の例を考える．その部分の電界 $E_2$ は，誘電体 1 (比誘電率 $\varepsilon_{1\mathrm{s}}$) 中の電界 $E_1$ に対し，次式の関係がある．

$$E_2 = \varepsilon_{1\mathrm{s}} E_1 \tag{6.1}$$

誘電体 1 が固体や液体であると $\varepsilon_{1\mathrm{s}} > 1$ であり，また気体より放電しにくい．つまり，放電しやすい気体部分に，周囲の固体や液体に比べて $\varepsilon_{1\mathrm{s}}$ 倍もの大きな電界が加わることになる．

図 6.1(b) に示す球形誘電体は液体の気泡や固体中のボイドに相当する．上記と同様に球形部分が気体とすると，その電界 $E_2$ は周囲の液体ないし固体中の電界 $E_1$ に対し，次式の関係がある．

$$E_2 = \frac{3\varepsilon_{1\mathrm{s}}}{2\varepsilon_{1\mathrm{s}} + 1} E_1 \tag{6.2}$$

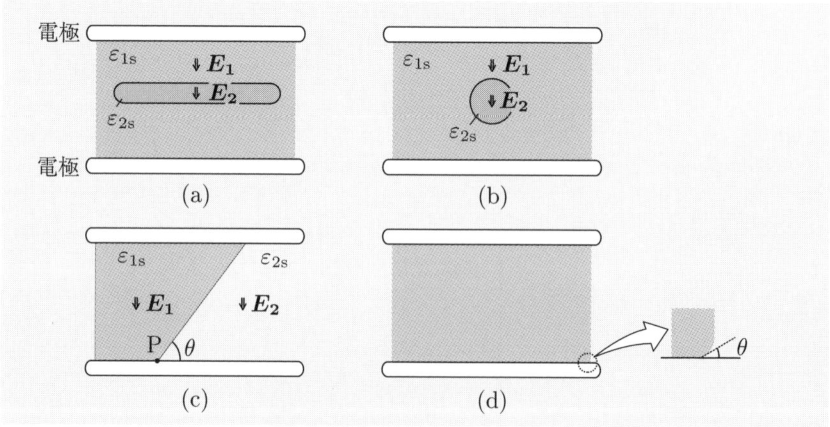


**図 6.1**　複合誘電体の電界分布

この場合も，$\varepsilon_{1s} > 1$ であることから，$E_1 < E_2 < 1.5E_1$ となり，放電しにくい周囲媒質より大きな電界が球形の気体部分に加わっている．

図 6.1(c) の点 P は**三重点** (triple junction) と呼ばれるもので，2 つの誘電体と金属が 1 点に集まっている．誘電体 1 を固体，誘電体 2 を気体とすると，点 P の電界 $E_\mathrm{P}$ は次式で与えられる．

$$E_\mathrm{P} \to \infty \qquad (0^\circ < \theta < 90^\circ) \tag{6.3}$$

$$E_\mathrm{P} = E_1 \qquad (\theta = 90^\circ) \tag{6.4}$$

$$E_\mathrm{P} = 0 \qquad (90^\circ < \theta < 180^\circ) \tag{6.5}$$

気体部分がくさび形になる三重点 $(0^\circ < \theta < 90^\circ)$ では，電界が無限大になる．現実には誘電体の体積抵抗や表面抵抗のために無限大になることはないが，きわめて大きな電界が生じることに変わりはない．

通常，金属電極を誘電体で支持するときには，図 6.1(d) のように $\theta = 90^\circ$ とするので電界が大きくならないと考えてしまう．しかし，誘電体の角を面取りすることなどから，ミクロに見ると $\theta < 90^\circ$ の三重点になる可能性がある．

複合誘電体で構成される場合，特に電界が異常に大きくなる三重点は放電の起点になる可能性がきわめて高いので注意が必要である．

## 6.2 沿面放電

複数の誘電体が接する界面に沿って進展する放電は**沿面放電** (**界面放電**，**表面放電**) と呼ばれ，複合誘電体中の放電としては最も進展しやすい性質がある．

沿面放電の伸びやすさは周囲電界と界面の交わり方によって異なる．図 6.2 には界面と電界ベクトルが平行になる例 (電界平行型) と，界面と電界ベクトルがほぼ垂直になる例 (電界垂直型) を示している．いずれも三重点付近から放電が進展し始める．

沿面放電の進展形態としては気体放電と同じように，最先端部に電離領域，その後方にプラズマ状態の幹が存在するストリーマ (**沿面ストリーマ**という) としてまず進展する．さらに放電が長く伸びると，沿面ストリーマの後方に導電性の良い**沿面リーダ**と呼ばれる線状部分が形成される．

沿面放電によって電極間が橋絡される現象を**沿面フラッシオーバ** (**沿面火花放電**) といい，そのときの電圧を**沿面フラッシオーバ電圧** (**沿面火花電圧**) と呼んでいる．電界平行型の沿面フラッシオーバ電圧および電界を図 6.3 に示す．平行平板ギャップとの比較を行っているが，沿面フラッシオーバ電圧は空気中の火花電圧に比べて，ギャップ長 1mm 以上では 40〜50%になる．

電界垂直型の沿面フラッシオーバ電圧を図 6.4 に示す．沿面フラッシオーバ電圧の沿面距離に対して著しく飽和していることがわかる．

一般に，沿面放電の進展長 $L$ は，加える電圧 $V$ に対して次の実験式で与えら

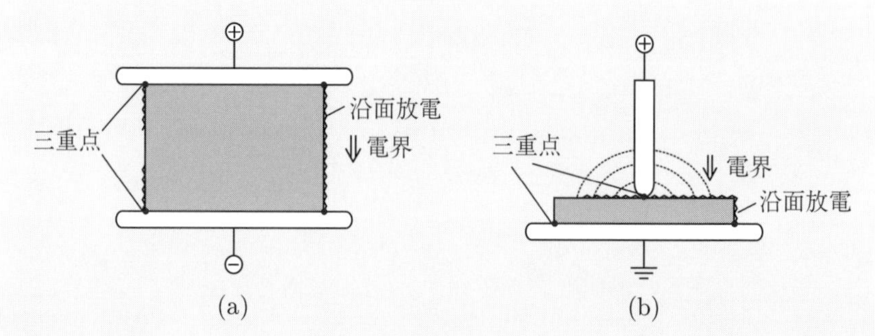


**図 6.2**　固体界面と電界ベクトル．(a) 電界平行型の沿面放電，(b) 電界垂直型の沿面放電

れる．

$$L = aV^5 \tag{6.6}$$

大気圧空気中を進展する電界垂直型の沿面放電の場合，わずかな電圧上昇に対して，進展長が急増することがわかる．別の言い方をすれば，沿面放電の進

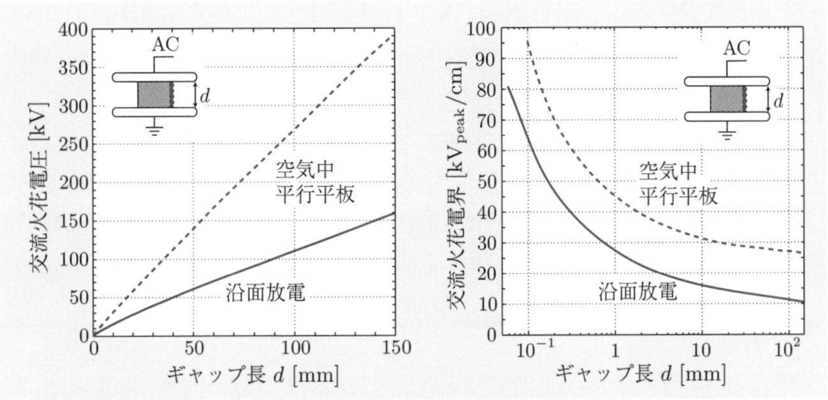


**図 6.3**　沿面フラッシオーバ電圧と電界 (電界平行型).
沿面フラッシオーバ電圧 (左図)，沿面フラッシオーバ電界 (右図)

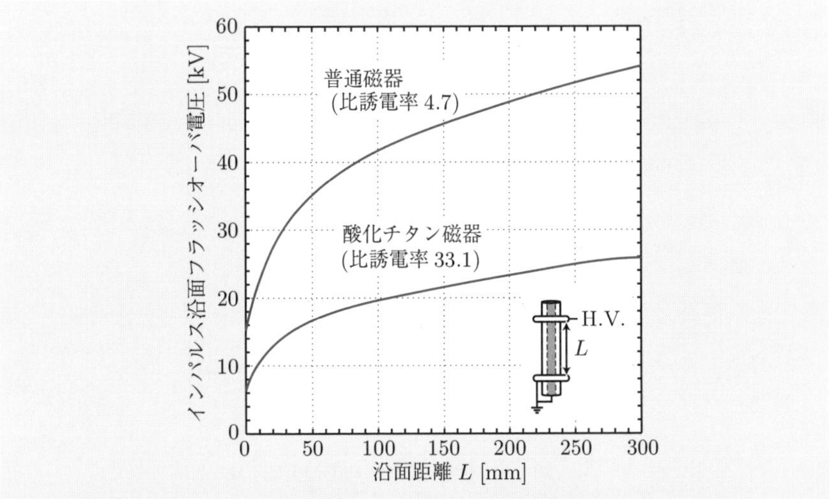


**図 6.4**　沿面フラッシオーバ電圧 (電界垂直型)

展距離を少しぐらい大きくしても，沿面フラッシオーバ電圧はほとんど増加しないことになる．

また，電界垂直型の沿面フラッシオーバ電圧は気体の圧力を増してもあまり増加しない．その例を図 6.5 に示す．ガス圧は 6 気圧と 9 気圧であるが，フラッシオーバ電圧はほとんど変化せず 1 本の曲線上に乗っている．また，気体のみのギャップでは $SF_6$ ガスは $N_2$ ガスの 2〜3 倍の火花電圧を示すが，図 6.5 に示した沿面放電の場合には $N_2$ ガスとほとんど変わらないフラッシオーバ電圧となっている．

以上のように絶縁上の弱点となりうる沿面放電の進展を抑制するには以下の点に留意する必要がある．

(1)　三重点の電界を減少させる：沿面放電の開始点となる三重点周辺の電界をできるだけ低く抑えるために，図 6.1(c) の角度 $\theta$ を $90°$ 以上にしたり，図 6.6(a), (b) に示すような，突き出し電極を利用して，導体の凹部を作ったりする．

(2)　電界平行型の沿面を作る：電界平行型の沿面放電の方が電界垂直型に比べ伸びにくいことを利用して，沿面部分が電気力線とできるだけ平行になるような構造を採用する．

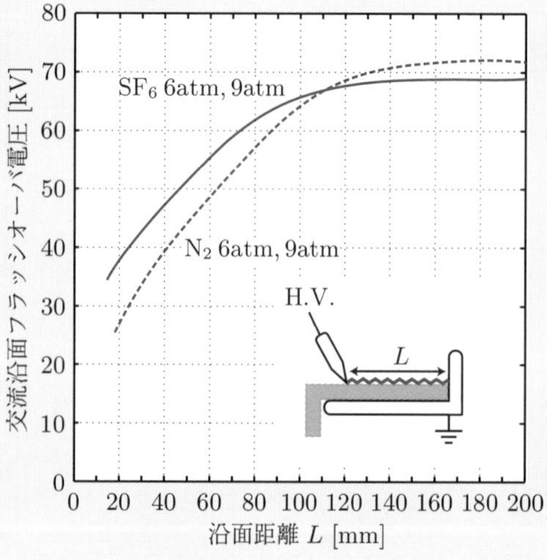


**図 6.5**　高ガス圧下における沿面フラッシオーバ電圧

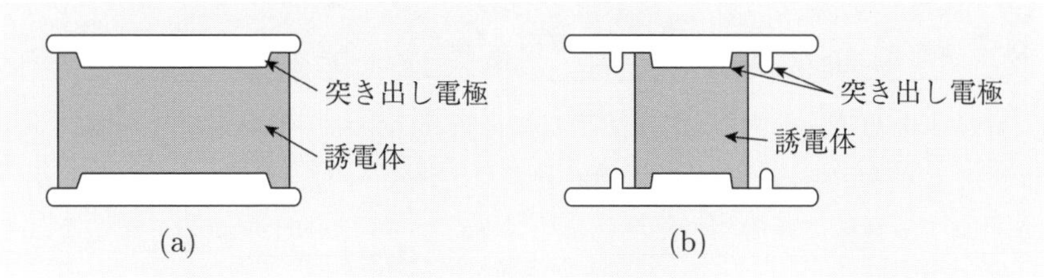


**図 6.6**　突き出し電極の例

(3)　溝やひだを利用する：単純に沿面距離を長くしても沿面フラッシオーバ電圧を高くできないが，溝やひだをうまく利用することにより，沿面放電の進展距離を実効的に引き伸ばすことができる．がいしやブッシングのひだはその例で沿面フラッシオーバ電圧も上昇する．

気体ギャップ中の放電は放電が発生しているときにカメラなどで記録しないと，その様子を見ることはできない．しかし，固体表面上で発生した沿面放電の場合には，表面上に残留電荷が残るため帯電した粉体を放電発生後に振りかけることにより進展の様子を可視化できる．沿面ストリーマを可視化した一例を図 6.7 に示す．この手法を 1777 年に沿面放電を発見したリヒテンベルク (G. C. Lichtenberg) にちなんで，**リヒテンベルク図形法**と呼んでいる．図 6.7 からわかるように，大気圧空気中の正極性沿面ストリーマは細く放射状に進展するのに対し，負極性沿面ストリーマは 1 つひとつのストリーマの境界がはっきりせず全体として円板状に進展している．

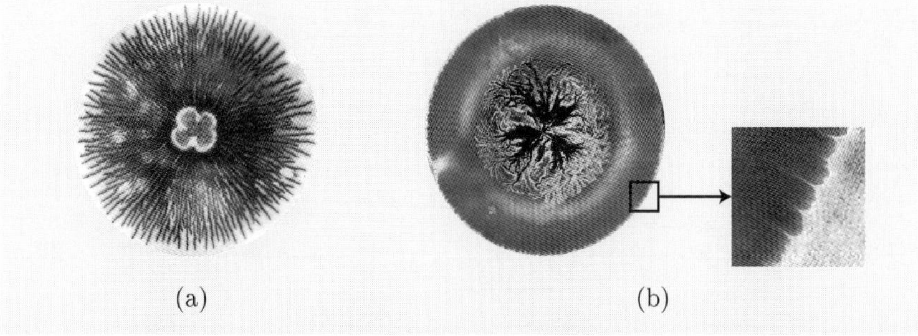


**図 6.7**　リヒテンベルク図形．(a) 正極性，(b) 負極性

## 6.3 汚損沿面フラッシオーバ

固体表面が塩分を含む水で湿潤していると，きわめて低い電圧で沿面フラッシオーバが発生する．これは**汚損沿面フラッシオーバ**と呼ばれ，海からの塩分が飛来する地域に設置されたがいしやブッシングでのトラブルの一因となっている．

汚損沿面でフラッシオーバが発生する機構を図 6.8 のモデルを用いて説明する．(a) 図のように絶縁板上が一様に塩水で濡れていると，塩水を通じて表面漏れ電流が流れ続ける．漏れ電流のジュール熱によって水分が蒸発し表面の乾燥が始まる．乾燥の速さは一様でなく，(b) 図のように一部だけ早く乾燥する部分 (**乾燥帯**) がでてくる．この幅の狭い乾燥帯の抵抗は塩水部分に比べて非常に大きいため，印加電圧の大部分が乾燥帯にかかることになる．その結果，狭い乾燥帯間の電界が高くなると，そこに沿面放電が発生する．沿面放電によって乾燥帯が橋絡されると，塩水中の電流はこの沿面放電の両端に集中して流れ，そこの乾燥が促進される．新たな乾燥帯にはやはり高電圧が加わるために，沿面放電も伸びることになる ((c) 図)．これらのことが繰り返されることによって，最終的に電極間をつなぐ沿面フラッシオーバに至る ((d) 図)．

汚損沿面フラッシオーバが生じるためには，塩分およびそれを溶解して絶縁物表面に保持できる程度の水分が必要である．塩分が絶縁物表面にあっても大雨や放水など大量の水で流されてしまうと，沿面フラッシオーバが発生しにくくなる．海岸付近にある屋外の変電設備では放水装置を用意して，がいしやブッシングの洗浄ができるようになっているところも多い．

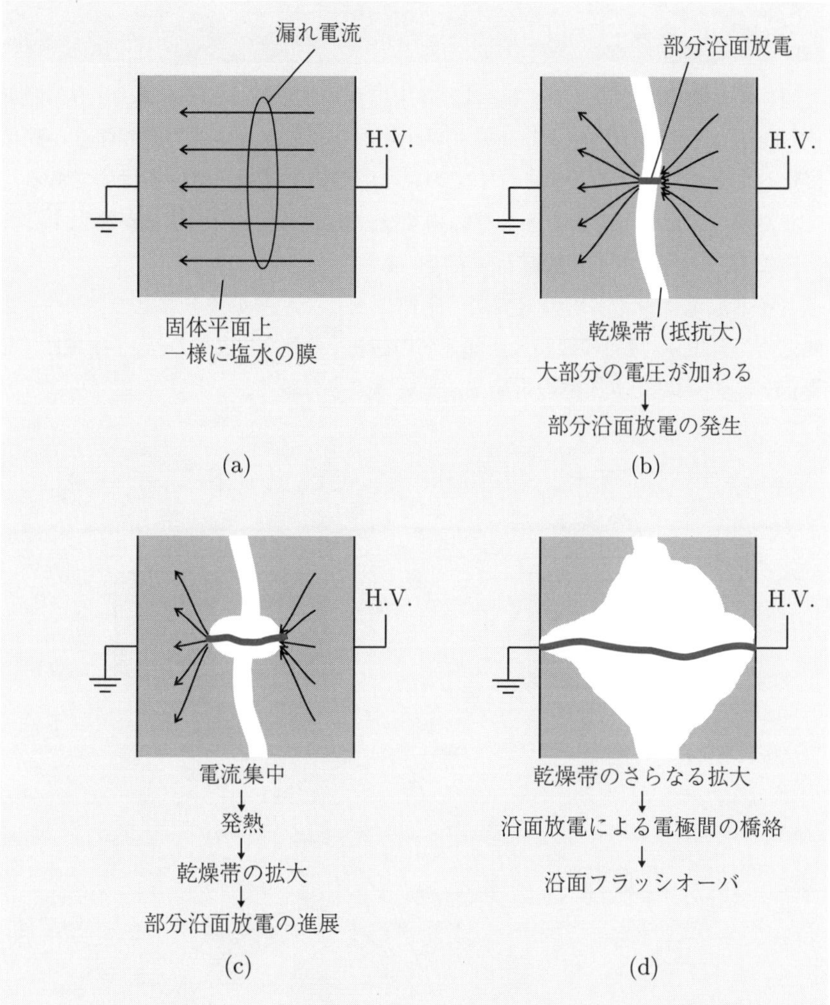


**図 6.8**　汚損沿面フラッシオーバ発生のモデル

## 6.4　ボイド放電

固体絶縁物中の空隙《くうげき》 (**ボイド**) は固体中に存在する気体部分であり，6.1 節で述べたように固体の電界より高い電界が加わる．また，気体の絶縁強度が固体に比べてかなり低いこともこれまでの説明で頭の中に入っているはずである．

したがってボイドを含む固体絶縁物では，まずボイド内で放電が発生することになる．これを**ボイド放電**と呼んでいる．

ボイド放電はボイド内の電界が一定値以上となり，ボイド放電の発生 → 空間電荷の発生 → 電界の緩和と空間電荷の中和 → ボイド放電の停止 → 電圧 (電界) の上昇 → ボイド放電の再発生，というように続く．

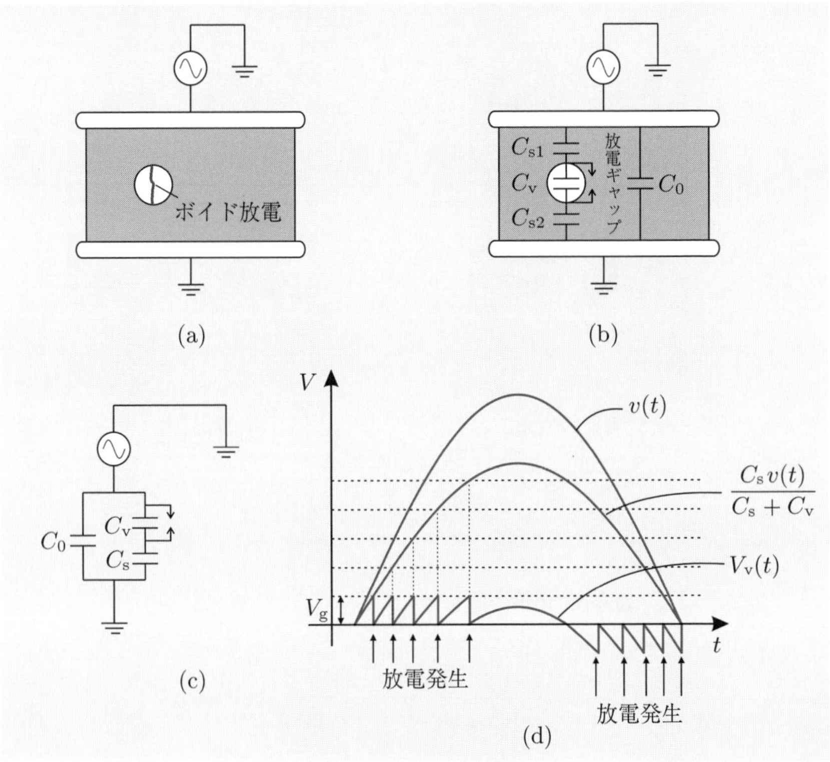


**図 6.9**　ボイド放電のモデル，等価回路

図 6.9(a) に示すようなボイド放電の発生を等価回路で表現すると (b) 図および (c) 図となる．ボイド放電が発生していないときには，ボイドの静電容量 $C_{\mathrm{v}}$ は，その上下に存在する静電容量 $C_{\mathrm{s1}}$，$C_{\mathrm{s2}}$ と直列になって電源へ接続され，また，周囲の固体は静電容量 $C_0$ として表される．ボイドに加わる電圧がある値 $V_{\mathrm{g}}$ に達するとボイド放電が生じると仮定し，$C_{\mathrm{v}}$ と並列に放電ギャップ (火花電圧$=V_{\mathrm{g}}$，放電時にギャップは短絡) が接続されている．なお，(c) 図の $C_{\mathrm{s}}$ は (b) 図の $C_{\mathrm{s1}}$ と $C_{\mathrm{s2}}$ を合成した静電容量である．

図 6.9(d) に，交流電圧 $V(t) = V_{\mathrm{m}} \sin(2\pi ft)$ ($V_{\mathrm{m}}$：波高値，$f$：周波数) が印加されたときのボイドに加わる電圧 $V_{\mathrm{v}}$ の変化を示す．$V_{\mathrm{v}}$ はその大きさが $V_{\mathrm{g}}$ に達するまで $C_{\mathrm{v}}$ の充電波形と一致し，$V_{\mathrm{g}}$ に達した瞬間に放電ギャップが動作して 0 まで低下する．その直後にギャップの放電が停止してギャップ開放状態に戻る．この時から $C_{\mathrm{v}}$ の充電が再開し，$V_{\mathrm{v}}$ も上昇し始める．$V_{\mathrm{v}}$ の波形は，放電が発生しない場合に現れる充電電圧の変化分と同じになる．

上記のことから，交流 1/4 周期での放電回数は，$C_{\mathrm{s}}V_{\mathrm{m}}/(C_{\mathrm{s}} + C_{\mathrm{v}})$ を $V_{\mathrm{g}}$ で割った値から求められる．したがって 1 秒当たりのボイド放電回数は，ほぼ $4fC_{\mathrm{s}}V_{\mathrm{m}}/\{(C_{\mathrm{s}} + C_{\mathrm{v}})V_{\mathrm{g}}\}$ となる．また，一回の放電で $C_{\mathrm{v}}$ に蓄えられているエネルギー $C_{\mathrm{v}}{V_{\mathrm{g}}}^2/2$ は，放電のエネルギーとして消費，放出される．このエネルギーはボイド周囲の固体の温度上昇や化学反応に使われ，最終時には，固体の侵食や劣化をもたらし，誘電体損 ($\tan\delta$) の増加および絶縁破壊の原因となる．

## 6.5 トリー

架橋ポリエチレンなどの高分子材料が絶縁劣化した場所を詳細に観察すると樹枝状に伸びた細い管の集まりを見ることがある．これを**トリー** (tree) といい，それが進展していく現象を**トリーイング** (treeing) と呼んでいる．透明な円柱形アクリル材料にトリーの起点となるような針電極を埋め込み，交流高電圧を長時間印加してそこを起点に発生させたトリーを示すと図 6.10 になる．(a) 図ではトリーが針電極先端付近に成長しており，(b) 図ではアクリル材料の下端に置かれた対向電極まで進展しトリーによって橋絡されている．

樹枝状に伸びたトリーの 1 つひとつは細長い管で，その先端は 10 $\mu$m 程度である．通常の放電とは異なり瞬間的に進展することはなく，非常に長い時間，時には何年もかかって進展するのがトリーの特徴である．

トリーの起点 (発生源) となるものとしては，電極表面の突起，固体内の導電性異物，ボイド放電による固体の浸食などが知られている．いずれも電気力線が局所的に集中し電界が高くなる部分である．ここで自由電子が加速され，固体を構成する分子の結合を切ったり，電離を生じたりしながらトリーは成長していく．

水分の多い地中などに埋設されたケーブルでは，ケーブル内に侵入した水が起点となり，そこに電界が加わることで樹枝状に水が広がっていくことがある．

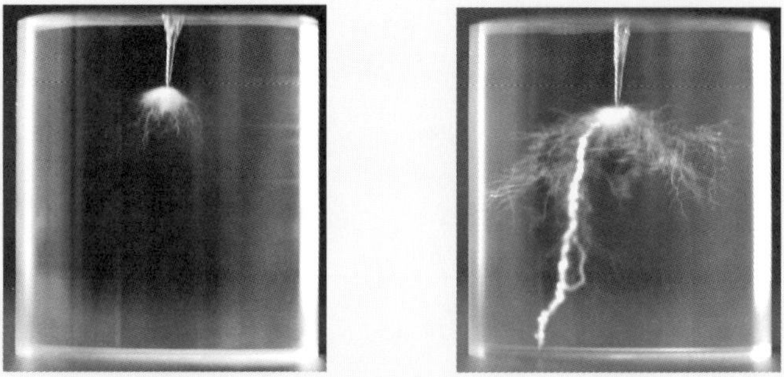

(a)　(b)

**図 6.10**　トリーイング現象

これを水トリーという．水を取り除くと細長い管が観察され，上述のトリーと同種のものであることがわかる．水が関与しないトリーを電気トリーと呼ぶことがある．水トリーは水トリーのままで成長し続けることはなく，途中で電気トリーに移行して最終的に絶縁破壊に至ることになる．電気トリー，水トリー共に，その発生を抑えるにはトリーの起点として挙げたものをできるだけ取り除く必要がある．

## 6.6 油浸絶縁

変圧器の絶縁で見られるプレスボートや絶縁紙と絶縁油，OF ケーブル (oil filled cable) で見られる絶縁紙と絶縁油の組み合わせは**油浸絶縁**と呼ばれ，液体絶縁物と固体絶縁物のそれぞれの長所を活かした複合絶縁となっている．

絶縁油は紙の吸湿を防止し，また紙繊維のすき間にできるボイドを埋める働きをしている．紙のみの場合には一度放電が発生するとそこに重大な欠陥を生じさせてしまうが，絶縁油が周囲に存在するとそこにしみ込んで欠陥をマスクし絶縁性を回復させることができる．

一方，絶縁紙も油中で不純物が橋絡するのを防止し，また気泡が大きく成長するのを抑制するのに役立っている．

## 6.7　放電バリア効果

空気中の不平等電界ギャップに薄い絶縁紙をわずか 1 枚挿入するだけで図 6.11 に示すように火花電圧が大きく増加することがある．このように電極間の媒質中に異種の媒質を挿入して，放電が最短経路で電極を橋絡するのを防ぐようにすると火花電圧が大きく変化する現象を**放電バリア効果**と呼んでいる．前節の油浸絶縁も油中に紙のバリアを何重にも挿入したとみなせる．また，がいしやがい管のひだも放電進展を抑制するバリアと考えられ，種々の状況で放電バリア効果が利用されている．

多くの場合，放電バリア効果によって絶縁破壊電圧の向上を期待できるが，図 6.11 でも見られるように比較的薄いバリアで負極性放電の進展を抑制しようとすると逆に火花電圧が下がる場合も観察されており，むやみにバリアを挿入しても期待通りにならないこともあることを頭に入れておく必要がある．

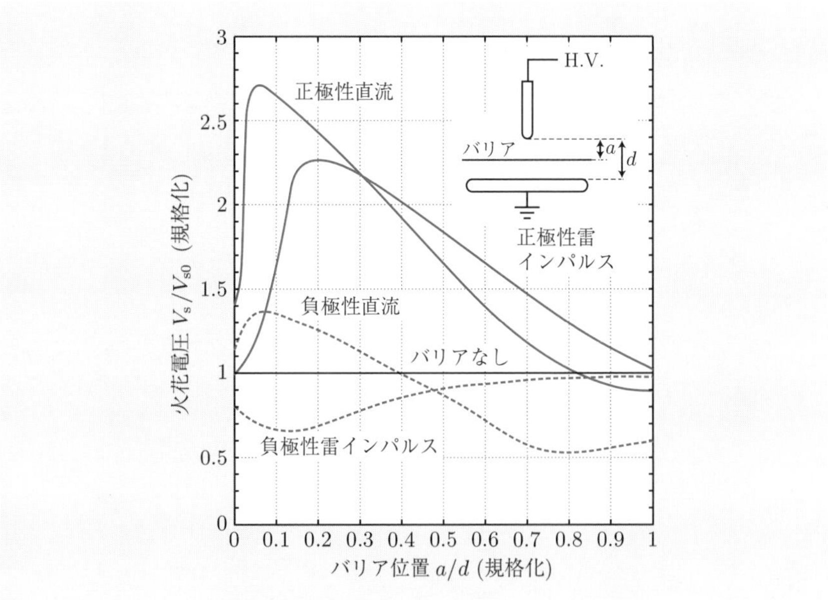


**図 6.11**　放電バリア効果 (絶縁紙バリアの場合)

# 6 章の問題

□ **1** 図 6.12 には，高電圧部が納められた金属容器が示されている．金属容器は接地されている．また，固体絶縁棒で支持された高電圧電極には交流 (波高値) 150 kV を印加したいと考えている．

(1) 絶縁破壊 (火花放電) の起こる可能性がある経路を 3 つ示せ．また，各経路について，絶縁破壊をする距離 (長さ) を本書中の図表データを参照しながら求めよ．

(2) 高電圧部の絶縁を保つためには，図中の $a \sim d$ をいくらに設計したらよいか，(1) で求めた数値を利用して値を決定せよ．

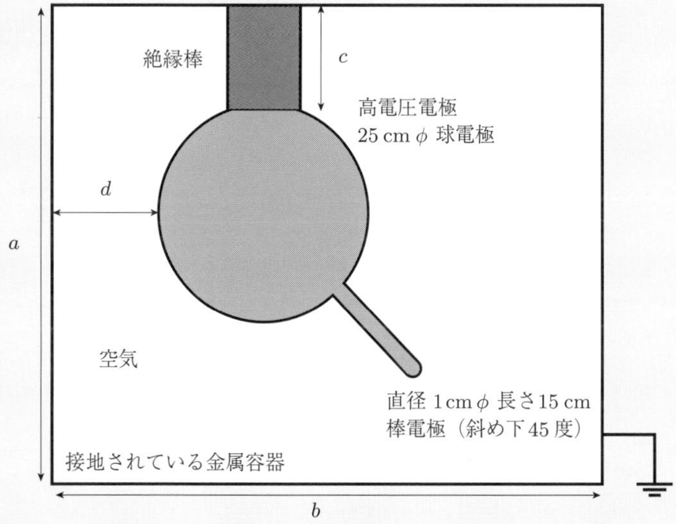


図 6.12

□ **2** 図 6.13(a) に示すような断面を有する 500 kV の電力ケーブルがある．ここで，$r_1 = 2\,[\mathrm{cm}]$, $r_2 = 6\,[\mathrm{cm}]$ である．また，架橋ポリエチレン (比誘電率：2) の絶縁破壊電界強度は 400 kV/cm と仮定し問いに答えよ．

(1) 上記系統電圧 500 kV は 3 相交流の線間電圧値である．ケーブル中心導体と接地された金属シース間にはピーク値で何 kV 加わるか．

(2) 架橋ポリエチレン中において最大電界はどこに現れるか．

(3)　架橋ポリエチレン中に絶縁破壊を起こさないようにするには，高電圧中心導体に印加できる電圧を何 kV 未満にする必要があるか．

次に，ケーブル端末を図 6.13(b) のような状態に放置したところ，低い電圧で絶縁破壊が生じてしまった．

(4)　どの位の電圧値 (中心導体–金属シース間) で，またどの部分で絶縁破壊が生じたかを推論せよ．

(5)　上記のような現象が起こらないようにするには，端末をどのようにしたらよいか．中心導体と金属シースの一部は，空気中に露出しているものとする．

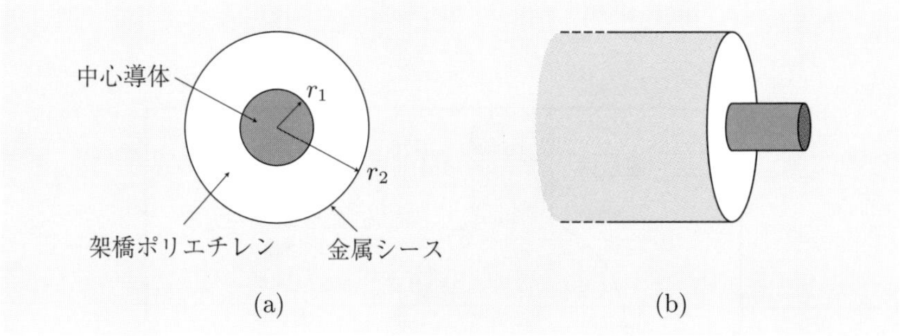


図 6.13

# 7 高電圧の発生

高電圧といっても波形の種類が低電圧と大きく異なることはなく，定常的な電圧としては交流と直流が，パルス的な電圧としてはインパルス電圧がある．したがって，高電圧の発生原理も電気回路理論で勉強したものの延長上にある．ただし，高電圧特有の課題もあるので，その課題を中心に学ぶことにする．

**7 章で学ぶ概念・キーワード**

- 試験用変圧器
- 高電圧ダイオード
- コッククロフト–ウォルトン回路
- ファン・デ・グラフ発電機
- インパルス電圧発生器

## 7.1 交流高電圧の発生

### 7.1.1 試験用変圧器

**交流高電圧**を発生させる基本装置が**試験用変圧器** (testing transformer) である．機器や材料の耐電圧試験を行ったり，放電を発生させたりするのに用いる．その原理は変圧器と名がついていることからわかるように，通常の変圧器と同じで，鉄芯に巻かれた1次巻線と2次巻線の巻数比によって入力電圧と出力電圧の比が定まる．

試験用変圧器が電力系統に導入されている電力用変圧器と異なる点は，(1) 電圧が同じでも容量が小さい，(2) 電圧を発生させている時間が短い，(3) 系統から侵入する過電圧を考慮しなくてよいために発生電圧値だけで絶縁設計を行える，などである．

このために，高電圧側巻線では，細い導線を多数回巻くことが行われている．その結果，巻線の静電容量 $C$ およびインダクタンス $L$ が比較的大きくなり，機器の共振周波数 (ほぼ $1/\sqrt{LC}$ に比例) が低くなっている．試験用変圧器に容量性負荷の供試物が接続されると，共振周波数がさらに低くなり，場合によっては数百 Hz になってしまう．このとき，電源電圧の波形がひずんで高調波を含んでいると，その高調波と共振して，変圧比で決まる電圧よりも著しく高い電圧が発生してしまう．これを共振現象と呼んでいる．

共振現象を抑制する方法としては，(1) 電源として正弦波発電機を用い，高周波の少ない交流を入力する，(2) 低圧側にリアクトルを挿入して共振周波数を変える，または基本波に共振させる，(3) フィルタで高周波を低減する，などがある．

高電圧試験を行う場合には，できるだけ正弦波に近い交流電圧を用いる必要があり，ひずみ率を 10% 以下にすることが規定されている．

### 7.1.2 縦続接続

高電圧になると試験用変圧器の製造コストが電圧に比例する以上にかかる場合があり，低い電圧のものを複数台用いて所定の電圧を発生させた方が有利になることがある．このときに利用されるのが，図 7.1 に示された**縦続接続** (cascade connection) である．図の例では，低圧側 3.3 kV，高圧側 500 kV の試験用変

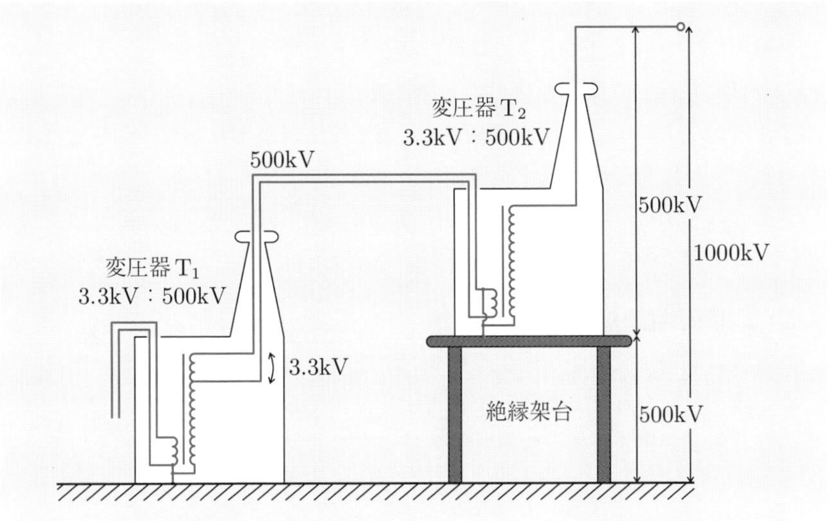


**図 7.1**　縦続接続の原理（結線の概要を示したもので，変圧器内部や外部の絶縁構成や電界緩和方策については必ずしも正確に描かれていない.）

圧器を 2 台用いて，1000 kV の電圧を発生させている．試験用変圧器 $T_1$ の高圧側巻線上部の 3.3 kV 相当を取り出して試験用変圧器 $T_2$ の低圧側の入力としている点と，$T_2$ は絶縁架台 (耐電圧 500 kV) の上に乗っている点に注目してほしい.

**例題 7.1**

試験用変圧器を用い，できるだけ少ない設備投資額で 1200 kV の交流高電圧を発生させたい．下記の試験用変圧器が候補に挙がっている．どの様な選択をするのがよいか.

試験用変圧器 A (1 次側電圧：3.3 kV，2 次側電圧：1200 kV，価格：1 億円)

試験用変圧器 B (1 次側電圧：3.3 kV，2 次側電圧：600 kV，価格：4000 万円)

試験用変圧器 C (1 次側電圧：3.3 kV，2 次側電圧：300 kV，価格：2500 万円)

試験用変圧器を接続する場合の設備費用 (絶縁支持台等)：1 つの接続あたり 1000 万円

**【解答】** 試験用変圧器Aを用いると，1台で済むので投資額は1億円となる．次に試験用変圧器Bを用いると，縦続接続を利用して変圧器が2台および接続を行うための絶縁支持台が1台必要で投資額は計9000万円となる．最後に試験用変圧器Cを用いると，縦続接続を利用して変圧器が4台および接続を行うための絶縁支持台が3台必要で投資額は計1億3000万円となる．

以上のことから，試験用変圧器Bを2台と絶縁支持台を1台を用意して縦続接続するのがこの中では最も投資額が少なくなる．■

### 7.1.3　直列共振の利用

高電圧試験の供試物がケーブルやコンデンサなど静電容量の大きいものの場合は，**直列共振**をうまく利用して高電圧を発生できる．回路構成は図7.2のようになり，試験用変圧器と供試物の間に可変リアクトルを挿入し，そのインダクタンス値を調節して電源の基本波と共振するようにする．

供試物の漏れ抵抗やリアクトルの抵抗が小さい場合，供試物に加わる電圧 $V_{\mathrm{o}}$ は，試験用変圧器の出力電圧 $V_{\mathrm{t}}$ に対して近似的に次式で与えられる．

$$V_{\mathrm{o}} = \frac{V_{\mathrm{t}}}{1 - \omega^2 LC} \tag{7.1}$$

ここで，$\omega$ は角周波数 ($=2\pi f$，$f$：電源の周波数)，$L$ はインダクタンス値，$C$ は供試物の静電容量である．供試物の漏れ電流が大きかったり部分放電が発生する場合には，共振条件が満たされず発生電圧が不安定になるので注意が必要である．

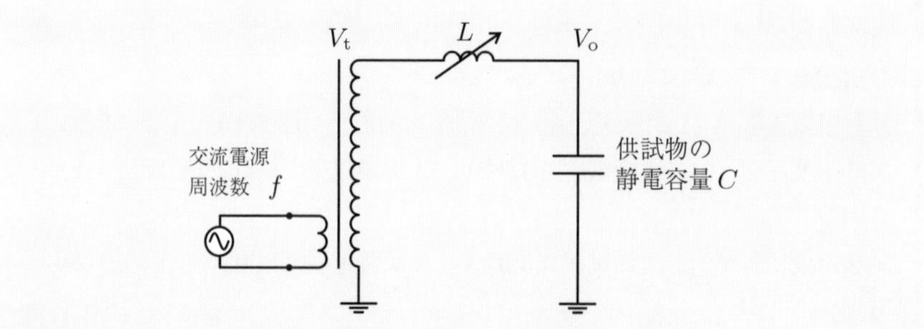


図7.2　直列共振の原理

# 7.2　直流高電圧の発生

## 7.2.1　試験用変圧器とダイオードの利用

**直流高電圧**を発生させる代表的な回路は，試験用変圧器と高電圧**ダイオード**とを組み合わせた半波整流回路である．図 7.3(a) に示す通り，回路図上では低電圧の回路と全く同じで，当然，図 7.3(b) のように回路動作も同じである．またここでは正極性直流電圧を出力する場合を取り上げるが，ダイオードの向きを逆にすると負極性電圧が出力できることも低電圧回路と同様である．ただし，高電圧発生時に用いるダイオードの選択には留意すべき点がある．まずダイオー

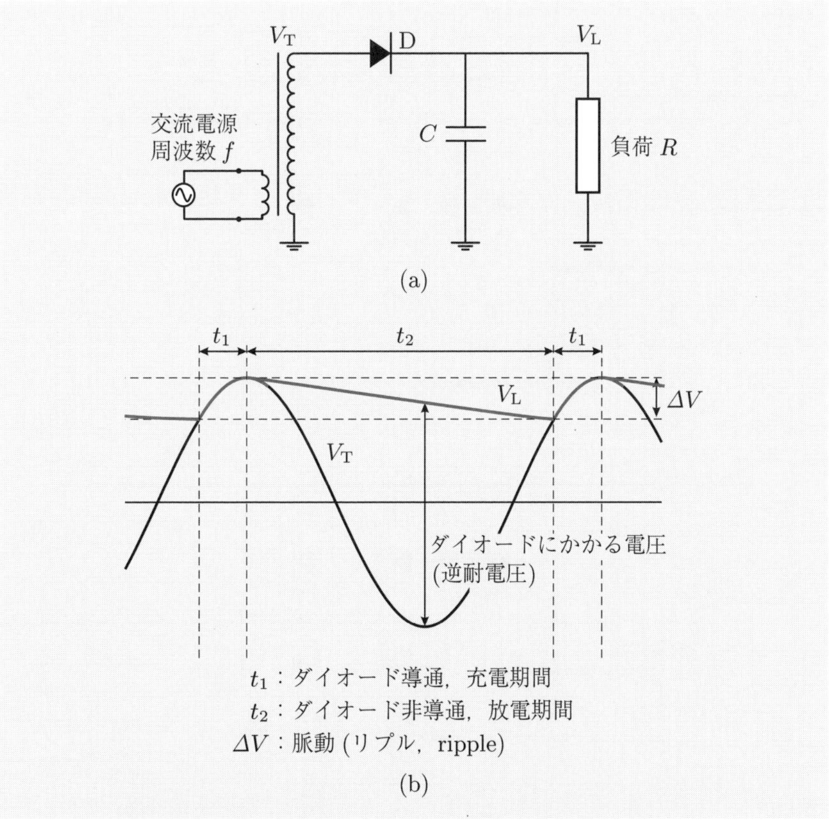


**図 7.3**　試験用変圧器とダイオードによる直流高電圧の発生

ドに加わる電圧である．図7.3(b)からわかるように，ダイオードの非導通時には，最大で交流波高値の2倍の電圧がダイオードに加わる．これをダイオードの**逆耐電圧**と呼んでおり，ダイオードの定格にもなっている．したがって，直流電圧 $V$ を発生させたい場合は，逆耐電圧 $2V$ 以上のダイオードを用いる必要がある．

もう一点，ダイオードは半導体素子であり，単体で大きな逆耐電圧を得ることはできない．そこで，ダイオードを多数接続することになるが，図7.4(a)のように単純に並べると瞬時に全てのダイオードが壊れてしまう．その理由は，図中の対地静電容量 $C_\mathrm{s}$ が存在し，試験用変圧器に近いダイオード $\mathrm{D}_1$ に注目すると，$C_\mathrm{s1}$ が図7.3(a)の平滑コンデンサ $C$ と同じ役目を果たして $\mathrm{D}_1$1つだけに最大で交流波高値の2倍の電圧が加わり，多数のダイオードを接続した意味が全くなくなってしまう現象が生じるからである．この場合には，$\mathrm{D}_1$ が壊れて常時導通状態となり，次に $\mathrm{D}_2$ が同じ状態で壊れ，以下，同様に次々とダイ

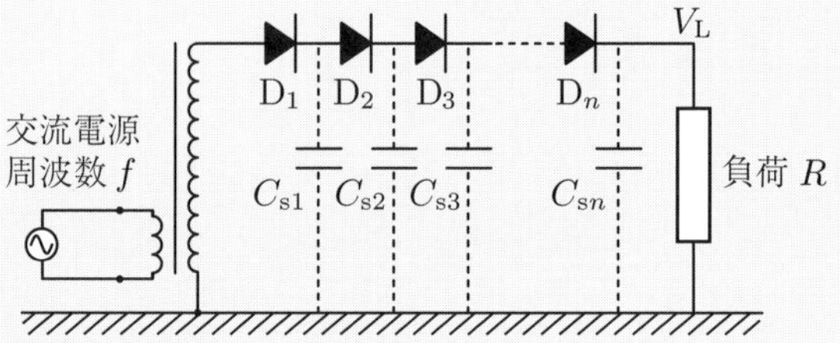


(a)

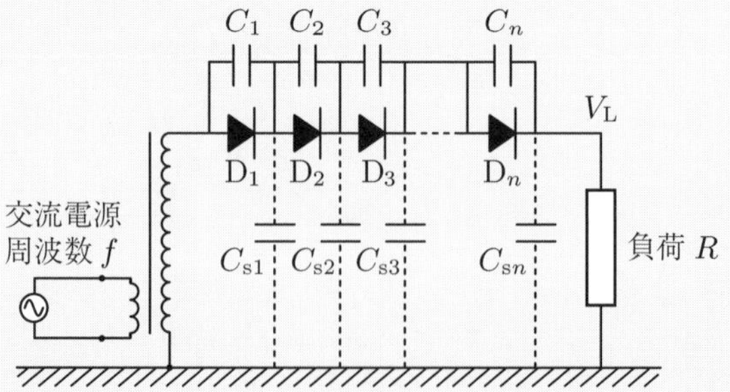


(b)

**図7.4**　ダイオードの直列接続

オードが壊れてしまうことになる．こうした事態を避けるために，図 7.4(b) のように全てのダイオードに対して並列にコンデンサを接続し，各ダイオードの電圧分担が均一になるようにしている．

図 7.3(a) の回路で負荷抵抗 $R$ に電流が流れるため，負荷に加わる直流電圧 $V_{\mathrm{L}}$ には**脈動** (**リプル**，ripple) が生じる．この脈動の大きさ $\varDelta V$ と $V_{\mathrm{L}}$ の平均値 $V_{\mathrm{a}}$ との比は**脈動率**と呼ばれ，電源の周波数を $f$ とすると次の近似値で評価できる．

$$\frac{\varDelta V}{V_{\mathrm{a}}} \approx \frac{1}{fCR} \tag{7.2}$$

この式は，脈動率は一周期の時間 $(= 1/f)$ と回路の時定数 $(= CR)$ との比に対応していることを示している．

### 7.2.2　コッククロフト–ウォルトン回路

十分高い高電圧を発生できる試験用変圧器が利用できない場合でも，耐電圧が比較的小さなダイオードやコンデンサを複数利用して直流高電圧を発生できる．それを実現するのが図 7.5 (a) に示す**コッククロフト–ウォルトン** (Cockcroft–Walton) **回路**で，多段縦続接続回路とも呼ばれている．$2n$ 個のダイオードとコンデンサを用いて試験用変圧器の出力電圧波高値 $V$ を $2n$ 倍した直流電圧を得ることができる．

回路動作について，図 7.5 (b) に示す $2n = 4$ の場合の各ノードの電位変化を見ながら説明する．変圧器，ダイオード $\mathrm{D}_1$，コンデンサ $C_1$ で構成される部分は，図 7.3 の充電回路と同じであることから，$C_1$ は，交流電圧の波高値 $V$ まで充電される．点 $\mathrm{P}_1$ の電位は，交流電圧に $C_1$ の充電電圧 $V$ が重畳した値になっており，これを電源とし，ダイオード $\mathrm{D}_2$ を通じて $C_2$ が最終的に $2V$ まで充電される．点 $\mathrm{P}_2$ の電位は，$C_2$ の充電電圧と等しくなり $2V$ に漸近していく．コンデンサ $C_3$ は，点 $\mathrm{P}_2$ と点 $\mathrm{P}_1$ との間の電位差を電源とし，ダイオード $\mathrm{D}_3$ を通じて最終的に $2V$ まで充電される．コンデンサ $C_4$ は，点 $\mathrm{P}_3$ と点 $\mathrm{P}_2$ との間の電位差を電源とし，ダイオード $\mathrm{D}_4$ を通じて最終的に $2V$ まで充電される．点 $\mathrm{P}_4$ の電位は，点 $\mathrm{P}_2$ の電位に $C_4$ の充電電圧が重畳され $4V$ に漸近していく．以下同様に考えることができ，コンデンサは $C_1$ のみ $V$ まで，ほかは $2V$ まで充電される．最終的に出力を取り出す点 $\mathrm{P}_{2n}$ に，$2nV$ の直流電圧が発生することになる．

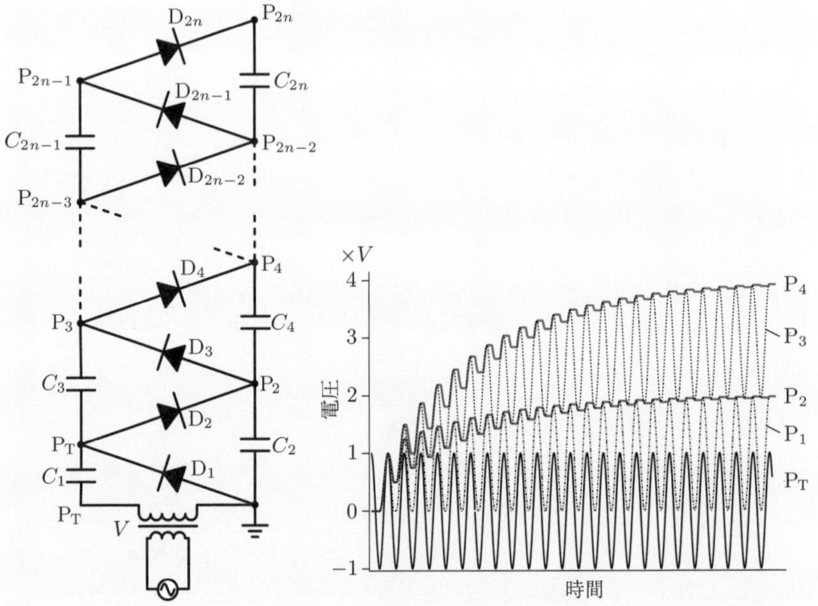


(a) (b)

**図 7.5** コッククロフト–ウォルトン回路.
(a) 回路図, (b) $2n = 4$ の場合の各ノードの電位変化

### 7.2.3 ファン・デ・グラフ発電機

絶縁された電極に電荷を蓄積することによって，直流高電圧を発生するものとして，**ファン・デ・グラフ** (Van de Graaff) **発電機**がある．この発電機は**静電発電機**と呼ばれることもある．

発電原理を図 7.6 に示す．高電圧側には電荷を蓄積するための中空の球電極が，また低電圧側にはコロナ放電を発生する針対平板電極が，さらに中間には両者をつなぐ可動の絶縁ベルトが設けられている．

針電極に必要とする直流電圧と同極性の電圧を印加し，コロナ放電を発生させる．ここでは正極性を考えると，コロナ放電で生じた正イオンが平板電極方向へドリフトし，途中にある絶縁ベルト上に付着する．ベルトが上方に向かって移動しているので，ベルト上の正イオンも次々と中空電極内部へ運ばれる．

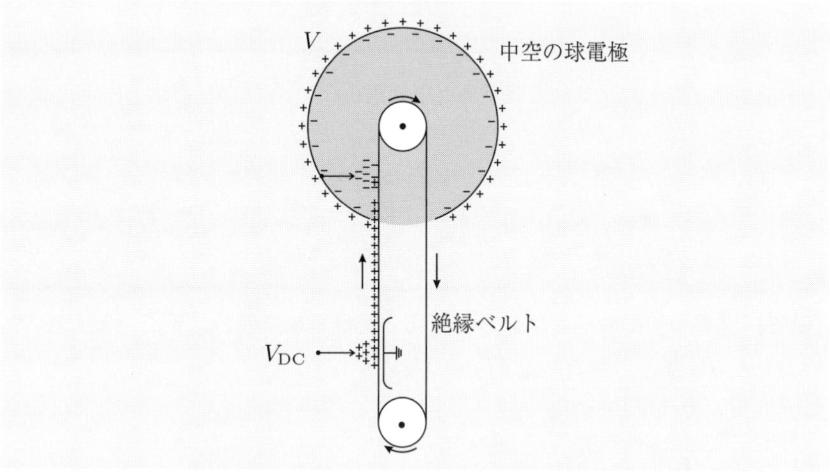


**図 7.6**　ファン・デ・グラフ発電機の原理図

中空電極内部に入った正イオンは，電極内面にそれ自身を打ち消すだけの負電荷を誘導する．その結果，電極の外部表面には，正イオンと同量の正の電荷が生じる．こうした現象は，電極がそれ以前にどんなに帯電しても，無関係に起こることを頭に入れておいてほしい．

ここで中空電極内面に針電極が付いているとベルトとの間でコロナ放電が発生し，電極内面の負電荷によってベルト上の正イオンが中和される．この中和が生じても，中和が生じる前に電極外面に生じていた正電荷がそのまま残っており，一連の現象を通じてベルトで運ばれた正イオンが電極へ移されたとみなせる．

次々とベルトで運ばれてくる正電荷は，中空電極上の帯電量と無関係にそのまま電極に蓄積されるので，帯電がさらに進むことになる．したがって，理論上は中空電極上の帯電電荷量 $Q$ が無限に大きくなることも可能で，また，電極の電位 $V$ も無限に大きくなりえる．しかし，現実には次の理由で上限が生じる．

(1)　電極外面の電界が上昇し，コロナ放電が発生してしまい電荷の消失が起こる．

(2)　電極外面上の電荷とベルト上の電荷との間でクーロン力 (この場合は反発力) が働き，ベルトを引き上げられなくなる．

(1) の理由について，次の例題で電圧の上限を評価してみよう．

**例題 7.2**

ファン・デ・グラフ発電機の高電圧側電極を半径 $R$ の球電極と仮定した場合，到達できる最大電圧を概算してみよ．ただし，電界の計算に当たっては，球電極が無限に広い空気中にあり，ベルトや絶縁支持台など周囲にあるものの影響を全て無視してよい．また，空気中のコロナ放電開始電界 $E_c$ は，$30\,\mathrm{kV/cm}$ とする．

**【解答】** 球電極表面の電荷量を $Q$ とすると，球電極外側の電界 $E$ と電位 $\phi$ は，中心からの距離 $r$ の関数として次式で与えられる．

$$E = \frac{Q}{4\pi\varepsilon_0 r^2}, \qquad \phi = \frac{Q}{4\pi\varepsilon_0 r} \tag{7.3}$$

電界は電極表面で最大となり，コロナ放電が発生するとすれば表面からとなる．そこで，上式と $r = R$ における電位 $\phi(R) = V$(発生電圧) を用いて球電極表面の電界 $E_R$ と $V$ の関係を求めると次式になる．

$$V = RE_R \tag{7.4}$$

$E_R$ に $E_c$ $(= 30\,\mathrm{kV/cm} = 3\,\mathrm{MV/m})$ を代入することにより，最大電圧 $V_{\max}$ を次式で求めることができる．

$$V_{\max} = 3R \qquad \text{ここで } V_{\max}\,[\mathrm{MV}], \quad R\,[\mathrm{m}] \tag{7.5}$$ ■

この $V_{\max}$ の値はあくまでも概算値であり，実際には球電極と支持台との接続部分からより低い電圧で沿面放電が生じたりするので，$V_{\max}/3$ 程度を考えた方がよい．また，コロナ放電開始電界を上昇させるため，圧縮した $SF_6$ ガスなどで発電機周囲を満たすこともある．

## 7.3 インパルス高電圧の発生

3.5.1 項で述べたようにインパルス電圧は雷インパルス電圧と開閉インパルス電圧に大別でき，いずれも**インパルス電圧発生器** (impulse generator, IG と略記) を利用して発生する．

### 7.3.1 基本回路

インパルス電圧発生器の基本回路は，図 7.7(b),(c) に示すように，LCR 型と CR 型の 2 種類がある．いずれも，まず主コンデンサ $C$ を充電し，次にギャップ G を火花放電によって短絡することによって，出力端子間に図 7.7(a) のインパルス波形を発生できる．回路定数を変えることにより，種々の波形を発生できるが，主として波頭長を決めているのは，LCR 型では $L/R_0$ の値，CR 型では $R_\mathrm{s}C_0$ の値である．また，主として波尾長を決めているのは，LCR 型，CR 型共に，$C(R_\mathrm{s}+R_0)$ の値である．より詳細に波形を計算するために必要となる関係式を以下に示す．

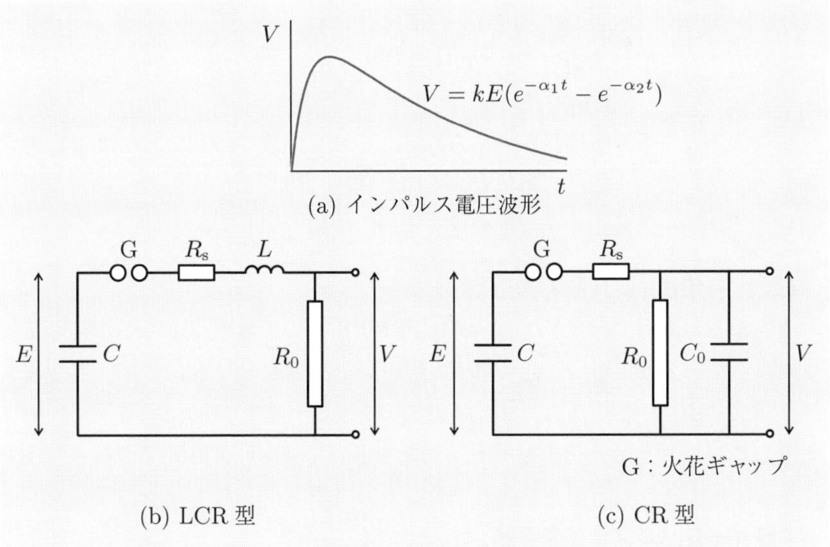


**図 7.7**　インパルス電圧発生器の発生電圧波形と基本回路

$$V = kE(e^{-\alpha_1 t} - e^{-\alpha_2 t}) \tag{7.6}$$

図 7.7(b) の回路：

$$k = \frac{R_0}{R_{\mathrm{s}} + R_0} \cdot \frac{a}{b} \tag{7.7}$$

$$\alpha_1 = a - b \tag{7.8}$$

$$\alpha_2 = a + b \tag{7.9}$$

$$a = \frac{R_{\mathrm{s}} + R_0}{2L} \tag{7.10}$$

$$b = \sqrt{a^2 - \frac{1}{LC}} \tag{7.11}$$

図 7.7(c) の回路：

$$k = \frac{1}{2C_0 R_{\mathrm{s}} b} \tag{7.12}$$

$$\alpha_1 = a - b \tag{7.13}$$

$$\alpha_2 = a + b \tag{7.14}$$

$$a = \frac{(R_{\mathrm{s}} + R_0)(C + C_0) - R_{\mathrm{s}} C_0}{2R_{\mathrm{s}} R_0 C C_0} \tag{7.15}$$

$$b = \sqrt{a^2 - \frac{1}{R_{\mathrm{s}} R_0 C C_0}} \tag{7.16}$$

実際には，波頭長や波尾長が与えられて，それを実現するために必要な回路定数を知りたいということも多いが，その具体的な方法については，参考文献[4]の「雷インパルス電圧の発生」の項を参照してほしい．

### 7.3.2 多段式インパルス電圧発生器

前節の基本回路では，1 つの主コンデンサと 1 つの放電ギャップを用いるようになっているが，10 万 V を超える電圧を発生させる場合には必ずしも現実的な回路ではない．そこで，まず多数のコンデンサを比較的低い電圧で並列に充電しておき，次に火花放電ギャップを利用して瞬間的に直列につなぎ換えを行なうことにより高電圧を発生させることができる．この方法を採用したものを**多段式インパルス電圧発生器**と呼んでいる．

多段式インパルス電圧発生器の代表的な回路である**マルクス** (Marx) **回路**を図 7.8 に示す．$2n$ 個あるコンデンサは，抵抗 $R$ や $R_0$ を通じて，それぞれ変圧

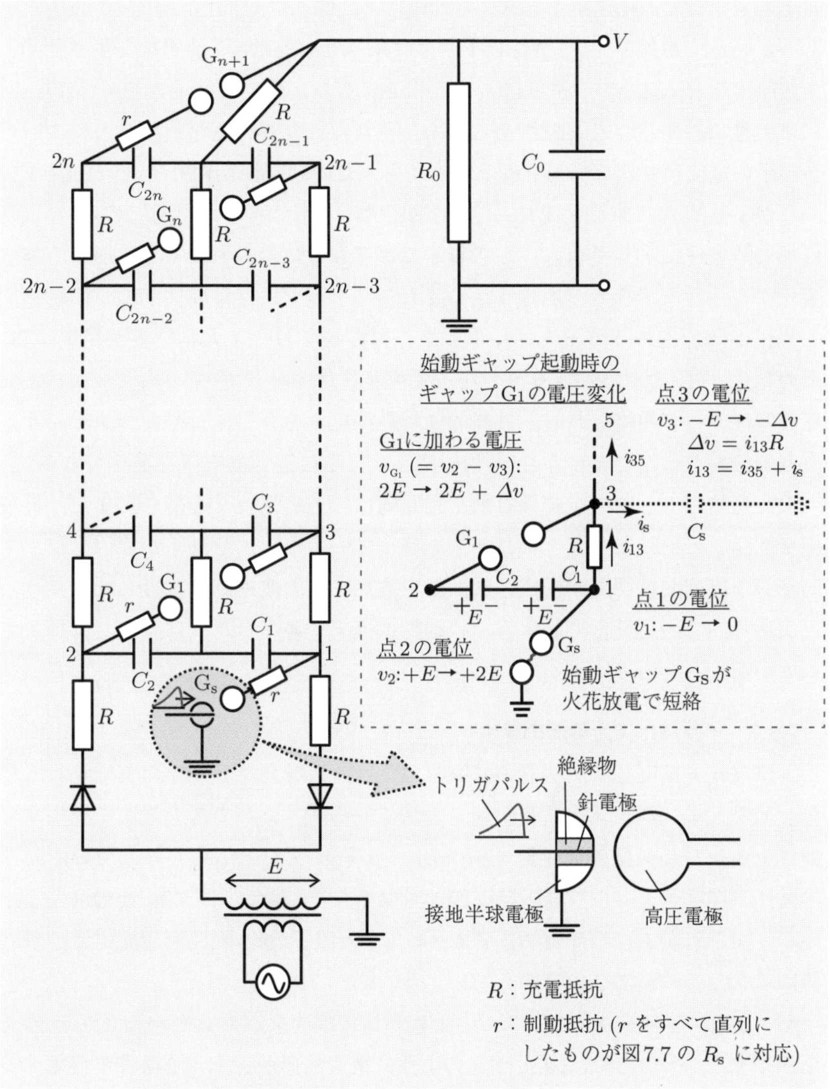


**図 7.8**　多段式インパルス電圧発生器 (マルクス回路)

器 2 次側の交流電圧波高値 $E$ まで並列に充電される．

この時点で端子 $1, 3, 5, \cdots, 2n-1$ の電位は $-E$，端子 $2, 4, \cdots, 2n$ の電位は

$E$ となり，また火花連結ギャップ $G_1, G_2, \cdots, G_n$ にはそれぞれ $2E$ の電圧が加わっている．始動ギャップ $G_s$ にトリガパルスを加えて火花放電を発生させ，$G_s$ を短絡すると，端子 1 の電位は $-E$ から 0 になる．続いて端子 $3, 5, \cdots, 2n-1$ には大地に対する浮遊容量があるため，それらに電荷を流し込むことによって各端子の電位は $-E$ から 0 になろうとする．この時，端子 $1, 3, 5, \cdots, 2n-1$ につながる抵抗 $R$ に電流が流れ電位降下が生じ，それがギャップ $G_1, G_2, \cdots, G_n$ に加わる電圧に加算される．この様子は図 7.8 中に示された $G_1$ に加わる電位変化からも理解できるであろう．つまり各ギャップには，瞬間的に $2E$ を超える電圧が印加され，ギャップ長をうまく調整しておくと火花放電が発生する．その結果，$G_s$ の短絡がトリガとなって火花連結ギャップ $G_1 \sim G_n$ が次々と火花放電によって短絡される．最終的に制動抵抗 $r$ を介して全てのコンデンサが直列に接続されたことになり，抵抗 $R_0$ に $2nE$ に近い高電圧を発生できる．

火花連結ギャップの電極は対地や相互間に浮遊静電容量を持ち，また，接続線や回路素子は残留インダクタンスを持っているため，それらが原因となって局部的な直列共振回路が構成され，出力波形に高周波振動が重畳してしまうことがある．この振動を抑制するため制動抵抗 $r$ が各ギャップに分散して挿入されている．

### 7.3.3 インパルス大電流の発生

雷撃電流を模擬して，機器の試験をしたり，核融合プラズマの実験を行う場合などで，**インパルス大電流**が利用されている．インパルス大電流を発生する装置を**インパルス電流発生器** (impulse current generator) と呼んでいる．その動作原理はインパルス電圧発生器と同様であり，通常，図 7.7(b) の回路を用いる．図 7.7(b) 中の $R_s$ と $R_0$ をまとめて $R$ とした基本回路を発生電流波形と共に示したものが図 7.9 である．

インパルス電流発生器では，できるだけ電流値を大きくしたいことから $R$ を小さくする．そのために図 7.9(b) のように電流波形が振動する条件で使用することが多い．電流の最大値 $i_m$ は，

$$i_m \propto E\sqrt{\frac{C}{L}} \tag{7.17}$$

で表される．$i_m$ を大きくしたい場合は，$C$ を大きく，$L$ を小さくする必要がある．ただし，$C$ や $L$ の変化に対して，その平方根でしか $i_m$ が大きくならない

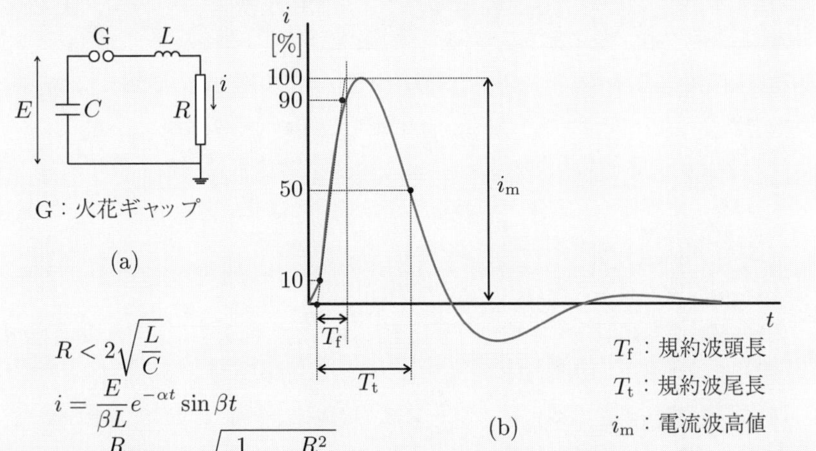


$$R < 2\sqrt{\frac{L}{C}}$$

$$i = \frac{E}{\beta L}e^{-\alpha t}\sin\beta t$$

$$\alpha = \frac{R}{2L},\ \beta = \sqrt{\frac{1}{LC} - \frac{R^2}{4L^2}}$$

$$i_m = E\sqrt{\frac{C}{L}}\exp\left\{\frac{-\tan^{-1}(\beta/\alpha)}{\beta/\alpha}\right\}$$

**図 7.9**　インパルス電流発生器の基本回路と発生電流波形

点に留意すべきである．$L$ についていえば，余分なインダクタンスを減らす必要があり，コンデンサ，火花ギャップ，接続線に含まれる残留インダクタンスも極力低減するようにする．例えば，接続線はできるだけ短く，断面積の大きいものを選ぶようにする．

インパルス大電流の標準波形は，電圧波形とは異なり，$4/10\,\mu$s および $8/20\,\mu$s の 2 種類が規定されている．波頭長の定義においても雷インパルス電圧の場合とは若干異なり，電流波高値の 10％点と 90％の点を結んで規約原点と規約波頭長を定めている．

## 7.4　高電圧を取り扱うときの心得

高電圧発生装置を使用して実験を行うなど，高電圧を取り扱うときは通常の実験や作業に比べ安全に関する十分な配慮をしておく必要がある．次のような一般的な留意事項を実践することにより，安全性はきわめて高くなる．

(1)　高電圧機器や高電圧が加わる部分の周囲には柵や衝立を設けて，容易には充電部分に触れられないようにする．

(2)　指導者の説明を聞き，その注意を守る．

(3)　実験装置の設定や点検を行う場合には，まず電源スイッチを切り，それを確認する．

(4)　実験責任者が備え付けの**アース棒** (接地棒) を持ち，その先端の金属部分を高電圧充電部の電極に静かにかつ確実に接触させる (その行為を**接地操作**という)．なお，コンデンサ端子のように残留電荷が残る可能性が高い場合には，その端子に接続されている抵抗，あるいはアース棒先端に装着する抵抗を介して接地操作を行う．

(5)　接地操作を終えたら，アース棒先端を高電圧充電部に付いているフック等に引っ掛けて，手を離しても接地状態が確実に続くようにする．この操作が終わるまでは，ほかの実験者は高電圧充電部に立ち入ってはいけない．

(6)　必要な作業を行った後，機器や実験装置の接地が確実に取られていることを確認し，実験責任者がアース棒先端を高電圧充電部から外し，柵や衝立の出入り口付近にある所定の場所に置き，一番最後に退場する．

(7)　電源スイッチを投入し，実験を開始する．なお，アース棒を所定の場所に戻さないと電源が入らないようにリレースイッチを設けておくと，フェイルセーフになる．

(8)　実験中に高電圧充電部付近の不具合 (リード線がはずれたなど) を発見しても，すぐにそこに駆け寄るようなことはせず，上記 (3)–(7) の手順を行う．指導者が近くにいる場合には，電源スイッチを切り指示を仰ぐ．

# 7 章の問題

□ **1**　ある逆耐電圧 $V$ を持つダイオードを $n$ 個直列に接続して，逆耐電圧 $nV$ の高電圧整流器を作りたい．

(1)　単純に $n$ 個のダイオードを直列に接続しただけでは，目的とする整流器を作ることができない．その理由を述べよ．

(2)　上記 (1) の不具合を改善する方法を，改善できる根拠とともに説明せよ．

□ **2**　大気中に設置された高電圧側に直径 1 m の球電極を有するファン・デ・グラフ発電機を考える．

(1)　球電極上で発生できる最大の電圧 (理論上の限界) はいくらか．

(2)　実際の装置では (1) で計算した値の 1/3 程度の電圧しか発生できない．その原因を考察せよ．

# 8 高電圧の測定

前章で高電圧の発生について理解を深めたところで，次に，発生した高電圧をどのように測定するかについて学ぶことにする．例えば 100 万 V を簡易に測れるようなメータは残念ながら存在しないので，いろいろ工夫をする必要がある．このような高電圧測定と合わせて大電流測定についても，それらに特有な課題を中心に測定法のキーポイントを学ぶことにする．

**8 章で学ぶ概念・キーワード**

- 球ギャップ
- 分圧器
- 電気光学効果
- 分流器
- ロゴウスキーコイル

## 8.1 高電圧測定の留意点

高電圧を対象とした**測定**では，通常の電圧測定と異なり，(1) 電圧，電流の絶対値が大きい，(2) 種々の周波数成分を含むことが多い，(3) 絶縁や熱容量の点から機器が大型化し，その結果，浮遊容量や残留インダクタンスが大きい，(4) 周囲に誘導雑音源が存在することが多い，など配慮すべき点がいくつかある．

もし，周りにある適当な電圧計を思いつきで接続し測定すると，得られた数値が正確でないばかりか，機器を破損したり感電の原因になったりする．したがって，上記の留意点を念頭に置きつつ，高電圧測定の原理を理解して適切な測定法を選択する必要がある．

## 8.2 電圧を直接測定する方法

### 8.2.1 静電電圧計

図 8.1 に示すように電極を対向して配置し電圧 $V$ を印加すると，マクスウェルの応力により $V^2$ に比例した引力が電極間に働く．接地側の電極の一部を可動式にしてバネで制動できるようにすると，図中の指針は釣り合い位置で静止する．指針の静止位置は $V^2$ で決まり，指針は秒オーダの変化にしか応答しないことから，$V^2$ の時間平均値を指針で表示できる．つまり，直流電圧および交流電圧実効値を求めることができる．

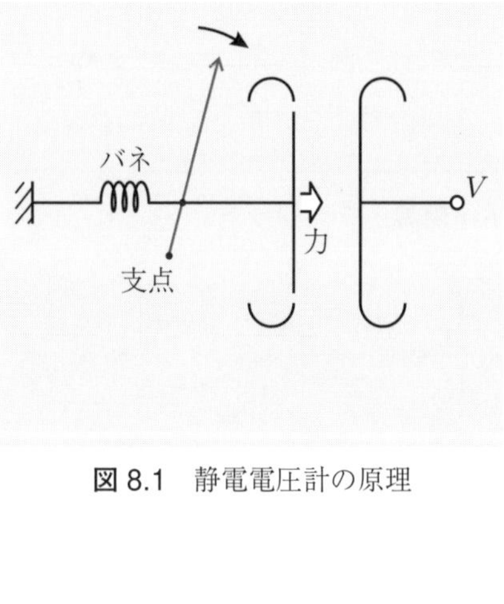


**図 8.1**　静電電圧計の原理

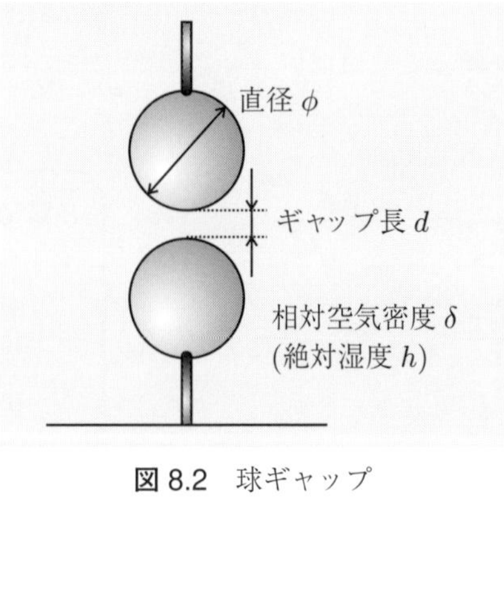


**図 8.2**　球ギャップ

5 kV 程度まで測定できる**静電電圧計**は，卓上に置かれる通常のアナログ計器 (メータ) と同じような形をしており，それより高い電圧になるとがいしの上に電極を配置するタイプのもので，50 kV 程度までのものがある．

### 8.2.2 球ギャップ

図 8.2 に示すような指針も表示部もない**球ギャップ**で，なぜ電圧が測定できるか疑問に思う人も多いかもしれない．球ギャップの火花電圧 $V_\mathrm{s}$ は，球電極直径 $\phi$，ギャップ長 $d$，相対空気密度 $\delta$ を一定にすると，±3% の変動範囲でほぼ一定となる．この性質を利用して，高電圧発生装置の目盛り付け (校正) を行うことができる．

高電圧発生装置に供試物が接続されている場合は，その状態で球ギャップを接続する．高電圧出力と一対一に対応する入力側電圧 (試験用変圧器では 1 次側電圧ないし 3 次巻線がある場合にはその電圧，また，多段式インパルス電圧発生器ではコンデンサ 1 個の充電電圧など) を選び，その値と高電圧出力との間に成立する関係式 (通常は一次式) を一度求めると，以降は入力側電圧の値から高電圧出力を定めることができる．

球ギャップの火花電圧は，条件ごとに表の形で国際電気標準規格 (IEC 60052) や日本産業規格 (JIS C 1001) によって与えられている．その表の一部を巻末の付録 B に記載する．表に示されている火花電圧 $V_\mathrm{n}$ は，**相対空気密度** $\delta$ が 1，つまり標準状態 (1013 hPa，20 ℃) での値である．

そこで，測定時の火花電圧 $V_\mathrm{s}$ を求めるには，まず $\delta$ を気圧 $p$，温度 $t$ から

$$\delta = \frac{0.386\, p\,[\mathrm{mmHg}]}{273 + t\,[^\circ\mathrm{C}]} = \frac{0.289\, p\,[\mathrm{hPa}]}{273 + t\,[^\circ\mathrm{C}]} \tag{8.1}$$

で求め，次に湿度補正係数 $k$ を $\delta$ と絶対湿度 $h$ から

$$k = 1 + 0.002\left(\frac{h\,[\mathrm{g/m^3}]}{\delta} - 8.5\right) \tag{8.2}$$

で求め，最終的に次式で計算する．

$$V_\mathrm{s} = V_\mathrm{n} \cdot \delta \cdot k \tag{8.3}$$

一般に絶対湿度を直接求めるのは難しい．そこで，容易に測定できる相対湿度から絶対温度へ換算する方法も付録 B に示しているので参照してほしい．

付録 B の表でいくつか注意をしておきたいことがある．表の注記に書かれているが，球直径の数値の下に表れる“＋”,“－”の記号は電圧の極性と直接対応しているのでなく，“＋”の下に示された火花電圧値は，正極性インパルスに対して，また，“－”の下の値は交流，正極性および負極性の直流，負極性のインパルスに対して，それぞれ適用できることを示している．

また火花電圧の値は，直流以外では ±3% 以内の不確かさを十分期待できるが，直流の場合には ±5% 程度と不確かさが増大してしまう．

なお電極表面に存在する微小な突起，水分，ちりなどを取り去って，安定な火花電圧を保証するために，予備火花放電を最初に何回か行う必要がある．

**例題 8.1**

試験用変圧器の出力電圧を球ギャップで校正することを考える．直径 50 cm の標準球ギャップを用いて，使用したギャップ長と火花放電時の 1 次側入力電圧の読みを対応させると，以下のような結果を得た．この結果から，出力電圧 $V_{\mathrm{out}}$ [kV] と入力電圧の読み $V_{\mathrm{in}}$ [V] の関係式 (校正曲線) を求めよ．なお，実験時の気象条件は，気圧 1030 hPa，気温 30 ℃，絶対湿度 9 g/m$^3$ であった．

| ギャップ長 [cm] | 5 | 10 | 15 | 20 | 26 |
|---|---|---|---|---|---|
| 入力電圧の読み $V_{\mathrm{in}}$ [V] | 21.2 | 40.5 | 57.4 | 70.8 | 83.1 |

**【解答】** まず相対空気密度 $\delta$ と湿度補正係数 $k$ を求めると，

$$\delta = \frac{0.289 \times 1030}{273 + 30} = 0.983, \qquad k = 1 + 0.002\left(\frac{9}{0.983} - 8.5\right) = 1.00$$

となる．次に付録 B の表を参照して“–”の表記のある欄から，各ギャップ長に対する火花電圧 (標準状態) を抜き出し，(8.3) 式に従いその値に $\delta$ と $k$ を乗ずることによって実際の火花電圧を求める．これらの作業結果を表にまとめると以下のようになる．

| ギャップ長 [cm] | 5 | 10 | 15 | 20 | 26 |
|---|---|---|---|---|---|
| 火花電圧 (標準状態) [kV] | 138 | 263 | 373 | 460 | 540 |
| 火花電圧 (気象補正後) $V_{\mathrm{out}}$ [kV] | 135.7 | 258.5 | 366.7 | 452.2 | 530.8 |
| 入力電圧の読み $V_{\mathrm{in}}$[V] | 21.2 | 40.5 | 57.4 | 70.8 | 83.1 |

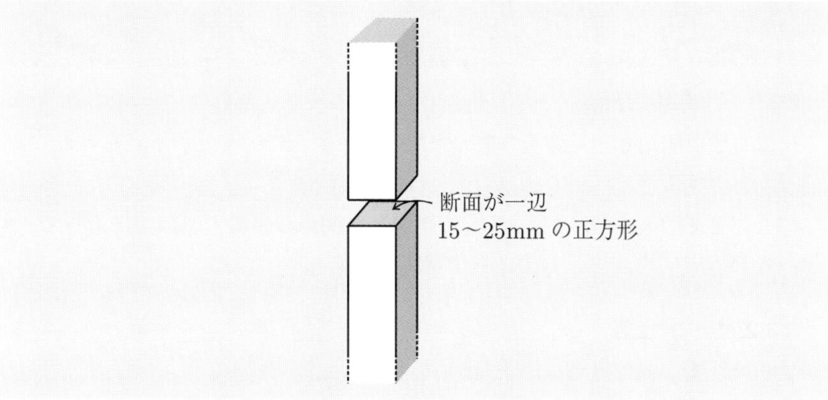


**図 8.3** 棒ギャップ

$V_{\mathrm{out}}$ と $V_{\mathrm{in}}$ の関係を比例式で近似すると次式が得られる．

$$V_{\mathrm{out}}\,[\mathrm{kV}] = 6.39\,V_{\mathrm{in}}\,[\mathrm{V}] \tag{8.4}$$

一度この関係式が求まると以降は発生させたい出力 ($V_{\mathrm{out}}$) に対応する入力 ($V_{\mathrm{in}}$) を 1 次側電圧として加えればよいことになる． ■

### 8.2.3 棒ギャップ

球ギャップの火花電圧値は，直流に対しては不確かさが増大することを述べた．その原因として，空気中のちりや繊維が電極表面に静電気力で吸着することによる火花電圧の低下が考えられている．直流電圧の測定では，球ギャップに代わり不確かさ ±3% 以内が期待できる**棒ギャップ**を標準測定法としている．

使用される棒ギャップは図 8.3 の通りである．標準状態の直流火花電圧 $V_{\mathrm{n}}$ は，ギャップ長 $d$ が 250〜2500 mm の範囲にあるとき，次式で与えられる．

$$V_{\mathrm{n}}\ [\mathrm{kV}] = 2 + 0.534\,d\ [\mathrm{mm}] \tag{8.5}$$

測定時の火花電圧 $V_{\mathrm{s}}$ は (8.3) 式で求めることになる．ただし，絶対湿度 $h$ による $V_{\mathrm{s}}$ の変化が球ギャップの場合より大きいことから，湿度補正係数 $k$ については次式を用いる．

$$k = 1 + 0.014\left(\frac{h\,[\mathrm{g/m^3}]}{\delta} - 11\right)$$

ここで，$h$ は絶対湿度，$\delta$ は相対空気密度である．

## 8.3 電圧を変換，分圧して測定する方法

### 8.3.1 計器用変圧器

交流電圧測定用として作られ電力系統の電圧測定に広く使われるものとして，巻線形**計器用変圧器** (voltage transformer, VT) がある．測定原理は一般の変圧器と同じで図 8.4 に示すように，1 次側と 2 次側の巻線の巻数比によって，測定対象の高電圧を測定しやすい低い電圧に変換している．

### 8.3.2 抵抗分圧器

**抵抗分圧器**の測定原理は図 8.5(a) に示すようにきわめてシンプルで，図中の抵抗値 $R_1$，$R_2$ を変えることにより，測定しやすい分圧比にすることができる．ただし，直流や交流の高電圧の場合には測定中に電流が流れ続けることから，抵抗で消費される電力 $W$ についても検討しておく必要がある．分圧器の全抵抗 $R\ (= R_1 + R_2)$ と測定高電圧 $V$ とを用いると $W = V^2/R$ となる．例えば，100 kV の電圧を 10 MΩ で測定すると電力は 1 kW となり，測定器というよりも電気ヒータになってしまう．これを解決するためには 100 MΩ 以上の高抵抗が必要となるが，このような高抵抗では，温度上昇による抵抗値の変化や周囲に置かれる支持物に流れる漏れ電流の影響が無視できなくなる．

したがって，100 kV を超える直流では，前述の静電電圧計や後述の高抵抗倍率器や回転形電界計を，また交流では，前述の計器用変圧器や後述の容量分圧器をそれぞれ用いることが多い．

インパルス電圧の場合には，適当なメータがないので抵抗分圧がよく利用さ

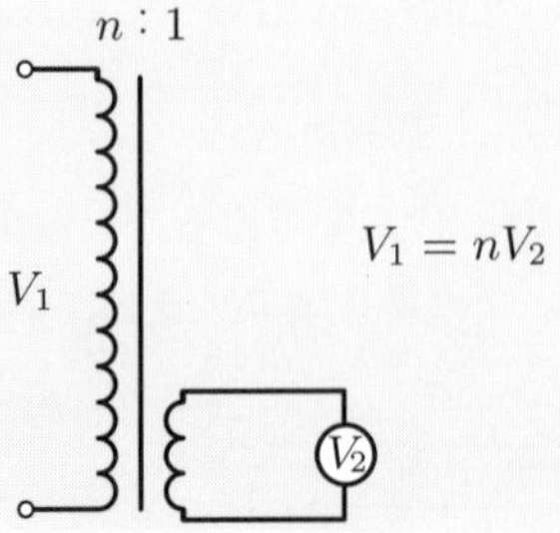


**図 8.4**　計器用変圧器

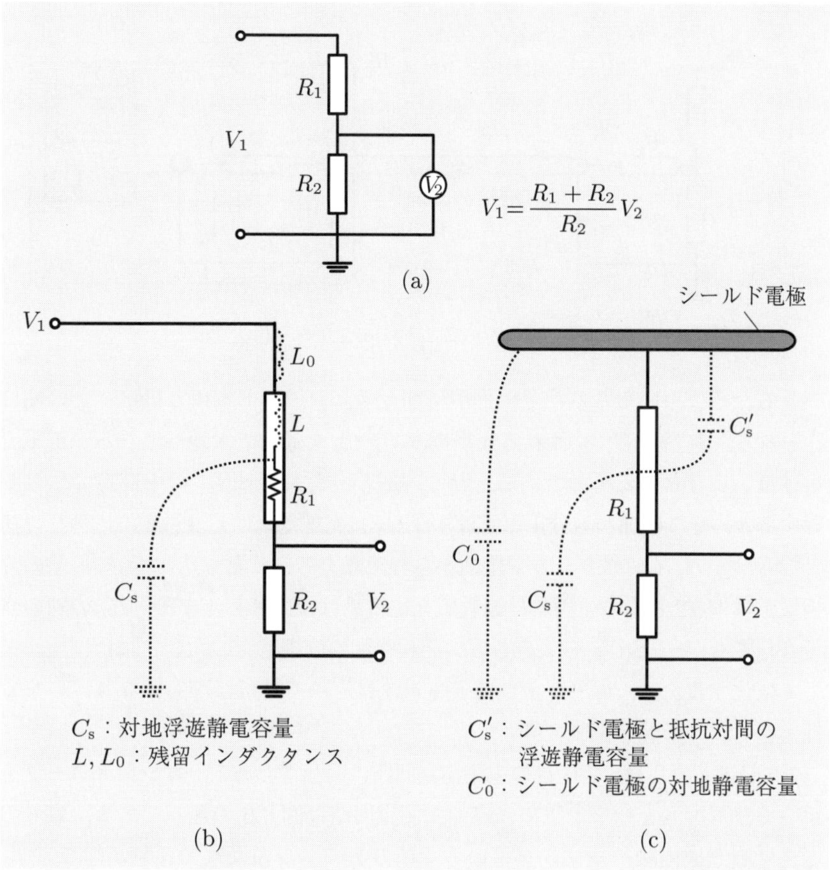


**図 8.5**　抵抗分圧器．(a) 基本回路，(b) 等価回路，(c) シールド電極の効果

れる．この場合 1 つ目の留意点は，実際の回路では大地に対する**浮遊静電容量**，抵抗体相互の間の静電容量，抵抗体や接続線の**残留インダクタンス**が存在する点である．その結果，図 8.5(b) に示すような複雑な等価回路となり，抵抗値だけで決まる分圧比にならないこともある．また，分圧比だけでなくインパルスの波形もひずんで伝達される恐れもある．

付加される回路要素のうち，最も影響の大きいものが大地に対する静電容量 $C_s$ であり，これを補償する目的で図 8.5(c) のシールド電極を設ける場合もある．シールド電極は，一般に高電圧部の電界を緩和してコロナ放電の発生を抑

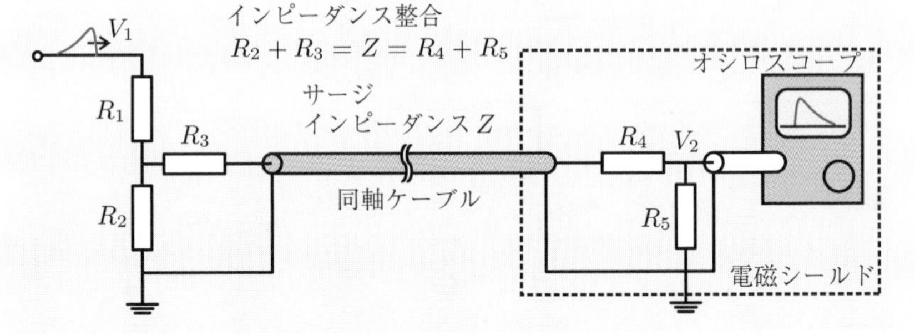


**図 8.6**　抵抗分圧器を用いた測定回路

制するために用いられる．その作用に加えて，シールド電極と抵抗体との間に作られる浮遊容量 $C_s{}'$ に流れる充電電流で，$C_s$ を通じて大地へ流れる充電電流を補償しようとするものである．$R_2$ を無視して，$C_s$ は $R_1$ の中間点で生じるとすると，そこに加わる分担電圧は $V_1/2$ で，充電電流は $C_sV_1/2$ に比例した値となる．一方，$C_s{}'$ はシールド電極からの距離を考えると $C_s{}' \approx C_s$ で，その分担電圧は $V_1/2$ となり，両者に流れる充電電流はほぼ等しくなる．$R_1$ の別の点で考えても，$C_s$ と $C_s{}'$ の大きさは，それぞれの分担電圧の大きさにほぼ反比例して変化するため，両者に流れる充電電流はどこでもほぼ等しくなり，うまく補償し $C_s{}'$ の影響を抑制できる．

2 つ目の留意点は，分圧後の電圧測定回路に関してである．**オシロスコープ**を用いて波形観測を行うときの一般的な測定回路は図 8.6 の通りである．信号の伝送に高周波同軸ケーブルを用いる．このケーブルの両端で反射が起こらず，波形がひずまないようにするためには，ケーブルのサージインピーダンス (特性インピーダンス) $Z$ と同じ値の抵抗で両端を接地する必要がある．すなわち，図 8.6 の回路で，$R_2 + R_3 = Z = R_4 + R_5$ というインピーダンスの**整合** (matching) をとる．整合をとった場合の分圧比はケーブルを無視して計算でき，被測定電圧 $V_1$ とオシロスコープで測定される電圧 $V_2$ の関係は次式で与えられる．

$$V_1 = \frac{(R_1 + R_2)(R_3 + R_4 + R_5) + R_1R_2}{R_2R_5}V_2 \tag{8.6}$$

オシロスコープの記述がでてきたので，覚えておくと役に立つ情報を 2 つ紹介しておく．1 つはオシロスコープの仕様で示されている周波数帯域 $f_B$ と記録できる波形の立ち上がり時間 $t_{\mathrm{r}}$ (これ以上速く変化する波形には追従できない)の関係で，これは次式で与えられる．

$$f_{\mathrm{B}}[\mathrm{MHz}] \cdot t_{\mathrm{r}}[\mu\mathrm{s}] = 0.35 \tag{8.7}$$

もう 1 つは，**デジタルオシロスコープ**の垂直分解能 $N_{\mathrm{r}}$ である．$N_{\mathrm{r}}$ は bit 単位で示され，8 bit(256)〜12 bit(4096) が一般的である．この分解能は表示部の最大範囲に対しての値であり，測定レンジの選択が不適切で最大範囲の 1/10 しか変化しない場合は，分解能もかなり劣化する．例えば，8 bit 分解能の場合は，1/25 程度の分解能しかなく，4 % の誤差が見込まれる．デジタルオシロスコープでは離散化した測定データのスムージングを行うため，滑らかな波形や何桁も数字が並ぶデータとして出力され，その中に含まれる誤差の大きさを見落としてしまいがちである．時間軸についても同様で，100 M サンプリング/秒のオシロスコープ上の表示波形が滑らかに変化していても，実際には 10 ns 以下の急激な変化やパルスが含まれている可能性がある．

### 8.3.3　容量分圧器

**容量分圧器**の測定原理は，図 8.7 に示す通りシンプルである．ただし，抵抗分圧器と同様に，使いこなすためにはいくつかの留意点がある．

容量分圧器は交流電圧測定時に幅広く用いられる．図 8.7(a) において低電圧側コンデンサ $C_2$ に接続する測定器のインピーダンス $Z$ が $1/(\omega C_2)$ に比べて十分大きいときには，

$$V_1 = \frac{C_1 + C_2}{C_1} V_2 \tag{8.8}$$

という容量分圧の基本関係式が成立する．そうした理想状態を維持することは通常難しいことから，図 8.7(b) のようにインダクタンス $L$ を挿入する回路も用いられる．この場合の $V_1$ と $V_2$ の関係は，次式で与えられる．

$$\frac{V_1}{V_2} = \frac{C_1 + C_2}{C_1} + \frac{1 - \omega^2 L (C_1 + C_2)}{j\omega Z C_1} \tag{8.9}$$

ここで，$\omega^2 L (C_1 + C_2) = 1$ となるように $L$ の値を選ぶと，上式の右辺第 2 項が 0 となり，容量分圧の基本関係式が成立することになる．これを実現した測定器を**コンデンサ形計器用変圧器** (capacitive voltage transformer, CVT) と呼び，高電圧電力設備での電圧測定に利用されている．

インパルス電圧測定に用いる場合には，コンデンサの中の残留インダクタンス $L_s$ やリード線のインダクタンス $L_l$，およびコンデンサの抵抗 $R$ が問題となる．ある周波数成分に対してコンデンサの静電容量と $L_s$ や $L_l$ との共振が生じたり，一方，低周波や直流分に対して $R$ による漏れ電流が生じ，いずれも測定波形をひずませることになる．

図 8.8 のような同軸ケーブル (サージインピーダンスを $Z$ とする) を用いた測定回路では，$C_2$ のインピーダンスが $1/(\omega C_2)$ となり周波数依存性があることから，ケーブルの両端で完全にインピーダンス整合をとることは困難である．もしケーブルの出力端側にある $R_2$ を $Z$ に等しくとってしまうと，$C_2$ と並列

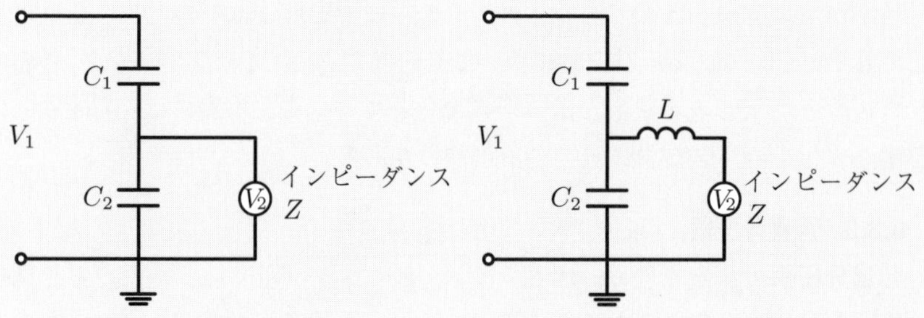


(a)

$Z \gg \frac{1}{\omega C_2}$ ($\omega$：信号の角周波数)

$V_1 = \frac{C_1 + C_2}{C_1} V_2$

(b)

$\omega^2 L(C_1 + C_2) = 1$ ($\omega$：信号の角周波数) のときに

$V_1 = \frac{C_1 + C_2}{C_1} V_2$

**図 8.7**　容量分圧器．(a) 基本回路，(b) コンデンサ形計器用変圧器

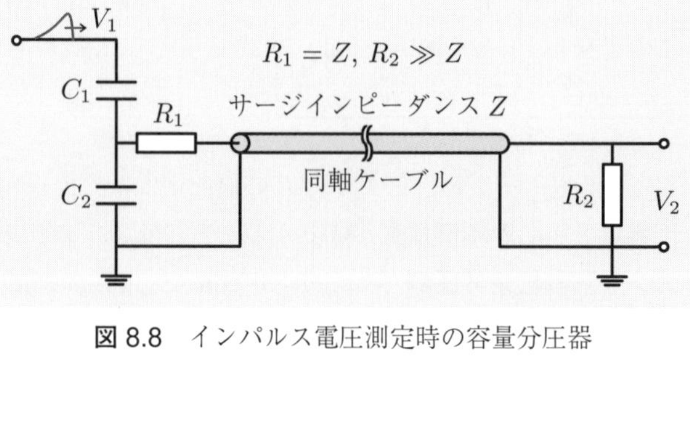


**図 8.8**　インパルス電圧測定時の容量分圧器

に $(R_1 + R_2)$ という比較的値の小さい抵抗が接続されていることになり，容量分圧を保てない可能性が高い．そこで測定したいインパルス電圧波形の波尾長を $T_{\mathrm{t}}$ として，

$$R_2 \gg Z, \qquad C_2 R_2 \gg T_{\mathrm{t}} \tag{8.10}$$

となるように $R_2$ を選ぶことになる．ただし，$R_2 = \infty$ にしてしまうと，$C_2$ に残留電荷が生じて，やはり測定誤差の原因になるので，ケーブルの出力端側を開放はしない．ケーブルの入力端側では，通常 $R_1 = Z$ とする．インピーダンス整合がとれないために，ケーブル両端においては信号の反射が避けられず，ケーブル長を $L$，信号のケーブル中の伝搬速度 $v$ (光速の 2/3 程度で 200 m/$\mu$s) とすると，信号往復反射による振動波の周期 $t_{\mathrm{r}}$ は次式で与えられる．

$$t_{\mathrm{r}} = 2\frac{L}{v} \tag{8.11}$$

したがって，インパルス電圧の波頭長を $T_{\mathrm{f}}$ とすると，上記振動波の影響を避けるために，

$$T_{\mathrm{f}} \gg t_{\mathrm{r}} \tag{8.12}$$

の関係が必要となる．$L = 10\,\mathrm{m}$ の場合には $t_{\mathrm{r}} = 0.1\,\mu\mathrm{s}$ となり，雷インパルス波形の測定には容量分圧はあまり適さないといえる．容量分圧は一般に開閉インパルスの測定に用いる．

### 8.3.4 抵抗とコンデンサを組み合わせた分圧器

抵抗やコンデンサを単独で用いると，それぞれに含まれる別の回路要素 (残留インダクタンスや浮遊容量など) の影響が問題となることも多い．そこで，初めから両者を組み合わせて用い，問題点を改善しようとすることが行われている．

容量分圧器で問題となっていた静電容量と残留インダクタンスによる共振を抑制するために，図 8.9(a) のように複数のコンデンサを用いて，それぞれに共振を減衰させるための制動抵抗を配置する (**制動容量分圧器**)．これにより，容量分圧器では難しい波頭長の短いインパルス電圧が測定できるようになっている．

もう 1 つは，図 8.9(b) のように抵抗とコンデンサを並列にしたものを複数接続した**抵抗容量分圧器**である．原理的に各並列要素の時定数 $C_i R_i$ $(i = 1, 2, \cdots, n)$ を全て等しくなるように設定すると，あらゆる波形に対して正確な分圧が可能となる．この場合にそれぞれの $C_i$ や $R_i$ に対して，次の条件が要求される．

$$C_i > (R_i\text{の対地静電容量})\quad\text{および}\quad R_i > (C_i\text{の漏れ抵抗})$$

さらに残留インダクタンスの影響を抑制するために $C_i$ と直列に制動抵抗 $r_i$ を挿入することも提案されている．

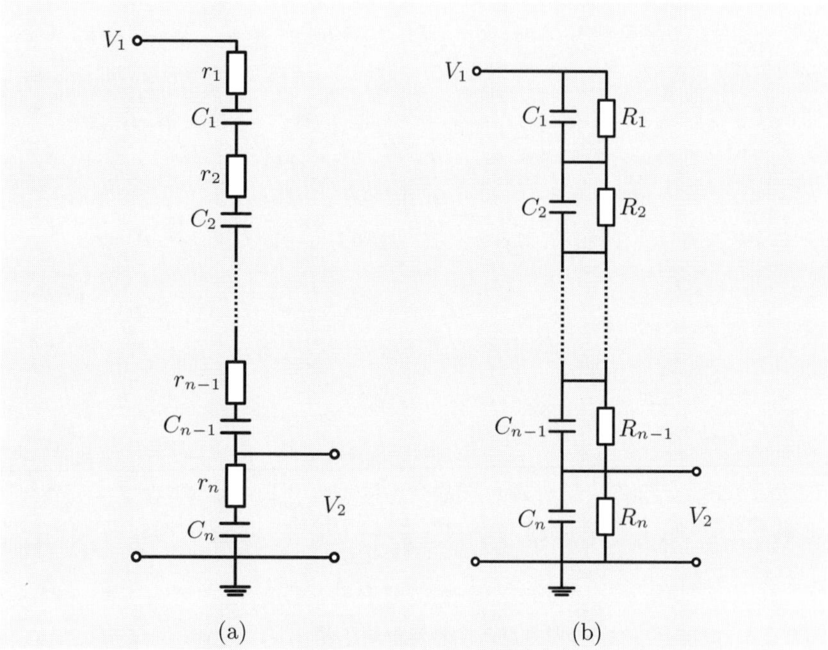


**図 8.9**　制動容量分圧器と抵抗容量分圧器

### 8.3.5　電流測定から電圧を求める方法

図 8.10 には，抵抗ないしコンデンサに測定したい電圧を印加し，そこに流れる電流から電圧を測定する方法を示している．

(a) 図は抵抗**倍率器**と呼ばれるもので，直流電圧の測定に用いられている．ここで用いられる抵抗は，直流測定用の抵抗分圧器と同じように消費電力を抑えることを考え，100 MΩ 以上の高抵抗体となる．

(b) 図は，コンデンサを用いる場合で，交流高電圧の測定に利用されている．コンデンサとしては，静電容量が周波数，温度，電圧などの影響を受けにくい標準コンデンサが用いられる．

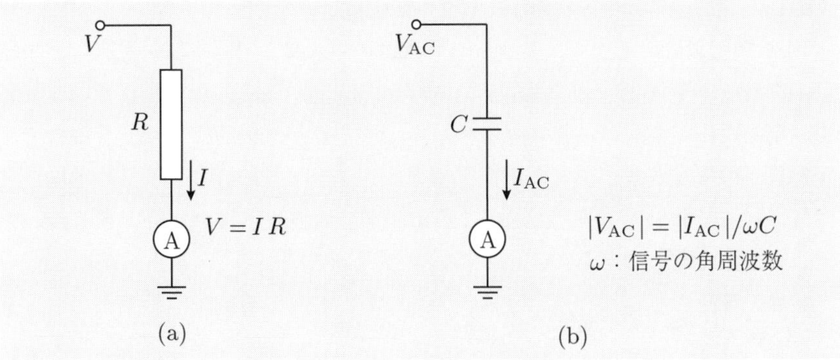


**図 8.10** 電流測定により電圧を求める方法．(a) 高抵抗倍率器，(b) コンデンサ倍率器

### 8.3.6 回転形電界計

図 8.11 に示すように，上方から電界 $E$ が印加されている状況を考える．このとき，窓のあいた遮蔽電極が回転すると，検出電極上に到達する電気力線が周期的に変化する．それに応じて検出電極上の誘導電荷が変化し，図中の回路電流 $i$ は次式のようになる．

$$i \propto E \sin(n\omega t) \qquad n：窓の数,\quad \omega：遮蔽電極の回転角周波数$$

以上のことから，電流 $i$ を測定することにより電界 $E$ を求めることができる．この測定器を**回転形電界計**と呼んでいる．

電圧測定の場合には，平行平板電極の接地側に回転形電界計を配置し，高電圧側に被測定電圧を印加して，電極間の電界測定を通じて電圧を求める．

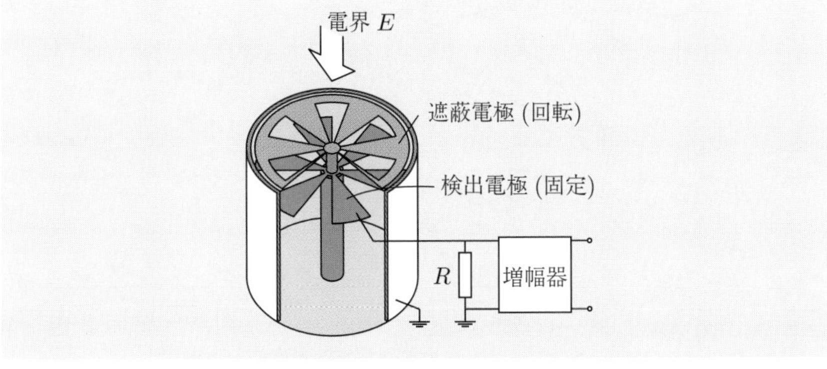


**図 8.11** 回転形電界計の原理

### 8.3.7　電気光学効果を利用した電界，電圧測定法

1980 年代以降のオプトエレクトロニクスの進歩により，電圧・電流などの電気量を屈折率や偏光などの光学量に変換して測定することが行われている．光を利用した測定が特に注目されるのは，①測定点が電気的に絶縁できるので測定対象への擾乱が最小限となる，②情報伝送が光学的に行われるため電磁波ノイズに対して強い，③直流から GHz オーダの周波数応答が期待できる，という特長があるためである．

電界や電圧の測定に利用される代表的なものとして**電気光学効果**がある．電

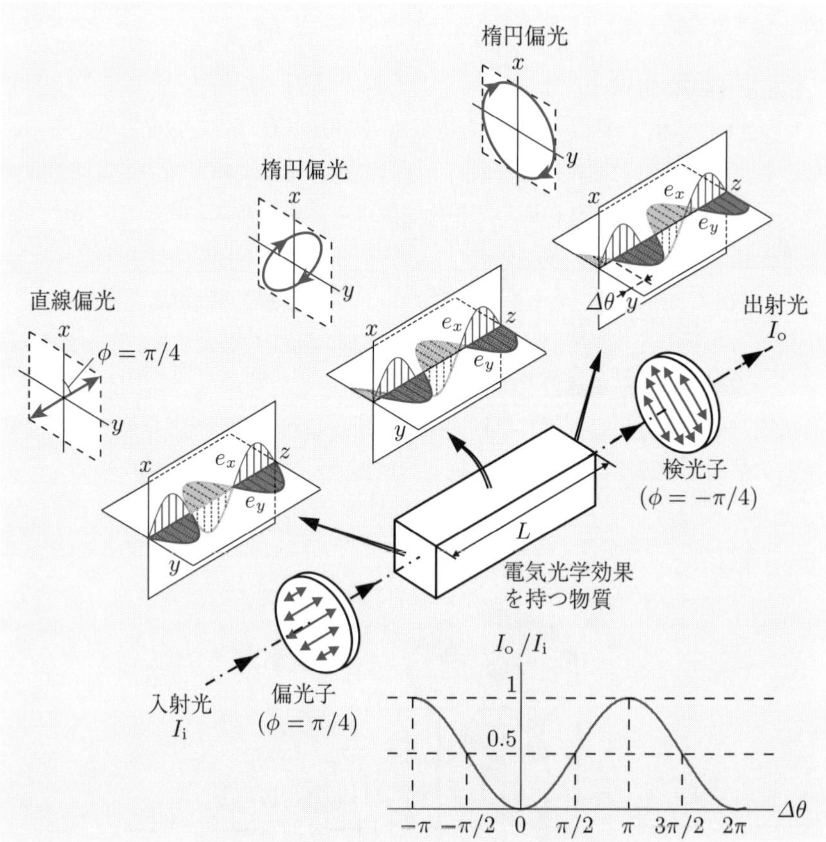


**図 8.12**　電気光学効果を利用した測定器の原理

気光学効果を持つ物質に外部から電界を加えると，そこを透過する光に複屈折現象が現れるようになる．図 8.12 はその原理を示したもので，物質内を伝搬するレーザなどの光波 (2 つの偏波成分 $e_x$, $e_y$ を持つ) を描いている．光波は屈折率に反比例した速度で伝搬するが，もし 2 つの偏波が感じる屈折率に差がある (これが**複屈折**) と，2 つの偏波間に速度差が生じ最終的には位相差 $\Delta\theta$ となって現れる．複屈折の大きさ (屈折率の差) が，電界 $E$ に比例する場合を**ポッケルス** (Pockels) **効果**，電界 $E$ の 2 乗に比例する効果を**カー** (Kerr) **効果**と呼んでいる．3 乗以上の高次の項はきわめて小さく無視できる．また，ポッケルス効果とカー効果の両者が同じ大きさで現れることはなく，その一方のみが顕著に現れる．複屈折の大きさや光波の位相差を直接観測することはできないので，光の強度に変換することを考える．

物質から出てきた光を偏光板 (検光子) に導いて，その透過光強度 $I_\mathrm{o}$ を測定すると，$I_\mathrm{o}$ と物質への入射光強度 $I_\mathrm{i}$ との比は，ポッケルス効果が支配的な場合に，

$$I_\mathrm{o}/I_\mathrm{i} = [1 - \cos\{\pi(E/E_\pi)\}]/2 \tag{8.13}$$

また，カー効果が支配的な場合に，

$$I_\mathrm{o}/I_\mathrm{i} = [1 - \cos\{\pi(E/E_\mathrm{m})^2\}]/2 \tag{8.14}$$

となる．ここで，$E_\pi$, $E_\mathrm{m}$ は $I_\mathrm{o}/I_\mathrm{i}$ が極大値となる電界の値である．これらの式から，電界の強度が光の強度 (明暗) に変換されることがわかる．

ポッケルス効果は,水晶, ADP, KDP, $LiNbO_3$, ZnS, ZnTe, $Bi_{12}SiO_{20}$(BSO), $Bi_4Ge_3O_{12}$(BGO) などの固体に現れ，一方，カー効果は，ニトロベンゼン，純水，絶縁油などの液体や，$SF_6$, $CO_2$，空気などの気体に現れる．

このように電界の情報を直接得ることができ，また測定点が電気的に絶縁できる利点を活かして，放電空間の電界測定に利用されている．電界と電圧との間に比例関係があることから電圧測定にも応用されている．ポッケルス効果の場合には，光の伝搬方向と平行な方向の電界を測定できるようにする (**縦型変調方式**という) と，光の伝搬経路に沿った電界の積分値，すなわち電圧の情報を直接得ることも可能で，それを実現した高電圧測定器も開発されている．

電界や電圧の測定法として研究開発が進む中，手軽に利用できる汎用的な市販品の実現が期待されている．

### 8.3.8　測定可能な波形のまとめ

8.3.1〜8.3.7項で，代表的な高電圧測定器の説明を行ってきた．

最後に，これらの測定器はどのような波形の高電圧を測るときに有効であるかを表8.1にまとめて示す．実際に測定器を利用するときに参考にしてほしい．

表8.1　電圧測定器と測定可能な波形

| | 直流 | 交流(実効値) | 交流(波高値) | インパルス(波高値) | インパルス(波形) |
|---|---|---|---|---|---|
| 球ギャップ | △ | × | ○ | ○ | × |
| 棒ギャップ | ○ | × | ○ | ○ | × |
| 静電電圧計 | ○ | ○ | × | × | × |
| 計器用変圧器 | × | ○ | ○ | × | × |
| 抵抗分圧器 | ○* | ○* | ○* | ○ | ○ |
| 容量分圧器 | × | ○ | ○ | ○ | ○ |
| 高抵抗倍率器 | ○ | × | × | × | × |
| 回転電圧計 | ○ | × | × | × | × |
| ポッケルス電圧計 | ○ | ○ | ○ | ○ | ○ |
| カー電圧計 | ○ | ○ | ○ | △ | △ |

○：測定可能　　△：測定可能だが推奨しない　　×：測定困難

○*：100 kV以上では△となる

## 8.4　大電流の測定

高電圧印加時には絶縁破壊など大電流が流れることがあり，その電流の大きさや波形を測定したいことも多い．大電流の測定に適した方法のうち，代表的な 3 つについて説明する．

### 8.4.1　分流器

大電流の流れる回路に値の小さな抵抗を直列に挿入し，抵抗の端子間に生じる電圧降下をオシロスコープなどで測定することが行われている．この抵抗を**分流器** (**シャント**，shunt) と呼んでいる．

分流器の応答特性は，抵抗値 $R$ と抵抗が持っている残留インダクタンス $L$ との比 $L/R$ で表される時定数によって決まる．大電流の場合には，$R$ は小さいため，$L$ がわずかであっても時定数が大きくなり応答特性が悪くなる．急激な変化を伴う電流測定には注意が必要である．

残留インダクタンスをできるだけ低減した分流器としては，**同軸シャント**がある．図 8.13 に示すように，マンガニン円筒と銅円筒とで同軸円筒が構成されている．マンガニンを抵抗として用いるのは，マンガニンの抵抗温度係数が小さく，大電流による温度上昇が抵抗値に大きく影響しないためである．測定電流 $i$ は，図 8.13 の a からマンガニン抵抗円筒を通って，b で銅円筒に移り，最終的に c へ至る．ab 間に発生する電圧降下 $iR$ が aa′ 間のリード線を通じて同

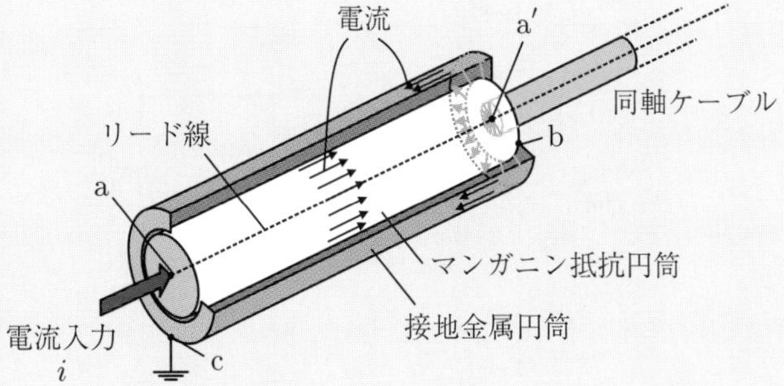


図 8.13　同軸シャントの原理

軸ケーブルの中心導体に導かれることにより，電流測定を行っている．このとき，a′ab で囲まれる部分に磁束が鎖交するとインダクタンスが発生し，測定電流に影響を与える．しかし，円筒上を一様に流れる電流は，円筒内部に磁界を生じないという性質のために a′ab の部分にインダクタンスが発生せず，抵抗 $R$ のみによる電圧を測定できる．

### 8.4.2 ロゴウスキーコイル

電流が流れている導体の周囲に図 8.14 に示すような**ロゴウスキーコイル** (Rogowski coil) を設けて電流測定を行うことができる．導体を図のように流れる電流 $i$ があると，矢印の方向に $i$ に比例した磁束が発生する．コイルに鎖交する磁束鎖交数 $\Psi$ ($= ki$, $k$：定数) によって端子 ab 間に誘起される電圧 $V_{\mathrm{ab}}$ は，次式で与えられる．

$$V_{\mathrm{ab}} = \frac{d\Psi}{dt} \tag{8.15}$$

$V_{\mathrm{ab}}$ を時間積分することにより，端子 cd 間に出力される電圧 $V_{\mathrm{cd}}$ は次式に示す通り $i$ に比例した値となる．

$$V_{\mathrm{cd}} = \int_0^T V_{\mathrm{ab}}\, dt = kTi \tag{8.16}$$

以上のことから，$V_{\mathrm{cd}}$ を測定して被測定電流 $i$ を求めることができる．

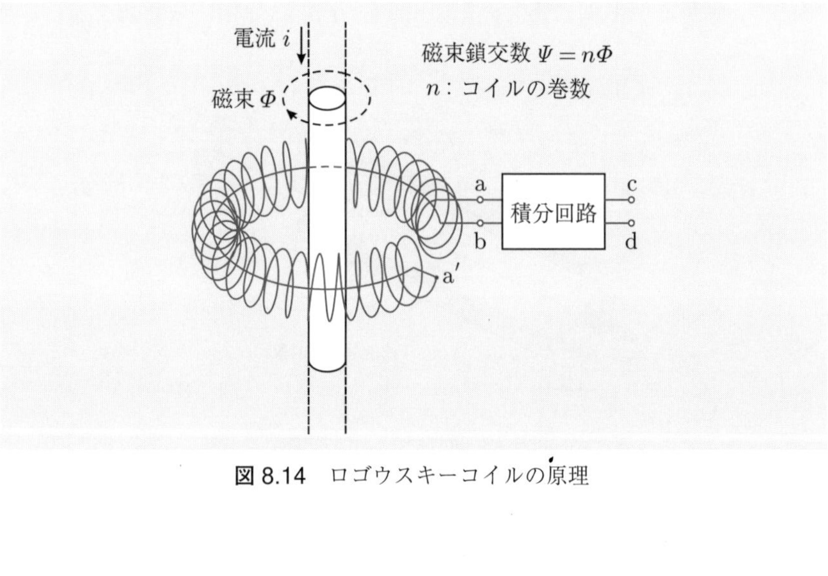


図 8.14　ロゴウスキーコイルの原理

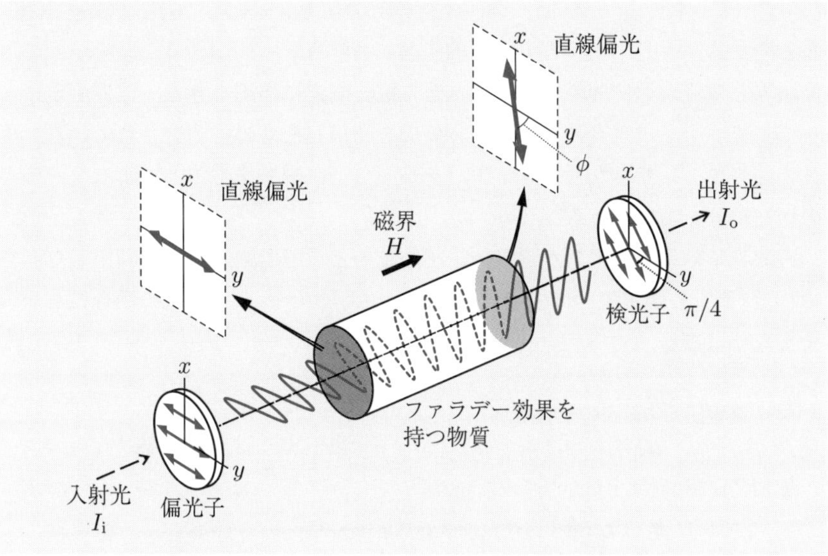


**図 8.15**　ファラデー効果を利用した測定器の原理

コイルの巻き方に注目すると，a から a′ までコイルを巻いた後に a′ から b まで 1 周巻戻している．コイルで測定したいのは導体電流に垂直な磁束であるので，巻き戻しによって垂直成分以外，すなわち導体電流に平行な外乱磁束が鎖交するのを打ち消している．

### 8.4.3　ファラデー効果を用いた光学的測定法

磁界が光に与える効果 (**磁気光学効果**) の中で電流測定に応用されているものとして**ファラデー効果**がある．図 8.15 にはファラデー効果を有する物質内を伝搬する光波 (入射光は $y$ 方向成分のみの直線偏光) が描かれている．光の伝搬に伴いその偏光面が光軸と平行な磁界の強度 $H$ に比例して回転している．物質を透過した後の光波を偏光板 (検光子) に導いて，その透過光強度 $I_{\mathrm{o}}$ を測定すると，$I_{\mathrm{o}}$ と物質への入射光の強度 $I_{\mathrm{i}}$ の比は次式で与えられる．

$$I_{\mathrm{o}}/I_{\mathrm{i}} = \sin\{(\pi/2)(H/H_{\mathrm{m}})\} \tag{8.17}$$

ここで，$H_{\mathrm{m}}$ は $I_{\mathrm{o}}/I_{\mathrm{i}}$ が極大値となる磁界の値である．この式は磁界の強度が光の強度 (明暗) に変換されることを示している．ファラデー効果を有する物質は，

(TbY)IG, YIG, 鉛ガラス, FR5, ZnSe, $Bi_{12}SiO_{20}$(BSO), $Bi_4Ge_3O_{12}$(BGO) などである.

磁界と電流が比例関係にあることから電流測定に応用できる．電流測定器として，光ファイバ自身のファラデー効果を利用したものも開発されている．導体の周りにセンサとなる光ファイバをループ上に配置することによって，磁界の周回積分を実現できる.

電気光学効果を利用した電界，電圧測定のところで述べた光を利用した測定の特徴 (測定点が電気的に絶縁できるなど) は，ファラデー効果の場合にもそのまま当てはまる.

**高電圧工学教育の黎明期 (4)**

ここでは，大正後期 (1920 年代) から昭和初期 (1930 年代) における大学での高電圧工学の研究を紹介してみたい.

『大正 11 年 (1922 年) 西健教授は衝撃電圧発生器の設計に着手し，同 12 年 (1923 年) 完成した．大正 11 年 (1922 年) より 12 年 (1923 年) まで西教授は日本電力会社及び大同電力会社の依頼により当時建設された 15 万 4 千 V の送電線に使用する招弧角 (アークホーン) の形状について研究を行い，その結果に基づいて設計したものを同送電線に取り付けた.

更に大正の末 (1926 年) まで研究されたものは沿面放電に関する研究，油中絶縁耐力試験に関する研究，各種電極間の火花放電特性，がいしの閃絡特性などである．また西教授は不良がいし検出器の考案を行い，石黒美種（現在助教授）の助力によりこれを完成させた．これは多くの電力会社に採用されて各地の送電線の保守に好成績を挙げた.

最初の実験室は煉瓦造りであったため関東大震災 (大正 12 年，1923 年) の被害を受け永久使用不能となったので，昭和 5 年 (1930 年) 新たに鉄筋コンクリートを用いて改築し，移転した．移転後設備されたものとしては，衝撃電圧発生器 2 組，陰極線オッシログラフ，理研式波高衝撃電圧計などがある.

昭和元年 (1926 年) 以来研究された事項は，西教授による各種火花間隙の閃絡特性，およびこれに対する温度の影響，がいし類の温度閃絡特性，がいしの表面汚損に関する研究，また，山下英男助教授による陰極線オッシログラフによるコロナ放電および火花放電の研究である.』

「東京帝国大学学術大観 (工学部，航空研究所)」(昭和 17 年発行) より

昭和 5 年 (1930 年) に建てられた実験室は，設備される機器・装置および内装などは一新されているものの構造体や外壁は健在で，現在でも東京大学工学部 13 号館 (高電圧実験室) として高電圧工学の教育・研究に使用されている.

# 8 章の問題

□ **1**　雷インパルス電圧 (500 kV) の波形を抵抗分圧器とオシロスコープを用いてできるだけ正確に測定したい．下記の要素を用いて，測定回路を設計せよ．

① 高電圧抵抗 (耐電圧：500 kV，抵抗値：1500 Ω)　1 個

② 抵抗 (耐電圧：500 V，抵抗値：1 Ω～1000 Ω)　多数

③ 同軸ケーブル (サージインピーダンス：50 Ω，長さ：50 m)　1 本

④ オシロスコープ (入力許容電圧：100 V，入力インピーダンス：1 MΩ，A/D 変換ビット数：8 bit)

また，オシロスコープ上で測定された波形の波高値には，どの程度の不確かさがあるか．ただし，インパルス電圧発生器からの雑音の影響はないとしてよい．

□ **2**　図 8.16 の回路で，波形 8/20 $\mu$s，波高値 100 kA のインパルス大電流を測定しようとしたが，うまくいかなかった．その理由などについて述べた以下の文章において，空欄を埋めよ (空欄を求めるに当たって計算が必要な場合はその過程も示すこと)．

オシロスコープへ入力できる電圧が 50 V とすると，抵抗 $R$ に加えることができる最大電圧は ( ① )V となる．したがって，抵抗値は ( ② )Ω 以下にする必要がある．

一方，抵抗値には ( ③ ) が存在するために時定数 $T$ が生じ，波頭長 $T_{\mathrm{f}}$ の波形を測る場合には，$T < 0.2T_{\mathrm{f}}$ なる条件を満たす必要がある．( ② )Ω の抵抗を用いた場合に許容される ( ③ ) は ( ④ ) 未満となる．これは，通常の導線の ( ③ ) に比べてきわめて小さな値となり実現不可能である．

以上のことから，このような電流は ( ⑤ ) を用いて測定されることが多い．

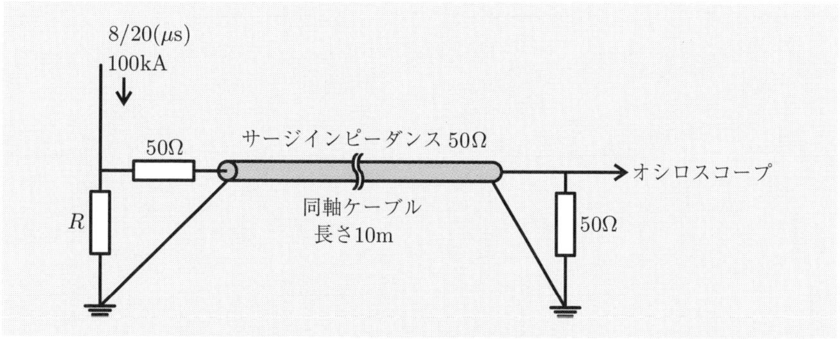


**図 8.16**　大電流インパルスの測定

# 9 高電圧機器

高電圧技術の応用として実用化が最も進み，また長い開発の歴史を持っているものとして，電力システムで用いられている高電圧機器がある．本章ではこれらの機器や構成要素のうち，がいし，ブッシング，電力用ケーブル，遮断器，避雷器および機器を複合したガス絶縁開閉装置について理解を深めることにする．

**9章で学ぶ概念・キーワード**

- がいし
- ブッシング
- OF ケーブル
- CV ケーブル
- 遮断器
- 避雷器
- ガス絶縁開閉装置

## 9.1 がいし

**がいし** (碍子，insulator) は，高電圧導体を電気的に絶縁すると共に機械的に支持する役目を担っており，磁器またはガラス，プラスチックなどの絶縁材料と補強や取り付け用の金具から構成されている．

### 9.1.1 ピンがいしとラインポストがいし

導体を下から支持する形で用いるがいしとして，**ピンがいし** (pin type insulator) と**ラインポストがいし** (line post insulator) がある．

ピンがいしは，図9.1のような形状を持ち，6.6 kV 以下の配電線用電柱の腕木にピンで固定されて用いられる．

ラインポストがいしは，図9.2のような形状を持ち，77 kV 以下の送電線路で使用される．

### 9.1.2 懸垂がいし

送電線用のがいしとして最も広く用いられているのが**懸垂がいし** (suspension insulator) で，導体をぶら下げるように支持する．懸垂がいしは図9.3の形状を持ち，笠状の磁器の上下に連結用金具をセメントで接着したもので，送電電圧に応じて必要個数を連結して使用することができる．

連結用金具の構造によって，クレビス形とボールソケット形に分けられる．

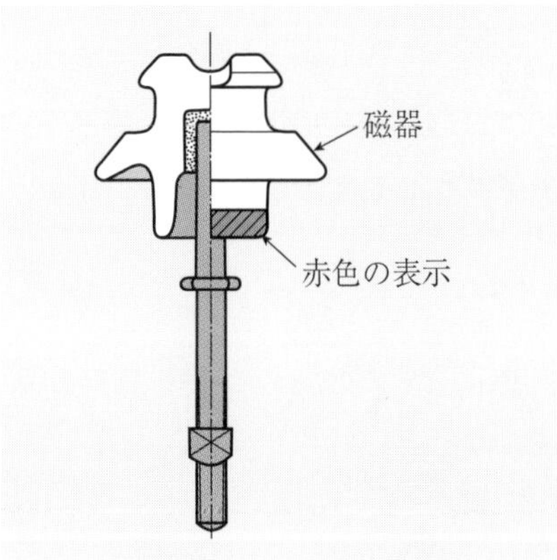


図9.1 ピンがいし

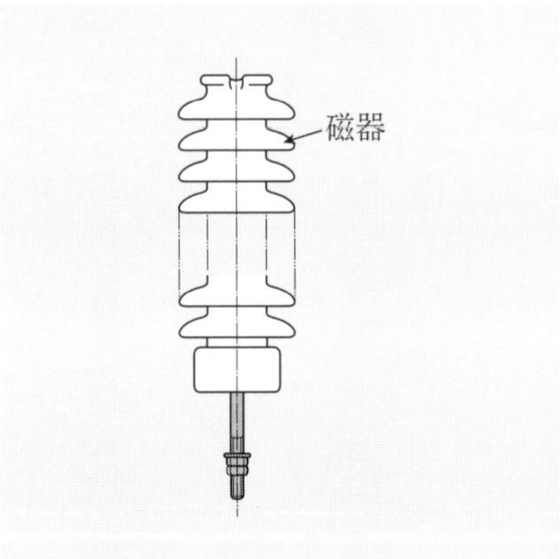


図9.2 ラインポストがいし

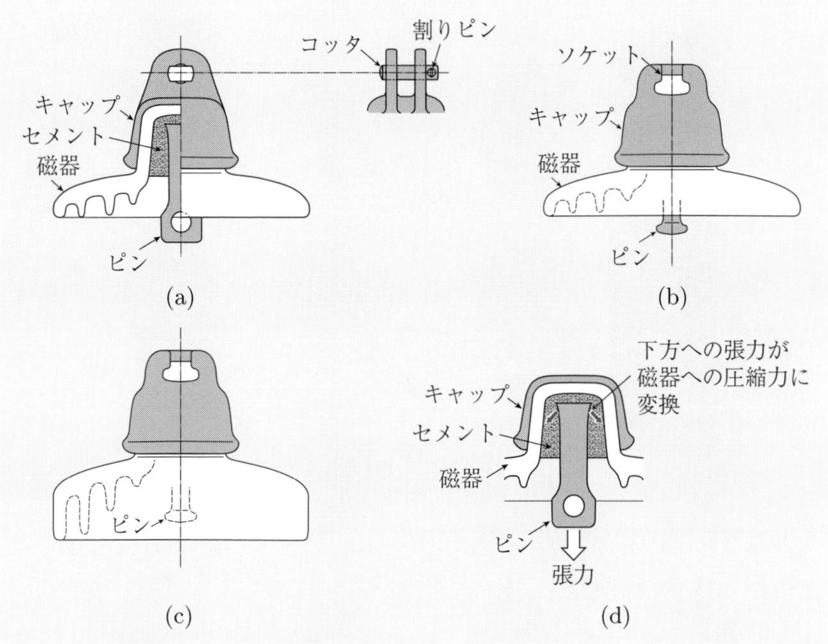


**図 9.3**　懸垂がいし．(a) クレビス形，(b) ボールソケット形，(c) 耐塩用懸垂がいし，(d) ピンによる張力の分散

クレビス形では図 9.3(a) のようにキャップ上部のクレビス (すき間の意味) にピンを差し込み，さらにそれぞれの穴にコッタ (連結用のボルト) を通して連結を行う．ボールソケット形では，ボール状になっているピンの先端をキャップ上部のソケットにはめ込み連結を行う．

連結時にはピンに下向きの大きな張力が加わる．図 9.3(d) に示すように，ピンの上部はくさび形に開いており，ピンに下向きの力が加わると磁器にはセメント部を通して圧力が加わる工夫がなされている．磁器は圧力に対して強い性質があることから，ピンに加わる張力を磁器への圧力に分担させ，10 t 以上の荷重に対しピンが下に抜け落ちないようになっている．

懸垂がいしの大きさは標準化されており，直径 10 インチのもの (250 mm 懸垂がいしと呼んでいる) が 275 kV まで送電線では広く用いられている．図 9.4 に 250 mm 懸垂がいし連のフラッシオーバ電圧を示す．500 kV 送電線では 320 mm

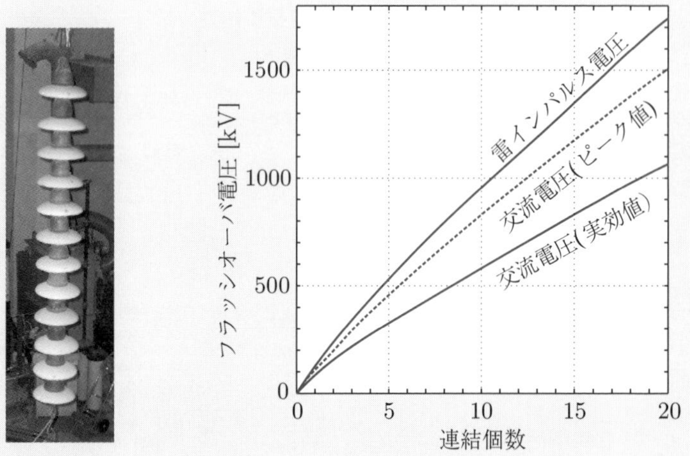


(a)　　(b)

**図 9.4**　250mm 懸垂がいし連のフラッシオーバ電圧．(a) 懸垂がいし連，(b) 連結個数とフラッシオーバ電圧

懸垂がいし，1000 kV(UHV) 送電線では 380 mm 懸垂がいしが使用されている．

そのほかにも工夫を加えた懸垂がいしが開発されており，その 1 つが図 9.3(c) に示す**耐塩用懸垂がいし**で，塩分が表面に付着しにくく沿面距離を長くするためにひだを深くしている．もう 1 つが**導電釉《ゆう》がいし**で，磁器表面を半導電性釉薬でコーティングし，そこを流れる微弱電流による発熱効果と電界分布の均一効果によって，汚損湿潤時のコロナ放電抑制と耐電圧向上が図られている．

### 9.1.3　長幹がいしとステーションポストがいし

**長幹がいし** (long rod insulator) は，図 9.5(a) に示すように多数の笠を持った細長いがいしで，両端に連結用の金具が接着されており送電線の支持に使用されている．沿面距離が長く，一方で塩分が付着しても雨で洗われやすい構造でもあることから，塩害に対して優れた性質を持っている．

**ステーションポストがいし** (station post insulator) は，図 9.5(b) に示すように，長幹がいしと同じ磁器部構造を持っており，変電所の機器の支持と絶縁に用いられる．そのため，がいし両端には両端固定支持用の金具が接着されている．

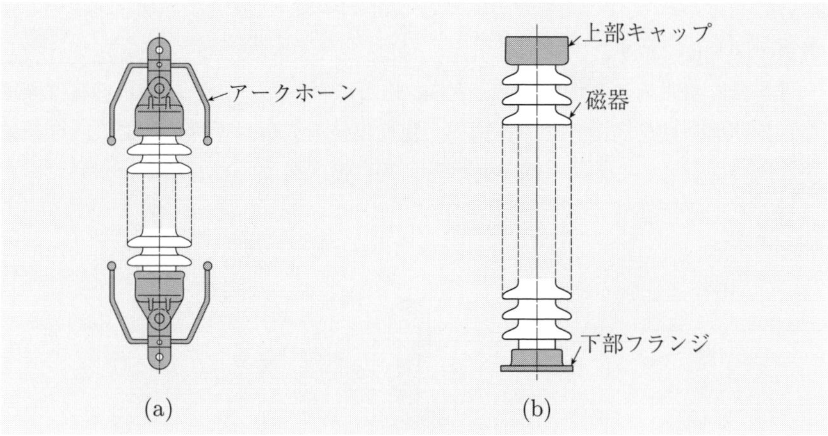


**図 9.5** その他のがいし．(a) 長幹がいし (アークホーン付き)，
(b) ステーションポストがいし

### 9.1.4 アークホーン

図 9.5(a) に示した長幹がいしの両端には，角《つの》のような形をした金属棒が付いている．これは**アークホーン** (arcing horn) と呼ばれるもので，がいし連にも設けられることが多く，過電圧で発生する高温のアーク放電ががいし表面上を進展し，がいしに損傷を与えないようにする役目を担っている．その他，a) 電界を緩和してコロナ放電を抑制する，b) がいし各部に加わる電圧分担ができるだけ均一になるよう改善する，c) 汚損対策としてがいし連結個数を増しても雷過電圧に対するフラッシオーバ電圧が高くなりすぎないよう絶縁協調の観点から調整する，という目的でも使用されている．

アークホーン形状としては，リング状になっているもの (アークリング) もある．

### 9.1.5 ポリマーがいし

がいしの材料としては，日本では主として磁器が用いられており，良質な磁器が得られない国では強化ガラスを用いるところもある (ロシアや東ヨーロッパ等)．1980 年代以降ではコアに機械強度の優れた FRP (ガラス繊維強化プラスチック，fiber reinforced plastics) を，また外被に軽量で撥水性や耐射撃性に優れたシリコーンゴムを採用し，高い耐汚損，耐電圧特性を持たせたポリマー

がいし (複合がいし) の適用が進んでいる国もある．代表的なポリマーがいしの構造を図 9.6 に示す．

日本では相間スペーサなど限定された適用になっているが，FRP の脆性破壊など長期信頼性を向上させる技術や劣化検出技術の検討を進めており，今後は広く用いられていくものと考えられる．後に述べるブッシングではポリマーがい管として既に普及が進んでいる．

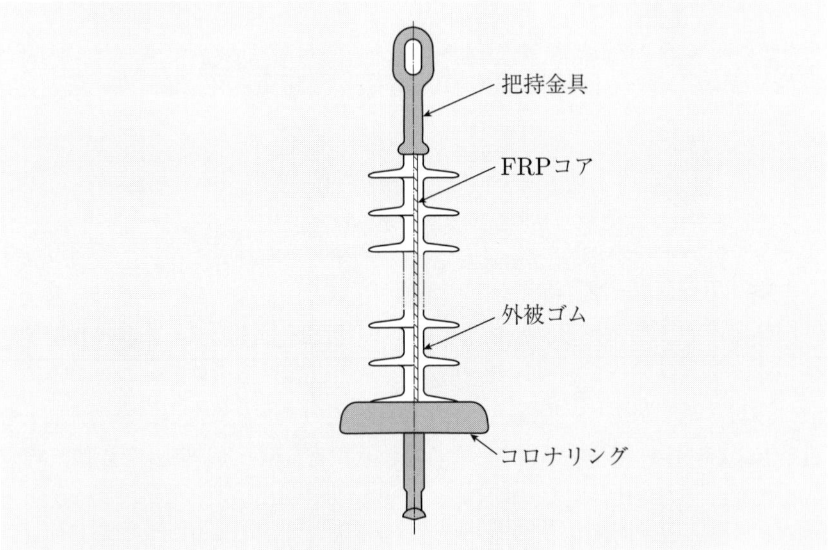


**図 9.6**　ポリマーがいし

## 9.2 ブッシング

図 9.7(a) に示すように，建物の壁や電気機器のタンク壁などを貫通して高電圧導体を引き出す場合に，導体を電気的に絶縁しながら機械的に支持することを考える．図 9.7(b) のように壁の穴をふさぐ程度の絶縁支持物では，簡単に固体の貫通破壊や固体表面の沿面フラッシオーバが起こってしまうことが予想される．そこで，図 9.7(c) のように沿面距離を延ばす工夫をした構造を利用し，これを**ブッシング**と呼んでいる．

ブッシングで用いる絶縁材料が磁器あるいは樹脂だけの**単一形ブッシング**と呼ばれるものは 33 kV 以下の比較的低い電圧で用いられている．それ以上の電圧では，ブッシングの外側の絶縁を担う (これを**外部絶縁**という) がい管と，ブッシング内部で絶縁破壊が発生しないようにしている (これを**内部絶縁**という) 部分とに分けて，複数の絶縁材料で構成されることが多い．内部絶縁の種類によって，油入ブッシング，コンデンサ形ブッシング，ガスブッシングに大別される．

### 9.2.1 油入ブッシング

中心導体周囲に絶縁筒を同心状に配置し，それを内部絶縁用の絶縁油中に入れたブッシングが**油入ブッシング** (oil filled bushing) である．絶縁筒は不純物が油中で橋絡するのを防ぐ役割を果たしている．ブッシング上部には膨張室と呼ばれる油を密閉するための空間が設けられている．また，油面上部の空間には油が酸化しないように窒素ガスが封入されている．外形は次に示すコンデンサブッシングとよく似ている．

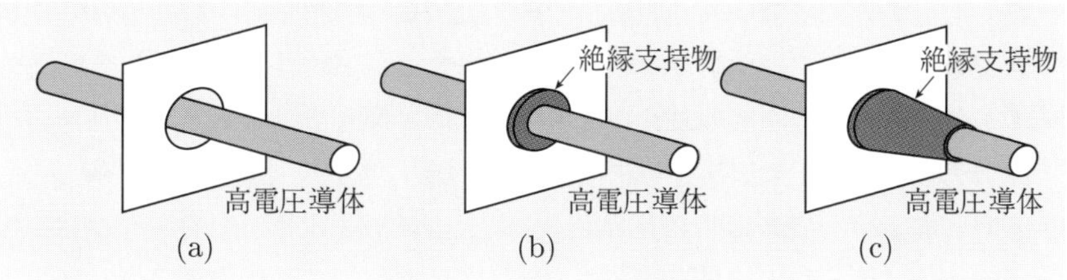


**図 9.7**　ブッシングの役目

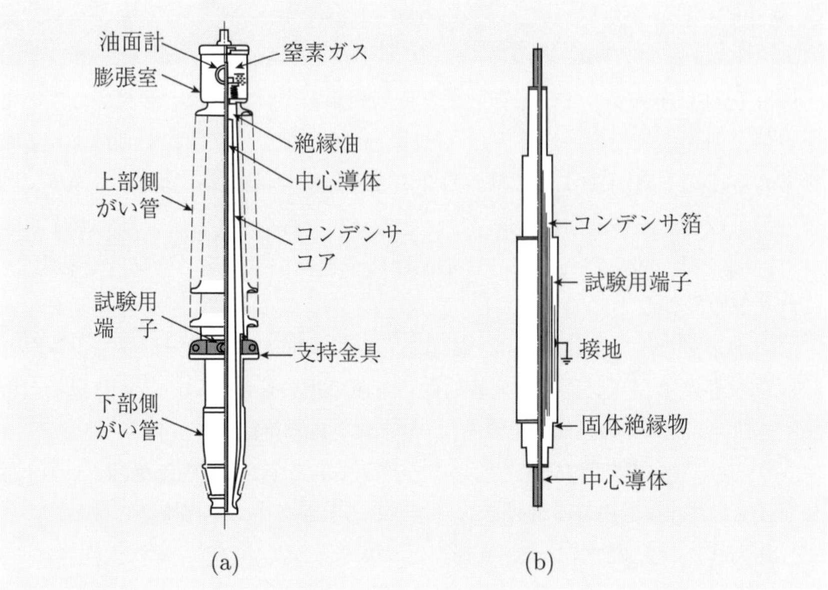


**図 9.8**　コンデンサブッシング．(a) 全体構造，(b) コンデンサコア

### 9.2.2　コンデンサブッシング

油入ブッシングの絶縁円筒の代わりに，図 9.8 のように絶縁紙と金属箔を中心導体に交互に巻いて多数の同心円筒状コンデンサを構成したものを**コンデンサブッシング** (capacitive graded bushing) ないし**コンデンサ形ブッシング**と呼んでいる．

絶縁紙に油を含浸した場合を**油含浸コンデンサブッシング**といい，絶縁油を満たしたがい管に収納されている．一方，絶縁紙に樹脂を含浸した場合を**レジン含浸コンデンサブッシング**といい，この場合は，がい管を必要としない用い方も可能で，変圧器内部のような油中部分に直接挿入できる．

コンデンサ構造をとることにより，金属箔電極によって電位分布を制御し，半径方向と軸方向 (沿面方向) の電界がいずれもなるべく一様になるよう設計の工夫が加えられる．その結果，油入ブッシングに比べてブッシングの径を少し細くすることが可能となった．

コンデンサブッシングのコンデンサ構造を回路的にみると，多数のコンデンサが直列に接続されているのと等価であるので，これを容量分圧器として利用し，内部の金属箔電極に接続された試験用端子を電圧測定に用いることができる．

### 9.2.3 ガスブッシング

ガス絶縁が行われている電力機器では，ガスを内部絶縁に用いた**ガスブッシング** (gas filled bushing) が使用されることも多い．図 9.9 にその構造を示す．FRP とシリコーンゴムで作られたポリマーがい管が採用され，軽量で機械的強度も高いブッシングになっている．

コンデンサブッシングのように内部に複雑なコンデンサ構造を持たすことができないので，外部にシールド電極を設置して半径方向と軸方向 (沿面方向) の電界が最適に近づくようにしている．コンデンサブッシングより径が大きくなってしまうが，構造が簡単であるという特徴を持っている．

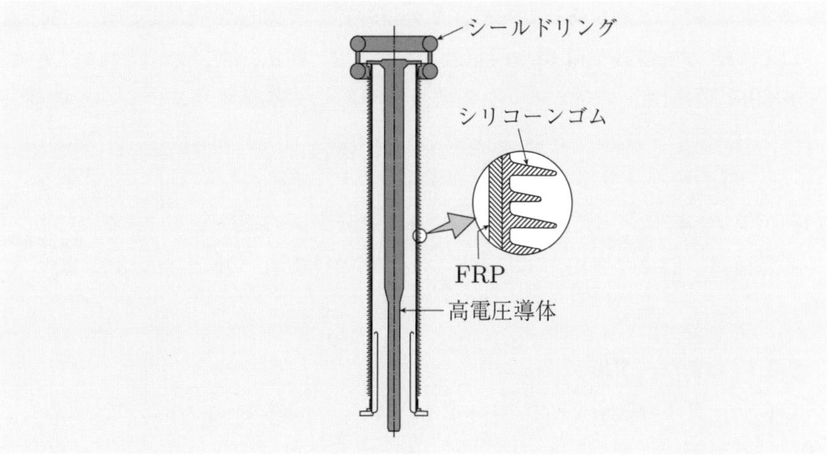


図 9.9　ガスブッシング
(東芝エネルギーシステムズ (株)，東京電力パワーグリッド (株) 提供)

## 9.3 高電圧電力ケーブル

電力ケーブルの歴史的変遷を絶縁構成の観点から追ってみると，まず，導体を油浸紙で絶縁し鉛で包む (**鉛被**という) 構造をとる**ソリッドケーブル**から始まった．20 世紀初頭のことである．

ソリッドケーブルの初期には，導体に絶縁紙を巻いたもの (**コア絶縁**という) を 2 本ないし 3 本より合わせ，全体を再度一括して絶縁紙を巻く**ベルトケーブル**があった．次に各相の導体周辺の電界を独立に制御できるように，コア絶縁の外側に金属テープを巻く **H ケーブル** (発明者である M.Höchstädter の頭文字をとっている) が出現し，金属テープの代わりに鉛被を各相ごとに施した **SL ケーブル** (separated lead の頭文字をとっている) が H ケーブルにとって代わった．

ソリッドケーブルには，絶縁油の補給が十分でないと絶縁体中にボイドが生じやすいという欠点があったため，ケーブル内に絶縁油を満たし，かつ油圧をかける **OF ケーブル** (oil filled cable) へと 1930 年頃から主役が代わってきた．

1960 年頃には，プラスチックの普及に呼応して架橋ポリエチレンを絶縁体とする **CV ケーブル** (cross linked polyethylene insulated, vinyl sheathed cable, **XLPE ケーブル**ともいう) が実用化され，絶縁油を不要とすることから，OF ケーブルに代わって用いられつつある．我が国の 22 kV 以上の電力ケーブル設備量は，21 世紀初頭には，CV ケーブルが 80 %，OF ケーブルが 20 % となった．

### 9.3.1 OF ケーブル

**OF ケーブル**の構造を図 9.10 に示す．導体中心部に油通路を設け，低粘度の絶縁油を外部の油槽から大気圧以上で圧入することにより，ボイドが発生しない油浸紙絶縁を構成している．金属シースと呼ばれる部分は，従来，鉛被であったが，1980 年代以降ではアルミが用いられている．金属シースの外側には外傷や腐食を防ぐためにビニル防食層が設けられている．

絶縁紙としては従来，木材，パルプを原料とするクラフト紙が用いられてきたが，1990 年代以降ではプラスチックフィルムを 2 枚のクラフト紙ではさみ込んで 1 枚の紙にした半合成紙が主力になっている．半合成紙は絶縁破壊電圧が高いので絶縁厚を薄くすることが可能であり，代表的な半合成紙としてプラス

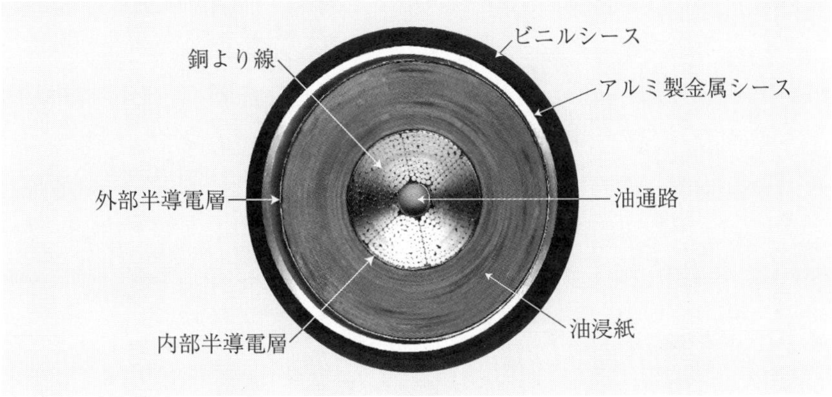


図 9.10　OF ケーブル

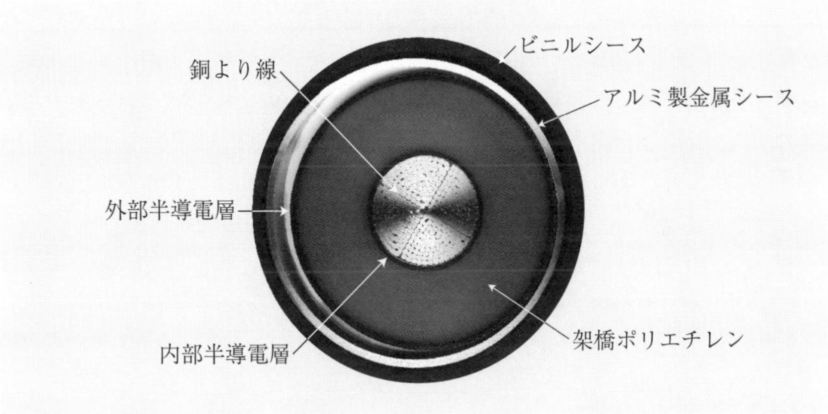


図 9.11　CV ケーブル

チックフィルムにポリプロピレンを用いる **PPL 紙** (polypropylene laminated paper) がある．

### 9.3.2　CV ケーブル

**CV ケーブル**の構造を図 9.11 に示す．コア絶縁は**架橋ポリエチレン**が担っている．通常のポリエチレン高分子は，図 9.12(a) に示すように 1 本の細長い繊維状であるが，側鎖についている水素原子を取り除いて炭素原子同士を結合さ

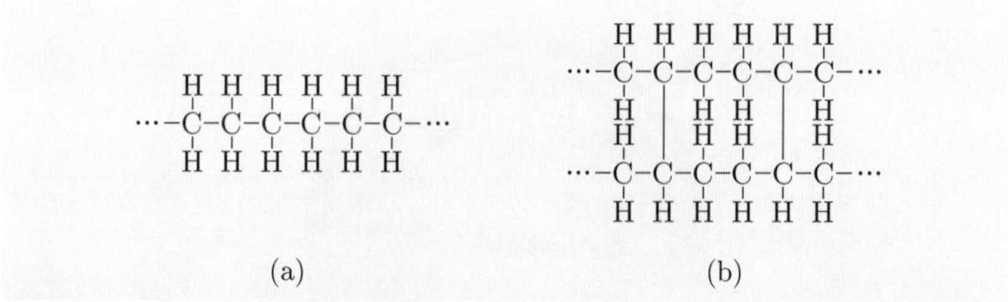

**図 9.12**　ポリエチレンと架橋ポリエチレン．(a) ポリエチレン，(b) 架橋ポリエチレン

せる (これを**架橋**という) と分子間に新たな連結が生まれ，図 9.12(b) のように全体として網目構造を持つ高分子となる．その結果，架橋ポリエチレンは通常のポリエチレンに比べ優れた絶縁性や耐熱性を持つようになる．

架橋ポリエチレンを含めて一般にプラスチックにはトリーイング現象が起こりやすいので，架橋ポリエチレンに接する中心導体 (銅より線) の外側や外部接地導体 (アルミ製金属シース) の内側には，それぞれ半導電層を設けて導体表面が滑らかな円筒状で表面電界が局所的に強くならないようにしている．また架橋ポリエチレンと半導電層を密着させ，すき間ができないようにしている．そのために絶縁体と 2 つの半導電層の軟化した材料を 1 つのノズルから同時に押し出して一度に作ってしまう製造法がとられている (**三層同時押出し法**).

水トリーの発生を防ぐため，外部から水分が浸水しないように外部半導電層の外側に遮水層を設ける場合もある．最も外側には，OF ケーブルと同様にビニル防食層 (ビニルシース) が設けられている．

### 9.3.3　新形ケーブル

#### 管路気中送電線路

比誘電率がほぼ 1 で $\tan\delta$ もきわめて小さい気体をケーブルの絶縁体として用いると静電容量，誘電体損いずれも小さなケーブルができる．これを**管路気中送電線路** (gas insulated transmission line, GIL) と呼び，わが国では 1998 年に世界最長クラスとなる亘長 3.3 km の 275 kV 2 回線 GIL (中部電力新名火東海線) が実用化されている．管路気中送電線路は図 9.13 に示すような構造をしており，中心導体で高圧 $SF_6$ ガスで絶縁し，導体の支持はスペーサと呼ばれる固体絶縁体で行っている．

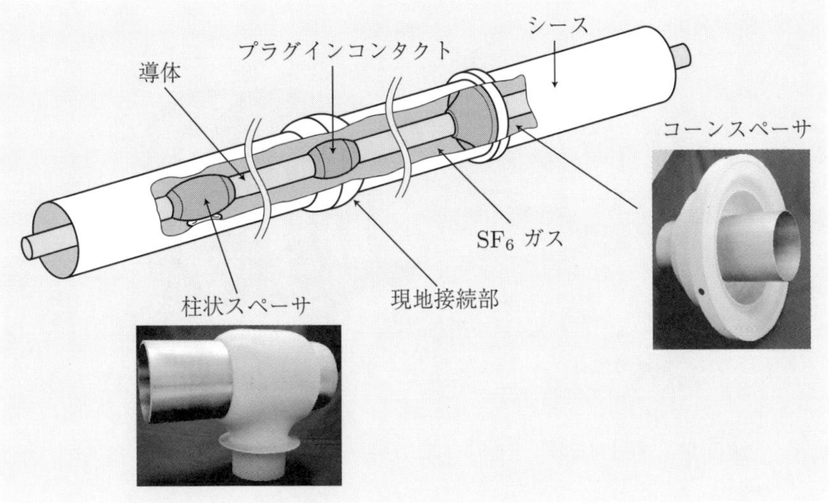


**図 9.13**　管路気中送電線路

**超電導ケーブル**

導体として抵抗がゼロとなる超電導体を用いる**超電導ケーブル** (superconducting cable) の開発研究が世界各所で行われてきたが，2006 年には米国で高温超電導体を用いた 34.5 kV, 350 m の線路が実用化された．わが国においても商用線路への**高温超電導ケーブル** (high-temperature superconducting cable) の適用が検討されている．

高温超電導ケーブルの構造を図 9.14 に示す．高温超電導線は液体窒素含浸の半合成紙でコア絶縁されている．液体窒素は絶縁と冷却の役割を担っており，導体中心部に設けられた流路を通って外部のタンクから加圧供給されている．基本的には OF ケーブルの絶縁油が液体窒素に置き換わったような構成になっている．極低温を維持するために，コア絶縁の外側には二重の同心円筒状コルゲートパイプを設け，その間の空間を真空に保ち断熱層を作っている．

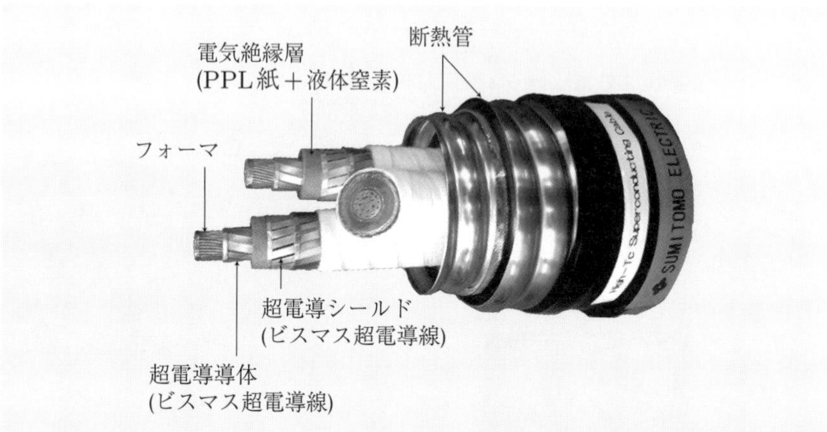


**図 9.14**　高温超電導ケーブル (三心一括型，住友電気工業 (株) 提供)

### エアトン先生の教え子

エアトン先生はわが国に滞在中，20 名の日本人学生を指導している．いずれの教え子もわが国の電気工学の基礎構築に大いに貢献しているが，その中の 3 名について紹介したい．

志田林三郎氏は電信科の第 1 期生 (1879 年卒) で，卒業後に英国留学を命じられ 1883 年 (明治 16 年) に帰国して，わが国初の工学教授となる．1888 年 (明治 21 年) には帝国大学評議会推薦により工学博士を授与され，わが国の博士 1 号となる．工部権少技長にも任じられ，工部大学校教授を兼務しながら官の立場からも電気工学の指導に当たった．また電気学会の創設を主唱し，1888 年 (明治 21 年) にそれを実現した．会長には逓信大臣の榎本武揚を擁し，自らは幹事として学会の運営に当たった．第 1 回通常総会の演説は 1 世紀以上を経た今日でもしばしば引用されるほどの名演説である．

藤岡市助氏は電信科の第 3 期生 (1881 年卒) で，工部大学校教授を務めつつ発電機や白熱電球の国産化 1 号機の設計，製作を行っている．1883 年 (明治 16 年) には，東京電燈会社 (現東京電力の前身)，1890 年 (明治 23 年) には白熱社 (現東芝の電子部門の前身) の設立に貢献している．

中野初子《はつね》氏は電信科の第 3 期生 (1881 年卒) で，工部大学校教授．国産の大容量単相交流発電機 (2000V, 200kW) の設計を行う一方，33 年間母校の教壇に立ち，後進の指導に尽力した．わが国の電気工学の黎明期，発展期に活躍した人材のほとんどは，彼の門下生である．

## 9.4 遮 断 器

電力システムで用いられる開閉装置としては，**遮断器** (circuit breaker, CB), **開閉器** (switch, SW)，**断路器** (disconnecting switch, DS) がある．表 9.1 に示すように，それぞれ遮断できる電流の大きさ (電流遮断能力) に違いがある．

特に本節で取り上げる遮断器は，地絡事故時の電流も遮断でき，電力システムの故障除去およびその後の迅速な回復に不可欠な重要な機器である．

**表 9.1** 開閉装置の分類

| | 遮断できる電流 | | |
|---|---|---|---|
| | 充電電流 | 定常電流 | 事故電流 |
| 遮断器 | ○ | ○ | ○ |
| 開閉器 | ○ | ○ | |
| 断路器 | ○ | | |

### 9.4.1 電流遮断現象

回路の**電流遮断**を行う部分が**接触子** (contact) であり，閉路時には損失なく電流を流し，その状態から必要に応じてできるだけ速やかに接触を引き離して開路状態に移行する必要がある．図 9.15 に示すように接触子を引き離す際には**アーク放電**が生じる．これは回路中インダクタンスのために電流が流れ続けようとし，接触子間の接触面積が小さくなるにつれて電流が局部に集中して加熱が起こり，熱電子放出や金属蒸気の発生が容易になるためである．アーク放電をいかに速く消滅させるかが，遮断能力の良し悪しを決めることになる．

アーク放電は，外部から供給されるエネルギー $ei$ ($e$：アーク電圧，$i$：アー

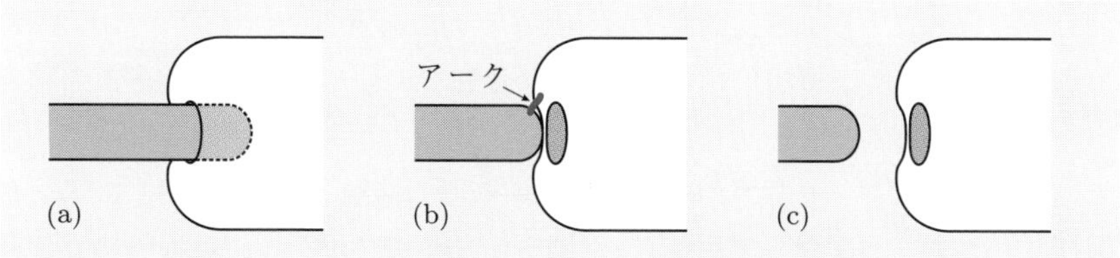


**図 9.15** 電流遮断現象．(a) 通電時，(b) 接触子開極動作中，(c) 開極完了後

ク電流) と外部へのエネルギー損失との差によって加熱状態が維持されている．外部へのエネルギー損失を大きくするとアーク放電内部の熱エネルギーが減少し，温度も低下する．温度が低下すると熱電離が起こりにくくなり，アーク放電の内部抵抗 (**アーク抵抗**) が大きくなり，結果的にアーク電流 $i$ を小さくする効果も期待できる．つまり，外部へのエネルギー損失の増加は外部からの供給エネルギーの減少にもつながり，アーク放電の消滅にきわめて有効である．

外部へのエネルギー損失を大きくするために，1) 周囲にエネルギー吸収の大きな消弧媒体を用いる，2) 接触子の開極速度を速めたり，磁界を利用してアーク放電をできるだけ引き伸ばす (表面積を大きくする)，3) アーク放電をできるだけ動かして絶えず低温雰囲気にさらす，などを行っている．

回路を流れる電流が交流と直流では異なり，アーク放電へ供給されるエネルギーの様子も異なることから 2 つに分けて説明する．

**交流遮断**

交流電流の場合には，必ず電流がゼロとなる**電流ゼロ点**が存在する．回路遮断中に電流ゼロの点に近づくとアーク電流が小さくなり，アーク放電に外部から供給されるエネルギーも急速に小さくなる．このとき，外部へのエネルギーの損失の方がより大きくなるとアーク放電の温度が低下し，アーク放電の維持が困難となって消滅へ向かい始める．電流ゼロ点の後，アーク放電に電圧が加わり始め，再び電流が流れることになる．ここで供給されるエネルギーがエネルギー損失を補うには不十分であると最終的なアーク放電の消滅に至る．もし損失が小さくまたアーク抵抗も十分大きくなっていないと，回路からの供給エネルギーによって再び加熱が始まり，アーク放電が継続してしまい，次の消滅のチャンスを待つことになる．

アーク放電がいったん消滅して接触子間の電流が流れなくなって，その後の過渡現象で接触子間に過大な電圧が加わると，場合によっては，アーク放電が再び発生することがある．これを**再発弧**あるいは**再点弧**という．図 9.16(a) の回路でこのときの過渡現象を考えてみる．遮断器の近く点 P で地絡事故が起こり，その事故電流 $i$ を遮断したときの電圧，電流波形を図 9.16(b) に示す．遮断器接触子間のアーク放電が維持されている間の接触子間電圧が $V_{\mathrm{a}}$ でアーク電圧に相当する．また，事故電流 $i$ は電力システムの場合，主に回路のインダクタンス $L$ で決まるので，誘導性 (電源電圧 $e$ より 90 度近く遅れた波形) と

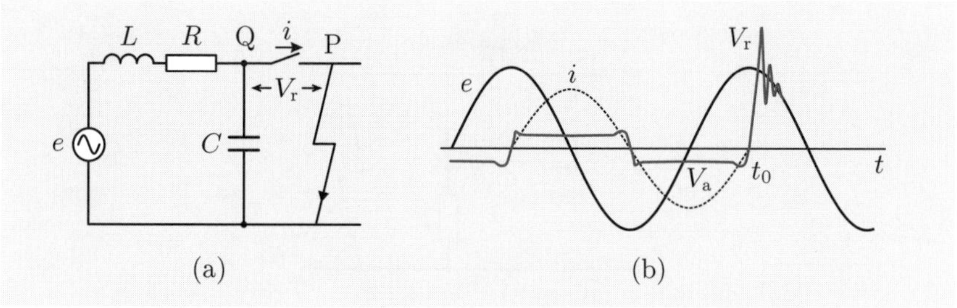


**図 9.16** アーク放電消滅時の再起電圧と回復電圧

なっている．時刻 $t_0$ の電流ゼロ点でアーク放電が消滅し，回路的にはスイッチが急に開放されたとする．接触子間電圧は最終の定常状態である電源電圧 $e$ に向かって，高周波振動をしながら，過渡的な変化をする．定常分の電圧を**回復電圧** (recovery voltage)，過渡電圧 $V_{\mathrm{r}}$ を**再起電圧** (restriking voltage) あるいは**過渡回復電圧** (transient recovery voltage) という．この再起電圧がアーク放電消滅直後の接触子間耐電圧より大きいと再発弧が発生してしまう．

接触子間の絶縁破壊電圧はアーク放電消滅後，時間と共に上昇していく．この上昇速度が再起電圧の上昇速度を上回った場合に初めて回路遮断に成功する．

以上のことから回路遮断を行うには，「アーク放電の消滅」と「接触子間絶縁耐力の回復」という 2 つの条件が必要である．

**直流遮断**

直流の場合には，電流ゼロ点がないことから，回路的に電流を大きく制限する工夫を行う必要がある．その 1 つは，アーク放電を引き伸ばし分割することにより，冷却してアーク抵抗を大きくする方法である．別の方法は，補助回路を設けて地絡電流遮断時に遮断器へ逆向きの電流を流して電流ゼロ点を人工的に作るものである．図 9.17 はその一例である．遮断器閉路時にコンデンサ $C$ を充電しておき，点 P で地絡事故が発生したときにスイッチ $S_1$ を閉じて $LC$ の直列共振回路の過渡現象により，遮断器へ逆向き電流を重畳できる．

### 9.4.2 遮断器の種類

前項で述べたように**遮断器**の**消弧媒体**としては，優れた消弧能力と高い絶縁耐力が求められる．消弧媒体によって 4 種類の遮断器が開発されている．歴史を追ってみると，1920 年代には絶縁油を消弧媒体に用いた油遮断器，1930 年

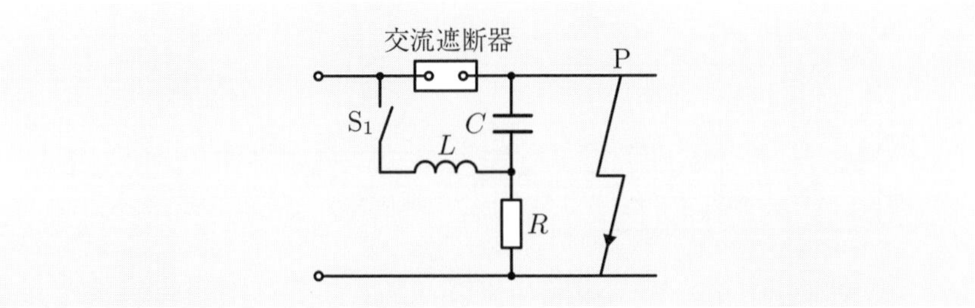


**図 9.17**　直流遮断回路

代には圧縮空気を吹き付ける空気遮断器，1950 年代には $SF_6$ ガスを用いた遮断器，1960 年代には真空を利用した真空遮断器がそれぞれ実用化されている．

現在の電力システムでの主流は，**ガス遮断器**と**真空遮断器**となっているので，この 2 つについて以下で述べる．

**ガス遮断器**

$SF_6$ ガスの絶縁耐力が大きいことはこれまでに何度も述べてきた．$SF_6$ ガスの消弧能力は，ガス自身が持っている電子付着作用と熱分解作用に基づいている．つまり，$SF_6$ ガス分子をできるだけ多量にアーク放電と接触させることによって電子を付着させ負イオンとし，さらにその負イオンと正イオンとの再結合により荷電粒子を消滅することができる．また，$SF_6$ ガスのような多原子分子が熱分解を行うと多量の分解熱を奪うことからアーク放電の冷却を行うことができる．

**ガス遮断器**の構造を図 9.18 に示す．この例は**パッファ** (puffer) 形と呼ばれているもので，5 気圧程度の $SF_6$ ガスが充填されている．通電時には棒状の固定接触子と中空円筒状の可動接触子が接触している．遮断時には図に描かれているように可動接触子を右へ動かし，固定接触子から離れた瞬間からアークが発生する．この間，可動接触子と一体となっているパッファシリンダも右へ動き，固定ピストンとの間にできる空間 (ガス圧縮室) の体積が急激に減少し，内部圧力が上昇するので $SF_6$ ガスはガスノズルに沿って左へ吹き出す．アーク放電は吹き出された高速のガス流にさらされ，電離度の低下と冷却が加速される．

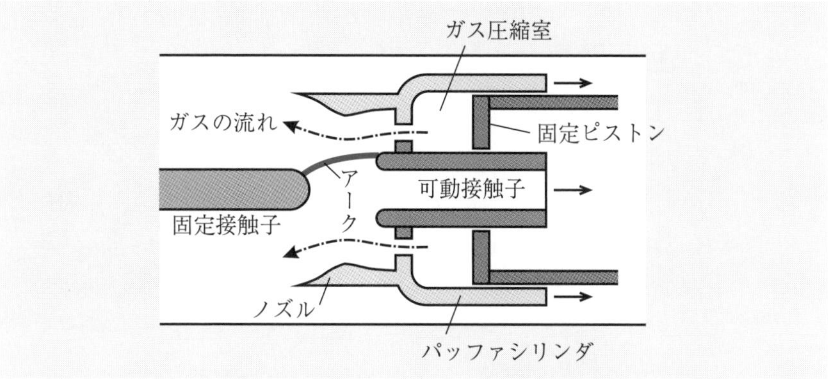


**図 9.18**　パッファ形ガス遮断器の構造

**真空遮断器**

高い絶縁耐力で知られている真空であるが，その消弧能力は真空中の拡散作用に基づいている．**真空遮断器**の構造を図 9.19(a) に示す．真空のアーク放電は金属蒸気によって維持されているが，周囲の高真空により金属原子や荷電粒子 (電子，イオン) は高速で拡散し，周りに設けられた金属シールドで凝結することも同時に起こっている．電流ゼロ点に近づくと，注入されるエネルギーが減少し，拡散による金属蒸気や荷電粒子の損失を補えなくなり，アーク放電が急速に消滅する．

真空遮断器では，電流ゼロ点になる前に遮断が行われ，小電流に対し電流裁断が起こり，回路のインダクタンスにより高い過電圧を発生する可能性もある．

真空遮断器に用いる電極では，電極の局部的な温度上昇による溶融を避けるため，磁界によってアーク放電を制御しアーク放電が電極表面全体に広がるよう工夫している．図 9.19(b) はその一例で電極に流れ込んだ電流の経路を変えて電極中心軸と平行な磁界を作り，その磁力線に巻き付くような電子の運動を生み出している (図 9.19(c) 参照)．

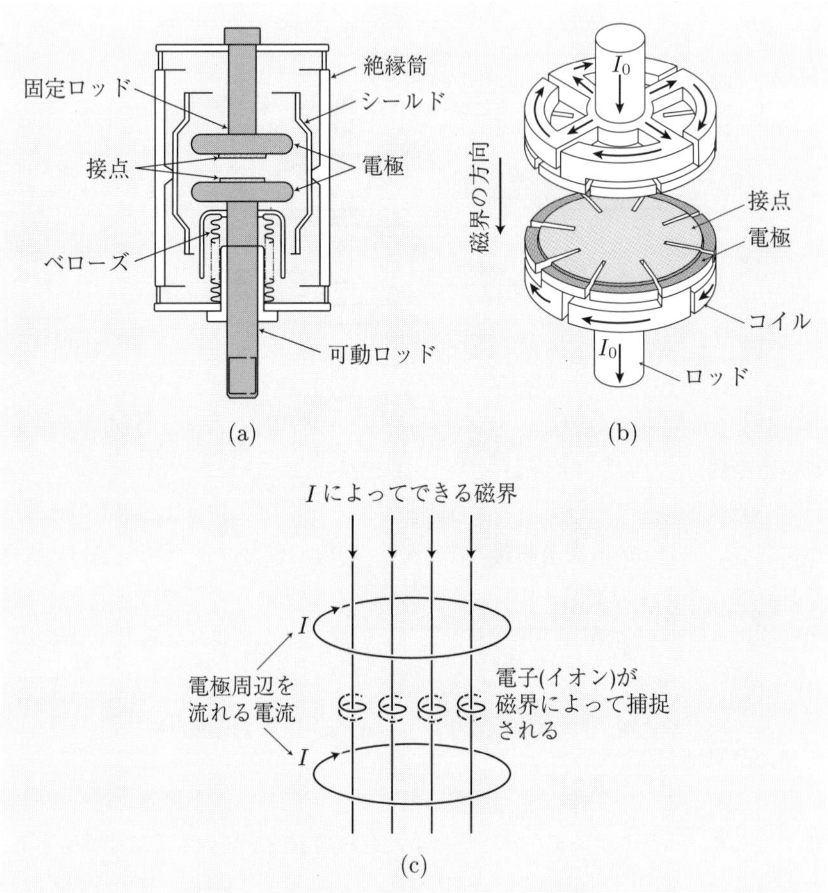


**図 9.19**　真空遮断器の構造．(a) 全体構造，(b) 電極形状，(c) 磁界の様子

## 9.5 避 雷 器

### 9.5.1 要求される機能

**避雷器** (surge arrester) は電力システムに侵入する雷サージや遮断器の開閉によって発生する開閉サージなどの過電圧が加わったときに動作を開始し，大地に電流を流すことによって過電圧を制御する機器である．この機能ももちろん重要であるが，避雷器にはもう 1 つ，過電圧を除去した後，運転電圧に基づく電流 (**続流**という) を遮断し元の状態に復帰させる機能 (**自復性**という) を持っている必要がある．

つまり，避雷器には「過電圧の制御」と「自復性」という 2 つの機能が要求される．過電圧の制御だけなら球ギャップなどでも対応できるが，ギャップだけでは続流によって維持されるアーク放電を遮断することが困難である．

初期の避雷器では，放電ギャップと直列に限流用の非直線抵抗体を接続して用いていたが，1970 年代にわが国で**酸化亜鉛** (ZnO) を主成分とする優れた非直線抵抗体が開発されたことから，直列ギャップを省略し非直線抵抗体のみの形態が可能となった．この酸化亜鉛形避雷器はわが国の技術によるもので，現在では世界各国に普及し使用されている．

### 9.5.2 動作原理

避雷器は図 9.20(a) に示すように電力システムの高電圧線路と大地との間に設置される．過電圧が加わると大地に電流 $i$ を流して線路の対地電圧を $e_a$ に抑制し，一方，過電圧の除去後には，常規の運転電圧によって流れる続流を遮断することになる．つまり，過電圧抑制時には避雷器の抵抗は小さく，続流遮断時には避雷器の抵抗は大きい，というように非直線抵抗 (非線形抵抗) が求められ，それを実現したものが酸化亜鉛形避雷器である．

図 9.20(b) に酸化亜鉛形避雷器の電圧-電流特性のモデル図を示す．また避雷器のような非線形素子を含む場合の等価回路は，**鳳《ほう》–テブナンの定理**を用いて図 9.20(c) のようになる．インピーダンス $z$ は，避雷器から見たときの線路の等価的なインピーダンスである．図 (c) の電源電圧 $e_0$ は，過電圧抑制時には図 (b) の $e_1$ で，続流遮断時には $e_2$ で表せるとする．なお，ここで用いた鳳–テブナンの定理については，10.6.3 項で詳しく説明している．

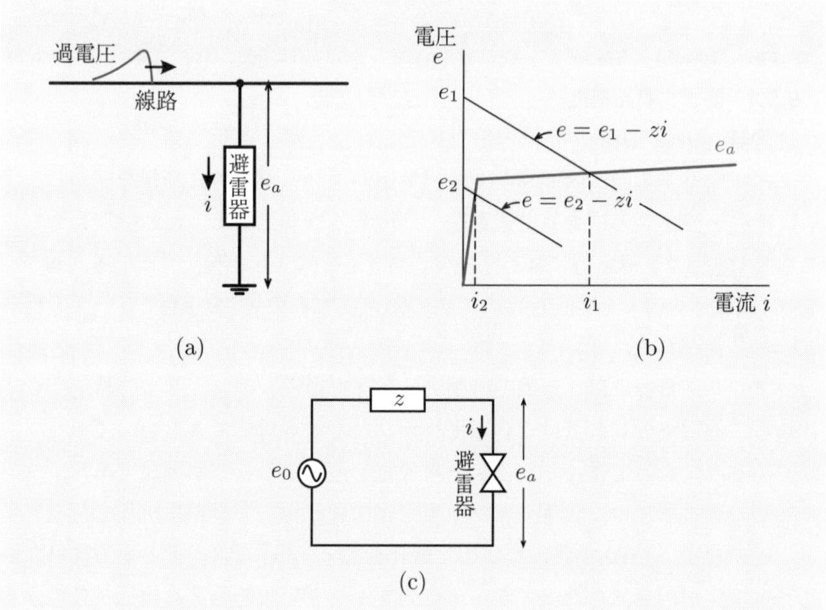


**図 9.20**　避雷器の配置．(a) 避雷器の適用，(b) 電圧-電流特性，(c) 等価回路

過電圧 $e_1$ に対して避雷器に流れる電流 $i_1$ は，$e = e_1 - zi$ で与えられる直線と避雷器の電圧-電流特性との交点から求められる．交点は回路方程式 $e_a = e_1 - zi_1$ を満足する．

一方，過電圧が除去された後の続流遮断時には，$e = e_2 - zi$ の直線と電圧-電流特性との交点から，$e_a = e_2 - zi_2$ の関係が求まる．この例では，小さな続流 $i_2$ が流れるものの，その値は mA 以下に制限されるため，実用上は問題とならない．ただし，送電線路に設置する場合など，苛酷な気象条件などで避雷器が破損して地絡事故になる万一の可能性を避けるため，直列ギャップを付けることもある．

### 9.5.3　避雷器の定格および適用

避雷器の性能を保証するために設けられた定格としては，定格電圧，連続使用電圧，公称放電電流，制限電圧などの項目があり，それぞれ規格で定められている．ここでは，電力システムに避雷器を適用する際，最も基本となる**定格電圧**と**制限電圧**を考える．

一般の電力機器の定格電圧は，常規運転電圧を対象としてその線間電圧，つまり通常の系統電圧で表すことが多い．公称電圧 500 kV の系統では定格電圧 500 kV の変圧器が用いられている．

一方，避雷器は，地絡事故などで一時的に高い交流電圧が加わっている状況 (この電圧を**短時間過電圧**という) においても正常に動作する必要があることから，短時間過電圧を考慮し，また大地との間に設置されることから，対地電圧を用いて定格電圧を表している．一例として，500 kV 系統の変電所では，定格電圧 420 kV の避雷器が用いられている．420 kV という値は，500 kV 系統の運転電圧の最高限度である 550 kV の対地電圧 $(550\,\mathrm{kV}/\sqrt{3})$ に短時間過電圧を考慮した 1.32 という係数を乗じたものである．

避雷器の制限電圧は，避雷器動作をして電流を大地に流している際に避雷器端子間に現れる電圧で表される．通常は 10 kA のインパルス電流に対する端子電圧で定義されている．この制限電圧は雷サージに対する**保護レベル**とも呼ばれ，避雷器によって保護される機器の**絶縁レベル** (雷インパルス耐電圧) を決定するための主因子となっている．機器の絶縁レベルを低減できるとコンパクトで価格も安い機器になることから，制限電圧の低い避雷器が望まれている．

(絶縁レベル)/(保護レベル) の値は安全率に相当するが，これを 1 にするわけにはいかない．それは，避雷器を全て被保護機器の直近に設置することは不可能であり，両者の間に距離が生じること，および被保護機器のインピーダンスにより，避雷器の制限電圧以上の電圧が機器に加わることを考慮しているためである．500 kV の系統では，保護レベル 870 kV に対して規格で選択できる絶縁レベルの中で最も低い値でも 1300 kV となっており，約 1.5 倍の安全率をとっている．

## 9.6 ガス絶縁開閉装置

1970 年代以前の変電所は，広い敷地の上に様々な機器が林立する状態であった．それがその後，母線を中心として，遮断器，断路器，接地装置，避雷器，計器用変圧器，変流器などを 5～7 気圧の $SF_6$ ガスで絶縁したタンクに収容した**ガス絶縁開閉装置** (**GIS**: Gas Insulated Switchgear) が開発され，所要スペースが面積で 1/30 以下，容積で 1/100 以下までコンパクト化が進んだ．また変圧器も油絶縁に代わって $SF_6$ ガス絶縁を用いたガス絶縁変圧器が開発され，GIS と直結できるようになった．そのため都市部では変電所がビルの地下に設置されるようになった．

図 9.21 に GIS を採用した変電所の構成例を示す．500 kV 送電線で送られてきた電力を変圧器を通じて 275 kV 送電線側に送り出している．実際には変圧器を中心に左側が 500 kV GIS，右側が 275 kV GIS となっている構成に対して，この図では紙面の関係で，変圧器から右側の機器を左に折り返したような描き方になっている．つまり実際の配置では総ての機器がほぼ一直線上に並んでいると考えてほしい．500 kV GIS は，架空線からの入り口であるブッシング (Bg)，過電圧を抑制する避雷器 (LA)，電圧測定用の計器用変圧器 (VT)，接地をとるための接地開閉器 (ES)，線路側の充電回路を入切する断路器 (LS)，電流測定用の変流器 (CT)，事故電流を遮断するガス遮断器 (GCB)，母線側の充電回路を入切する LS，そして，500 kV 回路の電流を集積し分配を行う母線 (BUS)，母線と変圧器の間に配置される CT, LS, GCB などから構成されている．275 kV GIS もほぼ同様の構成であるが，各機器のコンパクト化が進みそれらの機器を縦，横うまく配置した立体回路となっている．

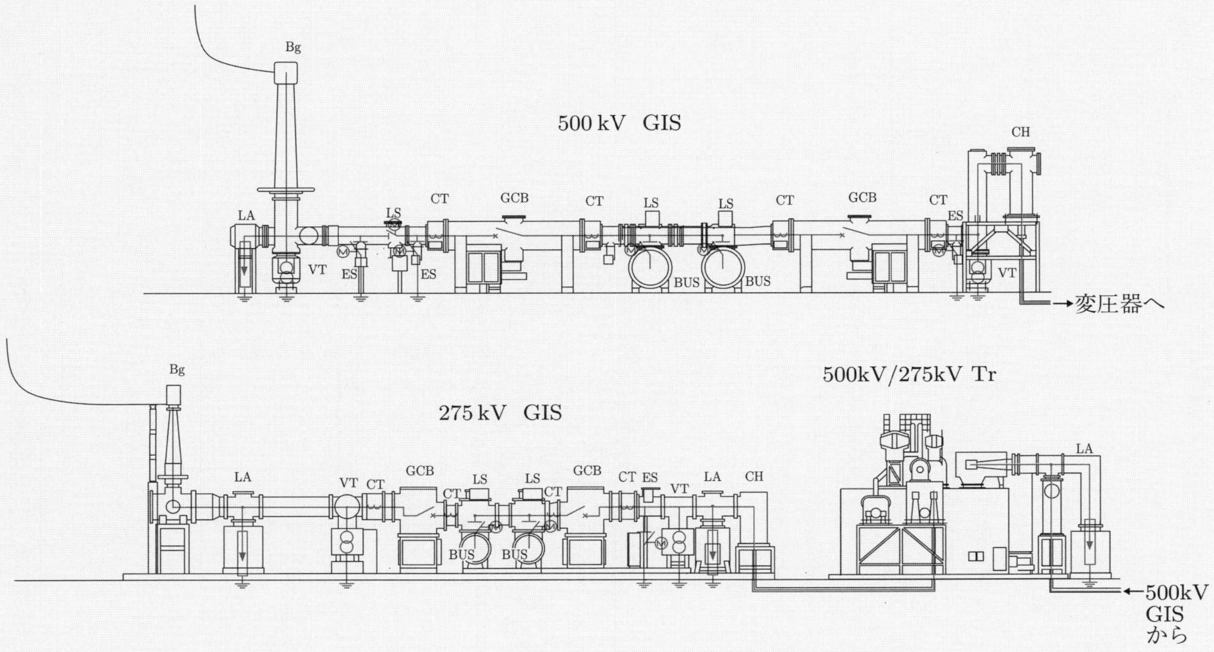


Bg：ブッシング，　BUS：母線，　CH：ケーブルヘッド，　CT：計器用変流器，　ES：接地開閉器，
GCB：ガス遮断器，　LA：避雷器，　LS：断路器，　VT：計器用変圧器

**図 9.21**　ガス絶縁開閉装置 (GIS) 変電所の構成例 (東京電力パワーグリッド (株) 提供)

# 9章の問題

□ **1** がいしの形状はどのようなことを考慮して決めたらよいかを考察せよ.

□ **2** 磁器だけで構成される磁器製ブッシングは高電圧には向かないと言われている. その理由を考察せよ.

□ **3** ケーブルの絶縁物に圧力を加えて使用する圧力ケーブルが実際に敷設されている. このケーブルの利点を考察せよ.

□ **4** 図 9.22 に示した同軸円筒電極において内部円筒の半径 $r_0$ を 3 章の問題 3 で求めたように $R/e$ とする. この場合に電極間を 1 種類の誘電体 (誘電率 $\varepsilon_1$ のみ) で満たしたときと 2 層の誘電体 (誘電率 $\varepsilon_1$ と $\varepsilon_2$) で満たしたときについて, 各部の電界の大きさを図示せよ. ただし, $\varepsilon_1 = 2\varepsilon_2$, $r_1 = 2r_0$ とする.

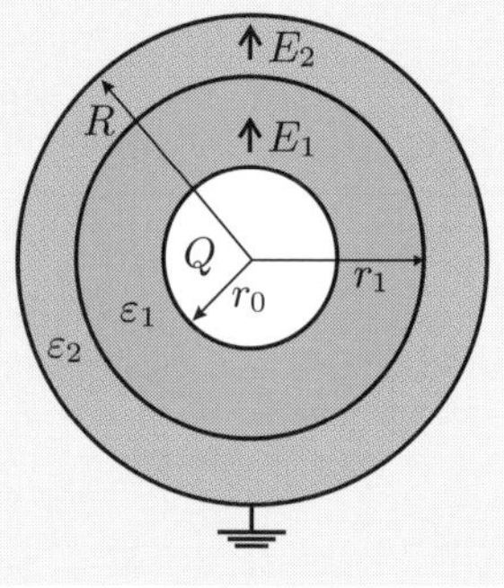


図 9.22

# 10 高電圧の解析技術

高電圧工学で学んだことを研究や業務で活用していく場合に役立つものとして，いくつかの解析技術がある．ここでは，数値電界計算とサージ解析を取り上げ，いくつかの例題や問題を解いてみることを通じて自ら使える技術にすることを目的としたい．

大気圧空気中で電界が $24\,\mathrm{kV/cm}$ を超えると電離が始まることを利用して，ある形状の電極に何 V 印加すると放電が開始するか計算したいと思ったとしよう．現実に解析解が与えられている電極形状はごく限られている．そんなときに役立つのが数値電界計算法である．

また雷サージが電力系統に侵入してきたとき，どのように伝搬していくか計算してみたいこともある．このときに役立つのが分布定数回路の過渡現象解析である．特にサージ電圧・電流に着目する場合には，サージ解析ないしサージ計算と呼ばれている．

**10 章で学ぶ概念・キーワード**

- 数値電界計算法
- 差分法
- 電荷重畳法
- サージ解析
- サージインピーダンス
- 入射波，透過波，反射波

## 10.1 数値電界計算

電界に関する数値計算手法は領域分割法と境界分割法に大別できる．領域分割法では計算したい空間を格子状や小さな要素に分割し，境界分割法では境界条件を与える境界のみを線分や面で分割した上で，ラプラスの方程式を解くことになる．代表的な手法としては次のようなものがある．

- 領域分割法
  - 差分法
  - 有限要素法
- 境界分割法
  - 電荷重畳法
  - 表面電荷法

## 10.2 差 分 法

**差分法** (finite difference method) は偏微分方程式を差分方程式に変換して数値解析する方法として一般に知られている．差分法の基本は与えられた領域を格子で分割し，解こうとする偏微分方程式を，各格子点の解を未知数とする差分方程式で置き換えることにある．そのため，各格子点での解 $\phi$(例えば電位，磁位など．以後，簡便のため電位として説明する) を格子点の近傍でテイラー級数に展開し，必要な精度に応じて適当な項までで近似する (多くの場合，2 次の項まで)．例えば，2 次元の $(x, y)$ 座標系のある点 $(x_0, y_0)$ の近傍で電位 $\phi$ をテイラー級数で表すと，

$$\begin{aligned}\phi(x,y) = \phi_0 &+ \left\{(x-x_0)\left(\frac{\partial\phi}{\partial x}\right)_0 + (y-y_0)\left(\frac{\partial\phi}{\partial y}\right)_0\right\} \\ &+ \frac{1}{2}\left\{(x-x_0)^2\left(\frac{\partial^2\phi}{\partial x^2}\right)_0 + 2(x-x_0)(y-y_0)\left(\frac{\partial^2\phi}{\partial x\partial y}\right)_0\right. \\ &\left.+ (y-y_0)^2\left(\frac{\partial^2\phi}{\partial y^2}\right)_0\right\} + \cdots \end{aligned} \tag{10.1}$$

ここで添字 0 は座標 $(x_0, y_0)$ における値を示す．図 10.1 のように領域を等間隔 $h$ の格子で分割して，点 $(x_0, y_0)$ (以降，格子点 0 という) の周りの電位

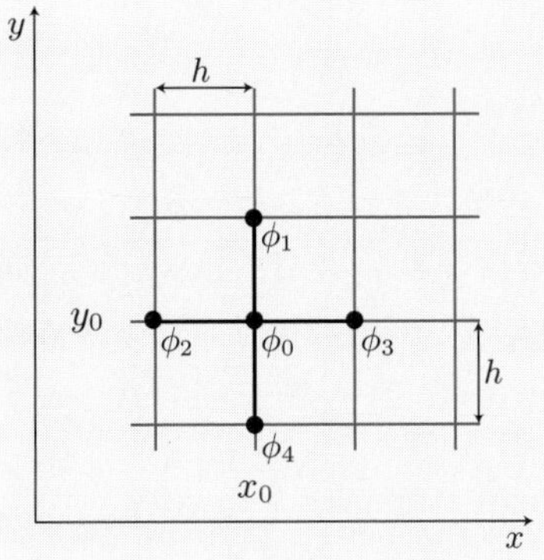


**図 10.1**　等間隔格子による領域分割

$\phi_1$，$\phi_2$，$\phi_3$，$\phi_4$ を (10.1) 式の 2 次の項までで表すと，

$$\phi_1 = \phi_0 + h\left(\frac{\partial\phi}{\partial y}\right)_0 + \frac{1}{2}h^2\left(\frac{\partial^2\phi}{\partial y^2}\right)_0 \tag{10.2}$$

$$\phi_2 = \phi_0 - h\left(\frac{\partial\phi}{\partial x}\right)_0 + \frac{1}{2}h^2\left(\frac{\partial^2\phi}{\partial x^2}\right)_0 \tag{10.3}$$

$$\phi_3 = \phi_0 + h\left(\frac{\partial\phi}{\partial x}\right)_0 + \frac{1}{2}h^2\left(\frac{\partial^2\phi}{\partial x^2}\right)_0 \tag{10.4}$$

$$\phi_4 = \phi_0 - h\left(\frac{\partial\phi}{\partial y}\right)_0 + \frac{1}{2}h^2\left(\frac{\partial^2\phi}{\partial y^2}\right)_0 \tag{10.5}$$

となり，これらを辺々加え合わせると次式が得られる．

$$\phi_1 + \phi_2 + \phi_3 + \phi_4 = 4\phi_0 + h^2\left\{\left(\frac{\partial^2\phi}{\partial x^2}\right)_0 + \left(\frac{\partial^2\phi}{\partial y^2}\right)_0\right\} \tag{10.6}$$

ここで，対象となる偏微分方程式が 2 次元場の**ラプラスの方程式**であると仮定すると，その方程式は，

$$\frac{\partial^2\phi}{\partial x^2} + \frac{\partial^2\phi}{\partial y^2} = 0 \tag{10.7}$$

となり，(10.6) 式に代入することにより，最終的に次の差分式を得ることができる．

$$\phi_0 = \frac{1}{4}(\phi_1 + \phi_2 + \phi_3 + \phi_4) \tag{10.8}$$

この式は，格子点 0 のラプラスの方程式の解，すなわち電位 $\phi_0$ は近似的には周りの格子点の電位の平均値に等しいことを示している．

境界領域 (特に曲線を含むとき) では，必ずしも等間隔の格子に切ることができない場合がある．例えば，図 10.2 のような近接格子点との間隔がそれぞれ，$h_1$〜$h_4$ とする．この場合 (10.2)〜(10.5) 式は次のように書き換えられる．

$$\phi_1 = \phi_0 + h_1\left(\frac{\partial\phi}{\partial y}\right)_0 + \frac{1}{2}{h_1}^2\left(\frac{\partial^2\phi}{\partial y^2}\right)_0 \tag{10.9}$$

$$\phi_2 = \phi_0 - h_2\left(\frac{\partial\phi}{\partial x}\right)_0 + \frac{1}{2}{h_2}^2\left(\frac{\partial^2\phi}{\partial x^2}\right)_0 \tag{10.10}$$

$$\phi_3 = \phi_0 + h_3\left(\frac{\partial\phi}{\partial x}\right)_0 + \frac{1}{2}{h_3}^2\left(\frac{\partial^2\phi}{\partial x^2}\right)_0 \tag{10.11}$$

$$\phi_4 = \phi_0 - h_4\left(\frac{\partial\phi}{\partial y}\right)_0 + \frac{1}{2}{h_4}^2\left(\frac{\partial^2\phi}{\partial y^2}\right)_0 \tag{10.12}$$

これらの式と (10.7) 式を用いることにより，(10.8) 式と同じような，$\phi_0$ と近接格子点電位との関係式を導くことができる．

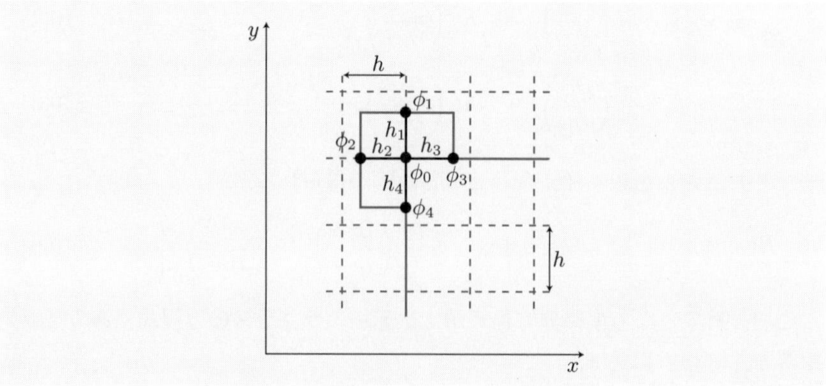


**図 10.2**　不等間隔格子による領域分割

$$\phi_0 = \frac{\dfrac{1}{h_1 + h_4}\left(\dfrac{\phi_1}{h_1} + \dfrac{\phi_4}{h_4}\right) + \dfrac{1}{h_2 + h_3}\left(\dfrac{\phi_2}{h_2} + \dfrac{\phi_3}{h_3}\right)}{\dfrac{1}{h_1 h_4} + \dfrac{1}{h_2 h_3}} \tag{10.13}$$

ここで，格子間隔 $h_1 \sim h_4$ を基本格子間隔 $h$ の定数倍として，

$$h_1 = s_1 h, \quad h_2 = s_2 h, \quad h_3 = s_3 h, \quad h_4 = s_4 h \tag{10.14}$$

と表すと，(10.13) 式は次のようになる．

$$\phi_0 = \frac{\dfrac{1}{s_1 + s_4}\left(\dfrac{\phi_1}{s_1} + \dfrac{\phi_4}{s_4}\right) + \dfrac{1}{s_2 + s_3}\left(\dfrac{\phi_2}{s_2} + \dfrac{\phi_3}{s_3}\right)}{\dfrac{1}{s_1 s_4} + \dfrac{1}{s_2 s_3}} \tag{10.15}$$

さらに，図 10.3 のように格子点の番号が左から右へ，上から下へ進むようにした一般的な添字の付け方をし，$i$ 番目の格子点を中心として，上下左右の格子点 (それぞれ，$i-m, i-1, i+1, i+m$) についてそれぞれの電位の関係を示すと，(10.15) 式より直ちに次式となる．

$$\phi_i = -\frac{P_{i,i-m}\phi_{i-m} + P_{i,i-1}\phi_{i-1} + P_{i,i+1}\phi_{i+1} + P_{i,i+m}\phi_{i+m}}{P_{i,i}} \tag{10.16}$$

または，

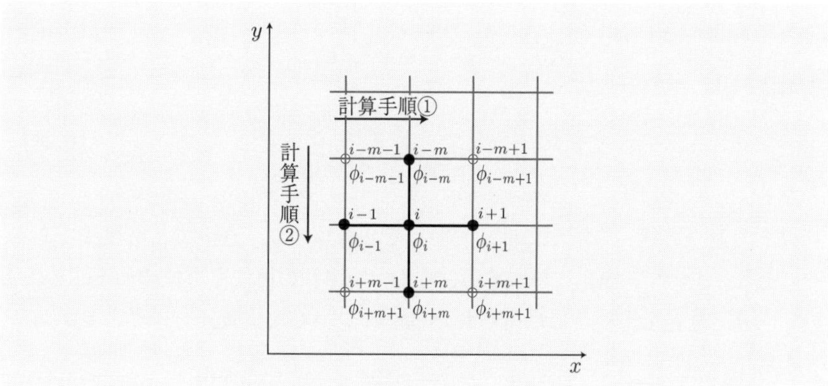


**図 10.3** 格子点番号の付け方の例

$$P_{i,i-m}\phi_{i-m} + P_{i,i-1}\phi_{i-1} + P_{i,i}\phi_i + P_{i,i+1}\phi_{i+1} + P_{i,i+m}\phi_{i+m} = 0 \tag{10.17}$$

となる．ここで，

$$\begin{aligned} P_{i,i-m} &= \frac{-1}{s_{i-m}(s_{i-m}+s_{i+m})} \\ P_{i,i-1} &= \frac{-1}{s_{i-1}(s_{i-1}+s_{i+1})} \\ P_{i,i} &= \frac{1}{s_{i-m}s_{i+m}} + \frac{1}{s_{i-1}s_{i+1}} \\ P_{i,i+1} &= \frac{-1}{s_{i+1}(s_{i-1}+s_{i+1})} \\ P_{i,i+m} &= \frac{-1}{s_{i+m}(s_{i-m}+s_{i+m})} \end{aligned} \tag{10.18}$$

である．今考えている領域の全ての格子点に，先ほど述べた順にしたがって番号を付け，それらの点に対し例えば (10.17) 式を作ると，格子点電位 $\phi_i$ を未知数とする連立一次方程式が構成される．各係数 $P_{i,j}$ は，格子間隔のみで与えられる定数で，最初の添字は連立方程式の $i$ 番目 ($i$ 行目) の係数であることを示し，2 番目の添字は $\phi$ に関する $j$ 番目 ($j$ 列目) の係数であることを示している．

なお，等格子点間隔の場合に，(10.16), (10.17) 式と同じ形式で書くと，(10.8) 式より，

$$\phi_i = \frac{1}{4}(\phi_{i-m} + \phi_{i-1} + \phi_{i+1} + \phi_{i+m}) \tag{10.19}$$

または

$$-\phi_{i-m} - \phi_{i-1} + 4\phi_i - \phi_{i+1} - \phi_{i+m} = 0 \tag{10.20}$$

となる．

以上の連立方程式の解法には，大別して 2 種類あり，直接法と反復法である．それぞれについて，簡単に解説する．なお，いずれの解法も電位の値を求めるものであり，電界を求めるには得られた電位について数値微分を行う必要がある．

### 10.2.1 直接法

直接法は，(10.17) ないし (10.20) 式で構成される連立一次方程式に，境界条件を付加した上でガウスの消去法等の数値解析手法を用いて解く方法である．境界条件としては，電極表面と一致する格子点の電位を電極電圧 $V$ とする．

### 10.2.2 反復法

反復法は，最初に $\phi_i$ に適当な初期値を与えて差分式から新しい $\phi_i$ を求め，その結果を 2 回目の出発値として次々に計算を進めて真の値に近づける方法である．境界条件としては，直接法と同じく，電極表面と一致する格子点の電位を電極電圧 $V$ とする．まず初期値として，

境界面 (電極表面) 上の格子点に関しては：$\phi_i = V$ (10.21)

境界面上以外の一般の格子点に関しては：$\phi_i^{(0)} =$ 適当な数値

(適当な数値とは，例えば 0 ないし電極電圧の 1/2 など) (10.22)

とおく．(10.22) 式中の添字 (0) は繰り返しの計算回数を示し，この場合は初期値なので 0 となっている．なお，境界面上の格子点については，電位は不変なので，以下の繰り返し計算でも定数 (＝初期値) として取り扱う．

計算の順序が図 10.3 のように，左から右へ，また上から下へ行われる場合，境界面上以外の一般の格子点についての第 1 回目の計算では，(10.16), (10.19) 式より，

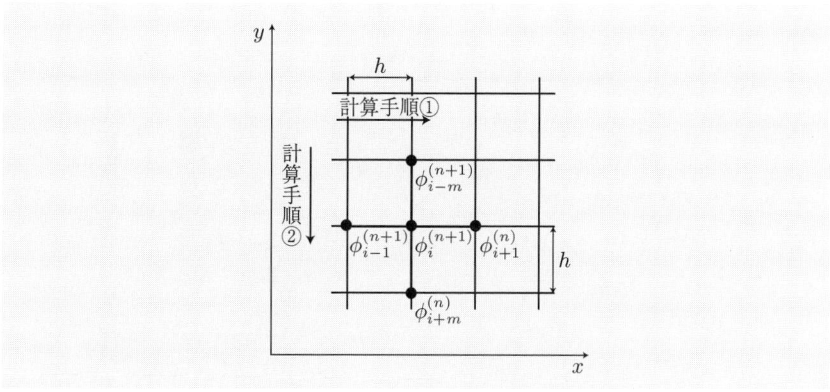


図 10.4 反復法の計算手順の例

不等間隔格子に対して：

$$\phi_i^{(1)} = -\frac{P_{i,i-m}\phi_{i-m}^{(1)} + P_{i,i-1}\phi_{i-1}^{(1)} + P_{i,i+1}\phi_{i+1}^{(0)} + P_{i,i+m}\phi_{i+m}^{(0)}}{P_{i,i}} \tag{10.23}$$

等間隔格子に対して：

$$\phi_i^{(1)} = \frac{1}{4}(\phi_{i-m}^{(1)} + \phi_{i-1}^{(1)} + \phi_{i+1}^{(0)} + \phi_{i+m}^{(0)}) \tag{10.24}$$

より電位を求める．ここで，$i$ 番目の格子点電位を求めるに際して，その点より上方ないし左側にあって既に計算が済んでいる，すなわち $(i-1)$ 番以下の格子点電位については，計算済みの結果が用いられている．

以下，同様にして，$(n+1)$ 回目の電位 $\phi_i^{(n+1)}$ は次式で与えられる．

不等間隔格子に対して：

$$\phi_i^{(n+1)} = -\frac{P_{i,i-m}\phi_{i-m}^{(n+1)} + P_{i,i-1}\phi_{i-1}^{(n+1)} + P_{i,i+1}\phi_{i+1}^{(n)} + P_{i,i+m}\phi_{i+m}^{(n)}}{P_{i,i}} \tag{10.25}$$

等間隔格子に対して：

$$\phi_i^{(n+1)} = \frac{1}{4}(\phi_{i-m}^{(n+1)} + \phi_{i-1}^{(n+1)} + \phi_{i+1}^{(n)} + \phi_{i+m}^{(n)}) \tag{10.26}$$

計算の収束の程度は，繰り返しごとの電位の変化量，

$$R_i^{(n)} = \phi_i^{(n+1)} - \phi_i^{(n)} \tag{10.27}$$

の絶対値の大きさで判定する．この値が十分小さくなった (例えば印加電圧の $10^{-6}$ 倍以下) ときに計算を終了する．

**例題 10.1**

図 10.5 に示すような直角の凸角と凹角からなる 2 次元の電極がある．頂点を結ぶ線上の中点 P の電位を求めよ．ここでは，図 10.6 のように正方形格子 ($n = 5$, $m = 14$) をとることにする．

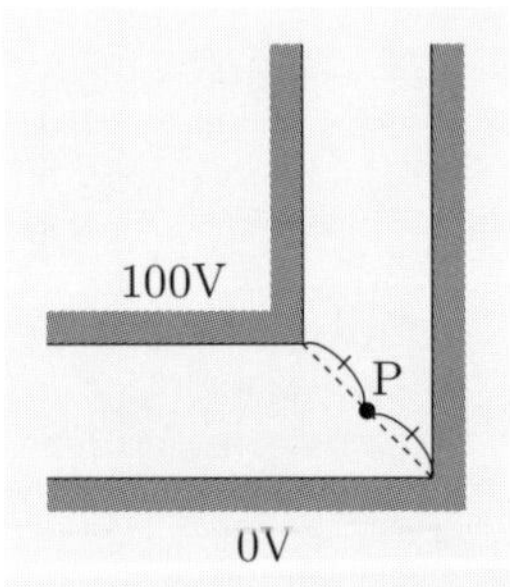


**図 10.5**　直角の角《かど》に挟まれた電位

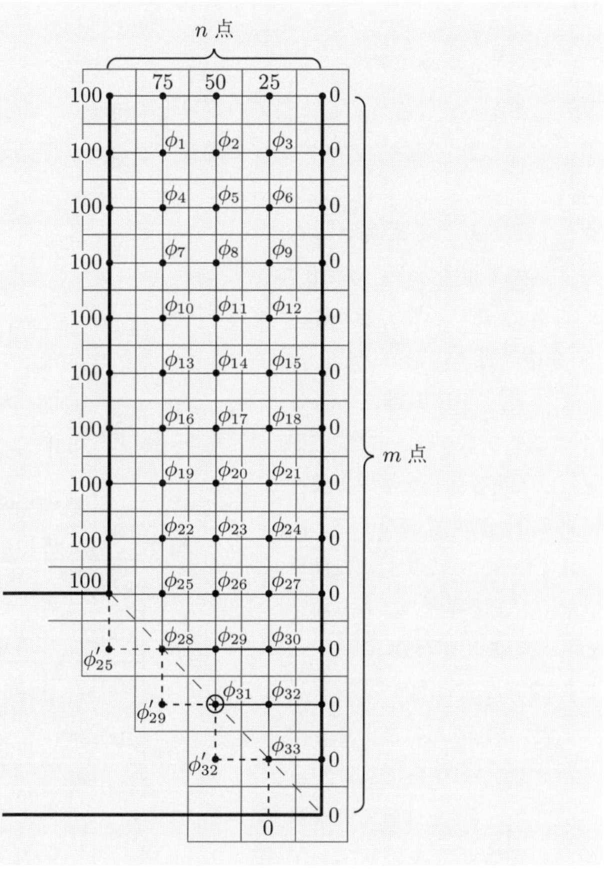


**図 10.6** 格子作成法

この問題では，対称性によりL字のどちらか1辺を計算すればよいことがわかるであろう．また，そうすることによって，総格子点数を半分に減らすことができる．対称性を考慮する場合には，電極の頂点を結ぶ破線で示した直線上の境界条件を導き出しておく必要がある．破線上の点(ここでは，$\phi_{28}$ となる点)では，対称性から，

$$\phi_{25} = \phi'_{25}, \qquad \phi_{29} = \phi'_{29} \tag{10.28}$$

が成り立つ．従って，$\phi_{28}$ を含む差分式として，(10.26) 式の代わりに次式を用

いればよい．

$$\phi_{28} = \frac{1}{2}(\phi_{25} + \phi_{29}) \tag{10.29}$$

以上のことから，破線で示した斜めの境界上の格子点では，上式と同様の関係を用いることで，対称性の境界条件を満足することができる．

**【解答】**

図 10.7 に逐次緩和法で得られた各点の電位を示す．図 10.7 中の青色の線で示した区分は，図 10.6 中の青色の線の区分に対応している．点 P の電位 $\phi_{31}$ は 20.4 V となっている．また，点 P の電位は等角写像法を用いて解析的に求まり，20.2 V になることが知られている．ここで行った簡単な計算でも 1% 程度の誤差で解を求められることがわかる．

この計算は表計算ソフトを利用すると，図 10.6 の格子点をセルに置き換えて容易に計算することができる (青色の線で囲まれた四角の領域がセルに対応している)．例えば Microsoft Office Excel の場合，循環計算を有効にし，既知の値および未知数を求める式を入力したものを反復計算させればよい．循環計算については表計算ソフトのヘルプを参照してほしい．■

| | | | | |
|---|---|---|---|---|
| 100 | 75 | 50 | 25 | 0 |
| 100 | $\phi_1$ 75.0 | $\phi_2$ 50.0 | $\phi_3$ 25.0 | 0 |
| 100 | $\phi_4$ 75.0 | $\phi_5$ 50.0 | $\phi_6$ 25.0 | 0 |
| 100 | $\phi_7$ 74.9 | $\phi_8$ 49.9 | $\phi_9$ 24.9 | 0 |
| 100 | $\phi_{10}$ 74.8 | $\phi_{11}$ 49.7 | $\phi_{12}$ 24.8 | 0 |
| 100 | $\phi_{13}$ 74.6 | $\phi_{14}$ 49.5 | $\phi_{15}$ 24.6 | 0 |
| 100 | $\phi_{16}$ 74.1 | $\phi_{17}$ 48.9 | $\phi_{18}$ 24.2 | 0 |
| 100 | $\phi_{19}$ 73.1 | $\phi_{20}$ 47.6 | $\phi_{21}$ 23.4 | 0 |
| 100 | $\phi_{22}$ 70.7 | $\phi_{23}$ 45.0 | $\phi_{24}$ 21.9 | 0 |
| 100 | $\phi_{25}$ 64.5 | $\phi_{26}$ 39.9 | $\phi_{27}$ 19.2 | 0 |
| ($\phi_{25}$) | $\phi_{28}$ 47.6 | $\phi_{29}$ 30.7 | $\phi_{30}$ 15.0 | 0 |
| | ($\phi_{29}$) | $\phi_{31}$ 20.4 | $\phi_{32}$ 10.1 | 0 |
| | | ($\phi_{32}$) | $\phi_{33}$ 5.07 | 0 |
| | | | 0 | 0 |

**図 10.7**　逐次緩和法で得られた各点の電位

## 10.3 有限要素法

差分法では領域内の各格子点に着目して差分式を導出するのに対し，**有限要素法** (finite element method) では領域の各部分 (有限要素) に着目して，各要素内で成立する関係式を利用する．例えば，二次元場では小面積に分割し (一般に三角形がよく用いられる)，これらの要素内の電位 $\phi$ を座標の一次式で表せると仮定する．こうすると要素内の $\phi$ の値は，要素周辺の適当な点，三角要素の場合なら 3 頂点の電位と座標の関数として表すことができる．その結果，領域全体の $\phi$ の値を各点の電位で形式的に表現でき，さらに領域全体のポテンシャルエネルギーも各点の電位によって与えることができる．ここで，ポテンシャルエネルギーが最小になる電位分布がその領域において実現される解であることを利用して，電位を定めることになる．結果的には，有限要素法も各点の電位に関する関係式を与えることになるが，その基になる考え方が差分法と違っている．具体的な方法については参考文献[6] を見てほしい．

有限要素法は差分法と同様に各点の電位を未知数として解法するものであり，電界を求めるには得られた電位について数値微分を行う必要がある．

## 10.4　電荷重畳法

**電荷重畳法** (charge simulation method) は特に電界分布の解析によく利用される．電磁気学で勉強する影像法 (鏡像法) は導体の内部や他の誘電体内に境界条件を満足するように仮想的な電荷を配置する方法であった．この場合には，境界条件を完全に満足することを考えるので，ごく限られた条件にしか適用できないが，この考えを進めて，$n$ 個の仮想的な電荷をおいて $n$ 個の境界条件を満足すればよいと考えれば一般の場合に拡張できる．これが電荷重畳法である．問題は有限な $n$ 個の点だけで境界条件が満足されている場合に，電界がどの程度正確に計算できるかであるが，意外に少ない電荷の数で精度よく計算できる．

図 10.8 に示すように，空気中に金属電極が存在するときに，空気中の電界分布や電位分布を求める場合，

①電荷を多数 ($Q_1 \sim Q_m$) 電極の内側に電極の形を模擬するようにおく．

②そして $m$ カ所の場所で境界条件に対応する式をたて (図 10.8 の例では，電極表面上の電位がそれぞれ $V$ になるように) 連立方程式を作る．数式表示すると，電荷 $Q_j$ によって $i$ なる点に $V_i = P_{ij}Q_j$ の電位が生じるので以下のようになる．

$$\begin{bmatrix} P_{11} & P_{12} & \cdots & P_{1m} \\ \vdots & \vdots & & \vdots \\ P_{m1} & P_{m2} & \cdots & P_{mm} \end{bmatrix} \begin{bmatrix} Q_1 \\ \vdots \\ Q_m \end{bmatrix} = \begin{bmatrix} V_1 \\ \vdots \\ V_m \end{bmatrix} \tag{10.30}$$

$P_{ij}$ は電位係数と呼ばれる．電荷 $Q_j$ が点電荷ならばクーロンの法則から $1/(4\pi\varepsilon r)$ である．対称性を利用するために，$Q_j$ に線状，リング状，面状

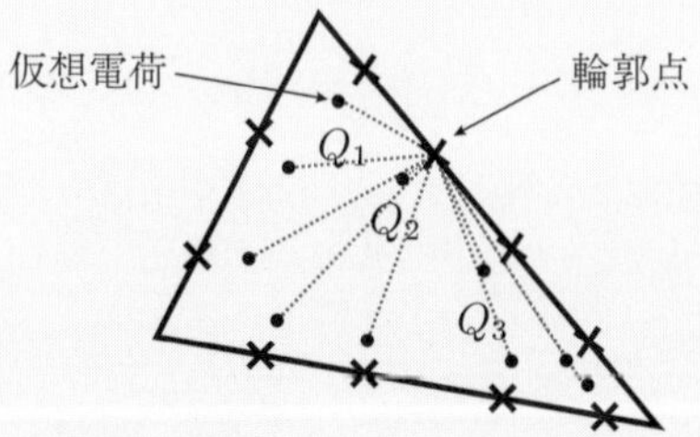


**図 10.8**　仮想電荷の作用の重ね合わせ (金属電極の例)

と種々の電荷を用いることがあるが，いずれにせよ幾何形状で定まる定数である．電界に関しては，電荷 $Q_j$ によって $i$ なる点に $E_i = F_{ij}Q_j$ の電界が生じる．この $F_{ij}$ を電界係数と呼ぶ．

③連立方程式を解き，未知数 $Q_1$～$Q_m$ の値を求める．

④電極外部の任意の場所の電位や電界は，これら $Q_1$～$Q_m$ の作り出す電位や電界を重ね合わせればよい．

という手順をふむ．ここで $Q_1$～$Q_m$ は，**仮想電荷** (substitute charge) また，② の境界条件に対応する式をたてる点を**輪郭点** (contour point) と呼ぶ．計算には誤差がつきものなので，電極表面が等電位になっているかどうかチェックする必要がある．そこで，輪郭点と輪郭点との中間の電極表面上の電位を ④ の手順で求め，この点の電位がどのくらい電極電圧と相違しているかを調べる．このチェックする点を**検査点** (check point) と呼ぶ．

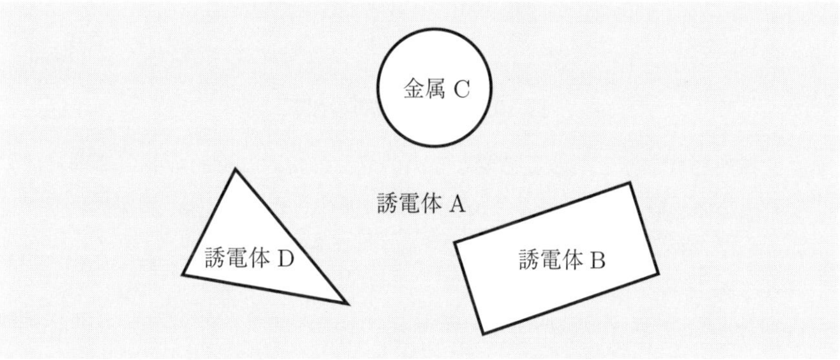


**図 10.9**　複数配置された金属と誘電体

以上の考え方を拡張して，図 10.9 に示すように電極や誘電体が複数個存在する場合の計算手法を考える．

各領域内部の電位や電界は，各領域を取り囲むように配置した仮想電荷で計算するとして仮想電荷を配置し境界条件に合わせた連立方程式をたてる．つまり，空間を構成する誘電体 A 内部の電位や電界は，誘電体 A を取り囲むように配置した仮想電荷群 (図 10.10 中において，B, C, D の内部に配置した仮想電荷群) の作用の重ね合わせで計算できる．誘電体 B 内部の電位や電界は，B を取り囲むように B のすぐ外側に配置した仮想電荷の作用の重ね合わせで計算す

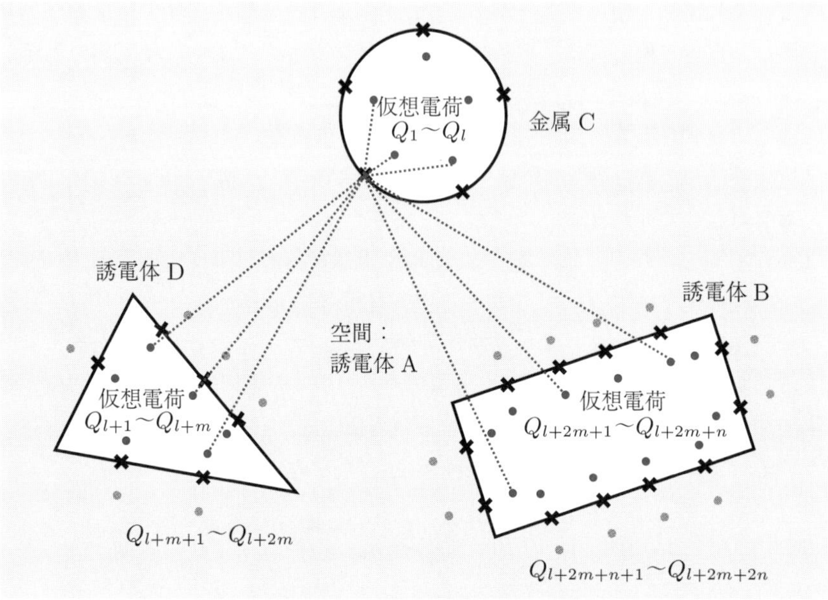


**図 10.10**　仮想電荷の配置

る．金属内部は電界を求める必要もないので，C を取り囲む仮想電荷群は設定しない．なお，境界条件数と未知数との整合性のため，誘電体–誘電体界面では輪郭点をはさむように同じ数だけ二列に仮想電荷を配置する．境界条件は以下の通りである．

(1)　電極上では電位が指定された値と一致

(2)　誘電体界面上では電位が連続および電束密度の法線方向成分が連続

これらを式で表すと，まず (1) の電極上の輪郭点では A の領域側から考えて，電位が指定された値 $V(i)$ になればよいので，

$$\sum_{j=1}^{l+m} P_{ij}Q_j + \sum_{j=l+2m+1}^{l+2m+n} P_{ij}Q_j = V(i) \tag{10.31}$$

と書ける．誘電体 B 表面上の輪郭点では，A の領域側から考えた輪郭点の電位と，B の領域側から考えた輪郭点の電位が等しい (電位の連続性) という式

$$\left( \sum_{j=1}^{l+m} P_{ij}Q_j + \sum_{j=l+2m+1}^{l+2m+n} P_{ij}Q_j \right) - \sum_{j=l+2m+n+1}^{l+2m+2n} P_{ij}Q_j = 0 \tag{10.32}$$

と，A の領域側の電束密度法線成分と，B の領域側の電束密度法線成分が連続である (もしくは，差分が境界面の帯電電荷密度 $\sigma$ に等しい) という式

$$\varepsilon_{\mathrm{A}}\left(\sum_{j=1}^{l+m}F'_{ij}Q_j+\sum_{j=l+2m+1}^{l+2m+n}F'_{ij}Q_j\right)-\varepsilon_{\mathrm{B}}\sum_{j=l+2m+n+1}^{l+2m+2n}F'_{ij}Q_j$$
$$=\sigma(i) \tag{10.33}$$

とが成立する．なお $F'_{ij}$ は電束密度法線成分を与える係数である．(10.31)〜(10.33) 式を整理すると，結局以下のような仮想電荷数分の連立方程式になる．

$$\begin{bmatrix} \\ \text{係数行列} \\ \\ \end{bmatrix}\begin{bmatrix} Q_1 \\ \vdots \\ Q_{l+m+2n} \end{bmatrix}=\begin{bmatrix} \\ V \text{ や } \sigma \text{ など} \\ \\ \end{bmatrix} \tag{10.34}$$

この連立方程式を解き仮想電荷を求めればよい．連立方程式をたてたときと同様に，各領域内部の電位や電界は，各領域を取り囲むように配置した仮想電荷だけをつかってそれらの重ね合わせで計算する．細かい説明は省略するが，電位が定まらない浮遊金属も計算させることができる．浮遊金属電極内に仮想電荷を $a$ 個，電極表面に $K_1$〜$K_a$ の輪郭点を配置すると，境界条件として

(1)　$K_1$〜$K_a$ の電位が等しい　$V(K_1)=V(K_2)=\cdots=V(K_a)$ という $(a-1)$ 個の等式と

(2)　浮遊電極表面に沿って，電束密度の面積積分を行うと 0 になる (ガウスの法則)　という式を加えることになる．

電荷重畳法においては，上述の説明からわかるように境界面上の条件を満足するように仮想電荷を配置すればよく，差分法や有限要素法で行う格子の構成などの空間全体にわたる領域分割作業はいらない．つまり，考慮の対象が，差分法や有限要素法では空間や面であったとすれば，電荷重畳法では次元が 1 つ減って面や線にすることができる．さらには，境界条件を設定する際に，等電位面を作成するのには仮想電荷をどのように配置すればよいか，比較的簡単にイメージすることができ，解法の見通しを立てやすいという利点もある．

ただし，輪郭点や仮想電荷の配置については，いくつか経験を必要とするところがあるもの事実である．そこで筆者の研究室で蓄積してきた知見を踏まえて，できるだけ初学者にも簡単に電荷重畳法を使えるよう工夫した数値電界計

算プログラム “UTEFC (University of Tokyo Electric Field Computation Program)” を開発している．本書では，これを利用して電位，電界の解析の演習が行えるようになっている．具体的な利用法は，付録 D「UTEFC プログラム (電荷重畳法による電界計算プログラム) マニュアル」を参照してほしい．

**例題 10.2**

UTEFC を実行して電界計算を行ってみよう．

(1)　図 10.11 に示した電極系の電界計算を行い，輪郭点の総数を 40 個，80 個，400 個と変化させて，誤差がどのように変化するか確かめよ．プログラム実行時に出力される log ファイルを参照すること．

(2)　次に電気力線 (20 本程度) を描画せよ．また火花電圧を求めよ．出力される拡張子が “.60” のファイルを参照すること．なお，球–球ギャップにおいては，火花電圧 = コロナ開始電圧として差し支えない．

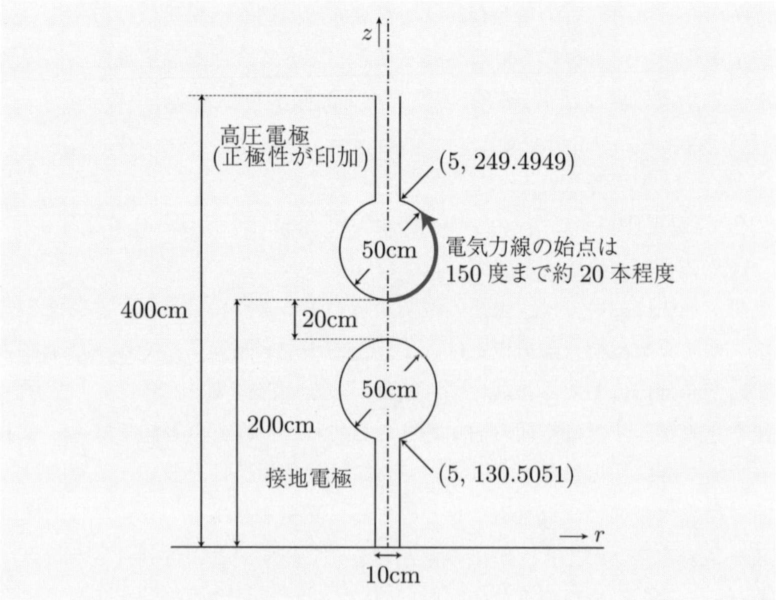


図 10.11　球–球ギャップ

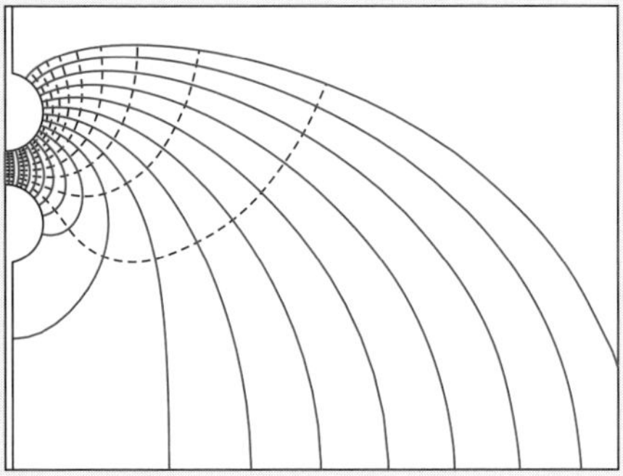


**図 10.12　電気力線の例**

**【解答】**

(1)　輪郭点の総数を 40 個，80 個，400 個と変化させると，検査点での最大誤差 (MAXIMUM ERROR) はそれぞれ 0.620, 0.169, 0.030 kV 程度と小さくなる．この誤差はいずれもロッド部分の最上部周辺での誤差であり，ギャップ周辺における誤差ではそれぞれ 0.034, 0.013, 0.001 kV 程度で，相対誤差にすると 0.034, 0.013, 0.001 %となる．電界の誤差は電位の誤差の 10 倍程度あると考えられていることを考慮して，注目している部分の計算誤差が期待する誤差に達するようにその周辺の輪郭点を増やすとよい．

(2)　図 10.12 に電気力線を示す．プログラム efcax_Kvariable.exe を用いると，火花電圧は 460 kV となる．この値は標準球ギャップの火花電圧 (交流電圧印加時，付録 B 参照) と一致していることがわかる．

## 10.5　表面電荷法

電荷重畳法では仮想電荷を境界線の内外に配置していた．**表面電荷法** (surface charge method) では，境界面を面状の仮想電荷で敷き詰めて連立方程式をたてる．仮想電荷の形状は原理的には何でもよいが，三角平面状の電荷を用いると，電位係数や電界係数が解析式で求まり計算処理が早くなるのでよく用いられる．

図 10.9 に示した系を表面電荷法で計算してみる．図 10.13 に示すように仮想電荷および輪郭点を配置する．輪郭点は，仮想電荷の重心とするのが一般的である．電荷重畳法では，対象領域を取り囲むように配置した仮想電荷だけを使って計算するが，表面電荷法では電荷重畳法と異なり，電位や電界は仮想電荷全部を使って計算する．

後は電荷重畳法と同様に，輪郭点ごとに (a) 電極上では電位が指定された値になる (b) 誘電体表面では電束の法線方向成分が連続であるという連立方程式

$$\begin{bmatrix} & & \\ & \text{係数行列} & \\ & & \end{bmatrix} \begin{bmatrix} Q_1 \\ \vdots \\ Q_m \end{bmatrix} = \begin{bmatrix} & & \\ & V \text{ や } \sigma \text{ など} & \\ & & \end{bmatrix} \tag{10.35}$$

をたて，仮想電荷密度 $Q_1$〜$Q_m$ の値を求めればよい．ひとたび $Q_1$〜$Q_m$ の値が求まれば，任意の場所の電位や電界も，$Q_1$〜$Q_m$ の作用の重ね合わせで求めることができる．

表面電荷法を用いた電界計算においては，計算機の桁落ち誤差に，形状を近

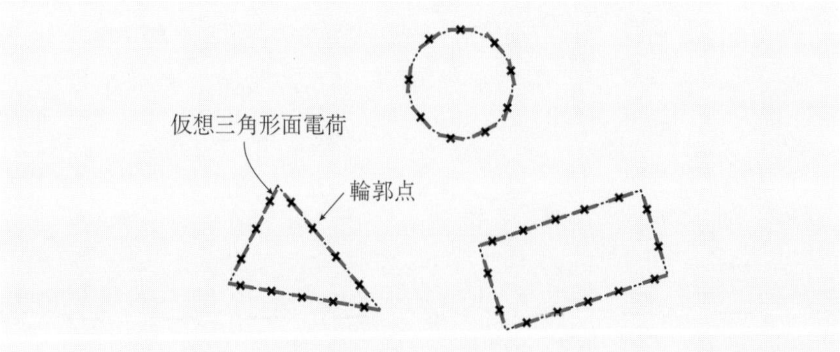


**図 10.13**　表面電荷法

似 (曲面を細かい平面で近似) したことによる誤差や，仮想電荷密度分布の近似による誤差が加わる．計算精度のチェック法としては

(1)　電極内部や，誘電体内部など閉領域の電束密度の積分

(2)　解析解や電荷重畳法による計算結果との比較

が挙げられる．

### 思想家としてのリヒテンベルク

6.2 節「沿面放電」に登場したリヒテンベルク教授 (L. G. Lichtenberg, 1742 年～1799 年) は，物理学者として有名なだけでなく，ドイツ啓蒙主義の代表的な思想家でもあった．私たちには，より馴染みのある詩人ゲーテも自然科学に興味を示し，光学に関する論文をリヒテンベルクに送ったものの，リヒテンベルク教授が書いた大学の教科書には引用もされずがっかりさせられたという逸話が残っている．

リヒテンベルク教授は思いついたこと考えたことなどを雑記帳に残した．それがアフォリズム（ある問題についての思考や観察を簡潔にまとめた格言風の文）として世に出て，ドイツの哲学者ニーチェに「再読，三読に値する」と賞されるほど高い評価を受けている．「リヒテンベルク先生の控え帖」（池内紀編訳，平凡社）には，その一部がまとめられており彼の考え方に接することができる．

彼の文章は注意深い観察に基づき皮肉やユーモアに富んでいる．例えば，クーロンの法則から『自然の法則は普遍的なもので，名前（極性）が異なっている間は激しく引き合いながら，名前（極性）が同じになると激しく反発しあうという法則は，人間の場合でも当てはまる（恋愛と結婚は違う）．』と言っている．

学問についても『あることを労なくして学び取るのと，自分の中でようやくたどりつくのとは同じではない．後者にはすべて根っこがついている．前者はただの貼り付けだけ．』と書き残している．

先生と呼ばれる立場にいると，とかく独善的になりがちになる．この辺もよく見抜いていて『もう何度も気がついたこと．専門家はしばしば最良のところを知らない．』と言ったり，『大したことのない人間が習得できる最上のものは，優れた人の弱点を見てとるときのあの素早さである．』と皮肉っている．次の言葉も大変耳が痛い．『慰めるとき，たいていの人は慰めるよりもお説教をしている．』

## 10.6 サージ解析

### 10.6.1 サージインピーダンス

雷撃などで線路上に発生したインパルス過電圧を**サージ電圧**と呼び，そのサージ電圧 $e$ は，図 10.14(a) に示すように速度 $v$ で線路上を伝搬していく．線路に損失がない場合には，(b) 図のように単位長さ当たりのインダクタンスが $L$，静電容量が $C$ で与えられる分布定数回路で表現できる．サージ電圧が線路上の任意の点，P 点を通るときの電圧 $V$ と電流 $I$ の間に成立する関係式およびサージ電圧の伝搬速度 $v$ は，$L$ と $C$ を用いて次式で示される．

$$V = zI \tag{10.36}$$

$$z = \sqrt{\frac{L}{C}} \tag{10.37}$$

$$v = \frac{1}{\sqrt{LC}} \tag{10.38}$$

ここで (10.37) 式で定義される $z$ は，**サージインピーダンス**ないしは**特性インピーダンス**と呼ばれる Ω(オーム) の単位を持つ量で，サージの電圧と電流との比を定める重要なインピーダンスである．種々の波形測定やオーディオビジュアル (A.V.) 機器の接続に同軸ケーブルを用い，そのインピーダンスが 50Ω とか 75Ω とか言っているが，この値がまさにサージインピーダンス (特性インピーダンス) に相当する．

サージインピーダンスは，分布定数回路で定義される量，言い換えると波形の波長が伝搬する経路の長さに比べて十分短い (波形の周波数がきわめて高い)

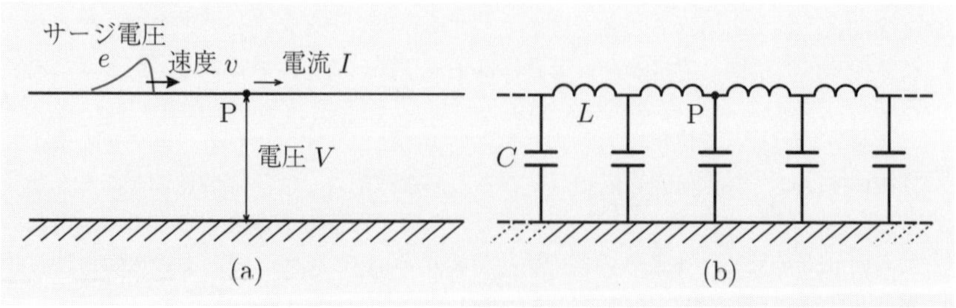


**図 10.14**　サージの伝搬．(a) サージ伝搬のモデル，(b) 分布定数回路

場合に定義される量であることを強調しておきたい．低周波の電源でインピーダンスを測定するテスタ (回路計) では，同軸ケーブルのどの部分を測っても $50\,\Omega$ ないし $75\,\Omega$ という値が出てこないことからも理解できるであろう．

### 10.6.2　サージ伝搬の考え方

サージが同一の線路を伝搬しているときには，波形が保存されたままある速さで移動していくだけで，きわめて単純である．しかし，サージインピーダンスの異なる線路を伝搬する場合には，新たに考慮すべき事柄が生じる．図 10.15(a) のように点 P で 2 つの線路 (サージインピーダンスがそれぞれ $z_1$，$z_2$) が接続され，左から電圧 $e_1$，電流 $i_1$ のサージ (**入射波**と定義) が伝搬してきて，右へ電圧 $e_2$，電流 $i_2$ のサージ (**透過波**と定義) として通過していくことを考える．この場合に入射波と透過波だけでは不十分であることは，次のように証明できる．点 P での電圧および電流の連続性，そしてサージインピーダンスの定義から次の 4 つの式を満足する必要がある．

$$e_1 = e_2,\quad i_1 = i_2,\quad e_1 = z_1 i_1,\quad e_2 = z_2 i_2 \tag{10.39}$$

$z_1 = z_2$ のとき以外は，これらの式を同時に満足できる $e_2$, $i_2$ を求めることはできない．

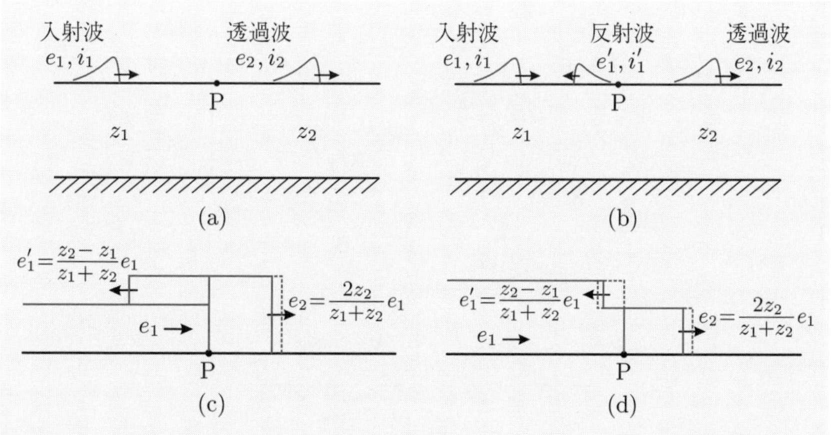


**図 10.15**　入射，透過，反射の考え方とサージインピーダンス．(a) 入射波と透過波，(b) 入射波，透過波，反射波，(c)$z_1 < z_2$ の場合，(d)$z_1 > z_2$ の場合

したがって未知数を増やす必要があり，図 10.15(b) のように**反射波**と定義される電圧 $e'_1$，電流 $i'_1$ で表されるサージを導入してみる．この場合は上で述べた条件式を書いてみると次にようになる．

$$e_1 + e'_1 = e_2 \tag{10.40}$$

$$i_1 - i'_1 = i_2 \tag{10.41}$$

$$e_1 = z_1 i_1, \quad e'_1 = z_1 i'_1, \quad e_2 = z_2 i_2 \tag{10.42}$$

(10.40)〜(10.42) 式を連立させて解くことにより，$e_2$，$i_2$，$e'_1$，$i'_1$ を次式で求めることができる．

$$e_2 = \frac{2z_2}{z_1 + z_2} e_1, \qquad e'_1 = \frac{z_2 - z_1}{z_1 + z_2} e_1 \qquad (10.43),(10.44)$$

$$i_2 = \frac{2z_1}{z_1 + z_2} i_1, \qquad i'_1 = \frac{z_2 - z_1}{z_1 + z_2} i_1 \qquad (10.45),(10.46)$$

以下の例題を解くことにより，透過や反射の意味を考えることにする．

**例題 10.3**

図 10.16 の (a), (b), (c) の場合について，図中に示したように左方からサージ (電圧 $e_1$，電流 $i_1$) が伝搬してきたときの点 P の電圧および電流を求めよ．

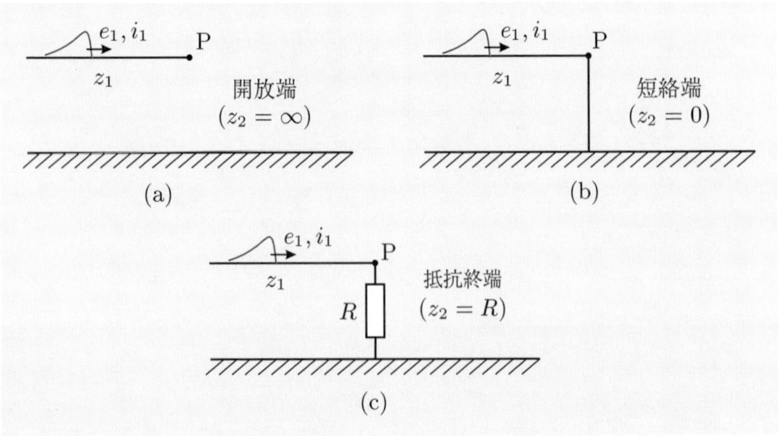


**図 10.16**　各種終端を持つ回路．(a) 開放端，(b) 短絡端，(c) 抵抗終端

**【解答】** (a), (b), (c) 共に点 P の右側に線路が接続されておらず，それぞれ開放されていたり，短絡されていたり，抵抗 $R$ が接続されていたりする．こうした場合には，それぞれの状態に等価な点 P より右側のサージインピーダンス $z_2$ に置き換えて考えればよい．つまり，図中に示してあるように，(a) では $z_2 = \infty$，(b) では $z_2 = 0$，(c) では，$z_2 = R$ として，(10.43)〜(10.46) 式に代入する．また，点 P で観測される電圧，電流は，点 P を通ってきた波形を観測することから透過波 (電圧 $e_2$，電流 $i_2$) で評価することになる．したがって，図 10.16(a) の場合には，$z_2 = \infty$ として，

$$e_2 = \frac{2(z_2/z_1)e_1}{z_2/z_1 + 1} = \frac{2(z_2/z_1)e_1}{z_2/z_1} = 2e_1 \tag{10.47}$$

ここで $z_2/z_1 \gg 1$ の関係を利用している．同様にして

$$i_2 = 0 \tag{10.48}$$

図 10.16(b) の場合には，$z_2 = 0$ を代入して，

$$e_2 = 0, \quad i_2 = 2i_1 \tag{10.49}$$

図 10.16(c) の場合には，点 P の電位を $e_2$，抵抗 $R$ に流れる電流を $i_2$ とすると，$e_2 = Ri_2$ となることから，(10.42) 式において，$z_2 = R$ とした関係式が成立することになり，$z_2 = R$ を代入して，

$$e_2 = \frac{2R}{z_1 + R}e_1, \quad i_2 = \frac{2z_1}{z_1 + R}i_1 \tag{10.50}$$

が得られる．

図 10.16(a) のように開放端の場合には，入射波の 2 倍の電圧が生じている．また図 10.16(b) のように短絡端の場合には，電流が入射電流の 2 倍となる．

図 10.16(c) の場合において，$z_1 = R$ の関係が成立するときだけ，

$$e_2 = e_1, \quad i_2 = i_1 \tag{10.51}$$

となり，入射波がそのままの大きさで伝搬される．このような状況を**インピーダンス整合** (impedance matching) という．サージ波形をオシロスコープで正しく測定しようとするとこのインピーダンス整合が大変重要になってくる．■

次に回路に分岐がある場合の計算について，例題を通じて考えてみることにする．

**例題 10.4**

図 10.17 の (a) および (b) に示した回路において，それぞれ線路 $z_1$ の左側から電圧 $e_1$，電流 $i_1$ のサージが入射した場合のそれぞれの点 P の電位とそこを流れる電流を求めよ．

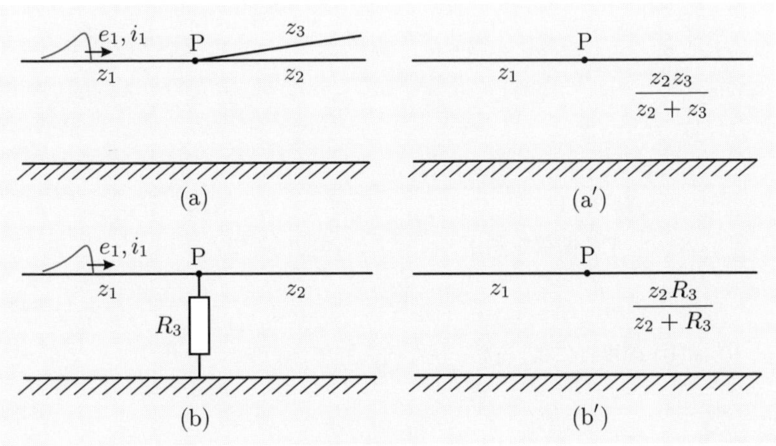


**図 10.17**　分岐のある回路．(a) 線路で分岐，(a′) (a) の等価回路，(b) 線路と抵抗で分岐，(b′) (b) の等価回路

**【解答】** まず，図 10.17(a) の回路について考える．点 P から右側を見るとサージインピーダンス $z_2$ と $z_3$ の線路に分岐している．これは，$z_2$ と $z_3$ がちょうど並列に接続されているのと等価である．したがって，図 10.17(a′) に示すように，点 P から右側には $z_2$ と $z_3$ が並列になった合成のサージインピーダンス $z = z_2 z_3/(z_2 + z_3)$ が接続されているとして計算できる．

透過波の電圧 $e_2$ および $e_3$ は，(10.43) 式を利用して，

$$e_2 = e_3 = \frac{2z}{z_1 + z} e_1 = \frac{2 z_2 z_3}{z_1 z_2 + z_2 z_3 + z_3 z_1} e_1 \tag{10.52}$$

また，透過波の電流 $i_2$ および $i_3$ は，$i_2 = e_2/z_2$，$i_3 = e_3/z_3$，$e_1 = z_1 i_1$ の関係を用いて，

$$i_2 = \frac{2 z_3 z_1}{z_1 z_2 + z_2 z_3 + z_3 z_1} i_1, \quad i_3 = \frac{2 z_1 z_2}{z_1 z_2 + z_2 z_3 + z_3 z_1} i_1 \tag{10.53}$$

となる．一方，反射波の電圧 $e_1'$，電流 $i_1'$ は，それぞれ次式で与えられる．

$$e'_1 = \frac{z - z_1}{z_1 + z} e_1 = \frac{z_2 z_3 - z_1(z_2 + z_3)}{z_1 z_2 + z_2 z_3 + z_3 z_1} e_1 \tag{10.54}$$

$$i'_1 = \frac{z - z_1}{z_1 + z} i_1 = \frac{z_2 z_3 - z_1(z_2 + z_3)}{z_1 z_2 + z_2 z_3 + z_3 z_1} i_1 \tag{10.55}$$

次に図 10.17(b) の回路について考える．点 P から右側を見るとサージインピーダンス $z_3$ と抵抗 $R_3$ が接続されている．例題 10.3 で学んだように接地抵抗 $R_3$ は，$R_3$ の値を持つサージインピーダンスの線路を点 P に接続したのと等価であることから，点 P では $z_2$ と $R_3$ の線路に分岐していると考えることができる．つまり，図 10.17(a) と同じ考え方が適当で，(10.52) 式～(10.55) 式中に含まれる $z_3$ を $R_3$ で置き換えればよいことになる．したがって，次式が得られる．

$$e_2 = e_3 = \frac{2 z_2 R_3}{z_1 z_2 + z_2 R_3 + R_3 z_1} e_1 \tag{10.56}$$

$$\begin{aligned} i_2 &= \frac{2 R_3 z_1}{z_1 z_2 + z_2 R_3 + R_3 z_1} i_1 \\ i_3 &= \frac{2 z_1 z_2}{z_1 z_2 + z_2 R_3 + R_3 z_1} i_1 \end{aligned} \tag{10.57}$$

$$e'_1 = \frac{z_2 R_3 - z_1(z_2 + R_3)}{z_1 z_2 + z_2 R_3 + R_3 z_1} e_1 \tag{10.58}$$

$$i'_1 = \frac{z_2 R_3 - z_1(z_2 + R_3)}{z_1 z_2 + z_2 R_3 + R_3 z_1} i_1 \tag{10.59}$$

■

**例題 10.5**

図 10.18 のように，線路 A(サージインピーダンス: $z_A = 300\,\Omega$)，線路 B(サージインピーダンス: $z_B = 75\,\Omega$) が接続されており，線路 B の終端は開放されている．パルス幅 $0.5\,\mu$s，波高値 1 MV の方形波サージ電圧が左から進入してきた．時間の原点 $t = 0$ は，サージ電圧が点 c に到達した時点とする．また，サージ電圧の伝搬速度は $300\,\mathrm{m}/\mu\mathrm{s}$ とする． 以下の問いに答えよ．

(1)　点 c において，図の左から来るサージ電圧に対する，① 透過波の係数 $k_1$，② 反射波の係数 $k_2$，図の右から来るサージ電圧に対する，

③ 透過波の係数 $k_3$，④ 反射波の係数 $k_4$ をそれぞれ求めよ．また，点 d において，図の左から来るサージ電圧に対する，⑤ 透過波 (点 d で観測される電圧) の係数 $k_5$，⑥ 反射波の係数 $k_6$ を求めよ．

(2)　点 c, および点 d で観測される波形を, 時間原点 $t = 0$ から $t = 11\,\mu$s までの範囲で，それぞれ図示せよ．

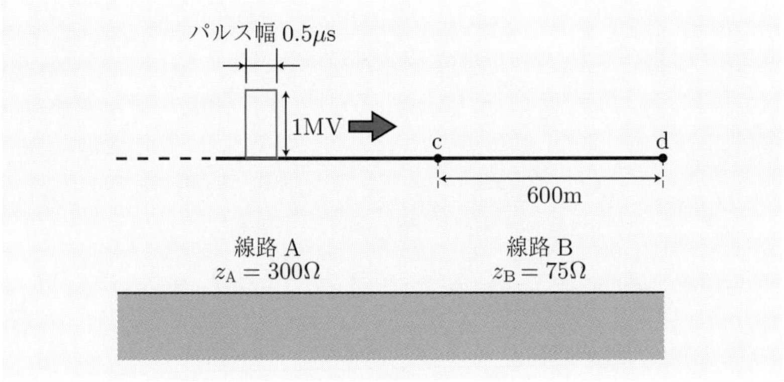


図 10.18

**【解答】** (1)　点 c の左から来るサージ電圧に対して，① 透過波の係数 $k_1$ は (10.43) 式の関係を利用することにより，

$$k_1 = \frac{2z_{\mathrm{B}}}{z_{\mathrm{A}} + z_{\mathrm{B}}} = 0.4$$

② 反射波の係数 $k_2$ は (10.44) 式の関係を利用することにより，

$$k_2 = \frac{z_{\mathrm{B}} - z_{\mathrm{A}}}{z_{\mathrm{A}} + z_{\mathrm{B}}} = -0.6$$

また, 点 c の右から来るサージ電圧に対して, ③ 透過波の係数 $k_3$ は (10.43) 式の関係を利用し，進行方向を考慮しつつ $z_1 = z_{\mathrm{B}}$, $z_2 = z_{\mathrm{A}}$ を代入することにより，

$$k_3 = \frac{2z_{\mathrm{A}}}{z_{\mathrm{B}} + z_{\mathrm{A}}} = 1.6$$

④ 反射波の係数 $k_4$ は (10.44) 式の関係を利用し, 同じく $z_1 = z_{\mathrm{B}}$, $z_2 = z_{\mathrm{A}}$ を代入することにより，

$$k_4 = \frac{z_A - z_B}{z_B + z_A} = 0.6$$

となる．次に，点 d の左から来るサージ電圧に対して，⑤ 透過波の係数 $k_5$ は (10.43) 式の関係を利用し，$z_1 = z_B$, $z_2 = \infty$ を代入することにより，

$$k_5 = 2$$

⑥ 反射波の係数は (10.44) 式の関係を利用し，同じく $z_1 = z_B$, $z_2 = \infty$ を代入することにより，

$$k_6 = 1$$

(2)　cd 間のサージ伝搬時間 $t_{cd}$ は，

$$t_{cd} = \frac{600\,\mathrm{m}}{300\,\mathrm{m}/\mu\mathrm{s}} = 2\,\mu\mathrm{s}$$

となることから，点 c を出発したサージ電圧は $t = 2\,\mu$s で点 d に到達し，点 d からの反射波は $t = 4\,\mu$s で再び点 c に戻ってくる．従って，点 c, 点 d 共に最初に観測される波形から周期 $4\,\mu$s で繰り返し波形が観測されることになる．

方形波サージ電圧の大きさを $e$ とする．点 c で観測される波形は，まず

$0 \leqq t \leqq 0.5\,\mu$s で，$k_1 e$

で，このサージが点 d に到達し点 d で観測される波形は，

$2\,\mu\mathrm{s} \leqq t \leqq 2.5\,\mu$s で，$k_1 k_5 e$

となる．点 d で反射されたサージは $k_1 k_6 e$ となって点 c に戻り透過することから，

$4\,\mu\mathrm{s} \leqq t \leqq 4.5\,\mu$s で，$k_1 k_6 k_3 e$

が点 c で観測され，ここでの反射波 $k_1 k_6 k_4 e$ が点 d に向かい，点 d で観測される波形は，

$6\,\mu\mathrm{s} \leqq t \leqq 6.5\,\mu$s で，$k_1 k_6 k_4 k_5 e$

となる．点 d で再度反射され $k_1 k_6 k_4 k_6 e$ となって点 c に戻り透過することから，

$8\,\mu\mathrm{s} \leqq t \leqq 8.5\,\mu$s で，$k_1 k_6 k_4 k_6 k_3 e$

が点 c で観測され，ここでの反射波 $k_1 k_6 k_4 k_6 k_4 e$ が点 d に向かい，点 d で観測される波形は，

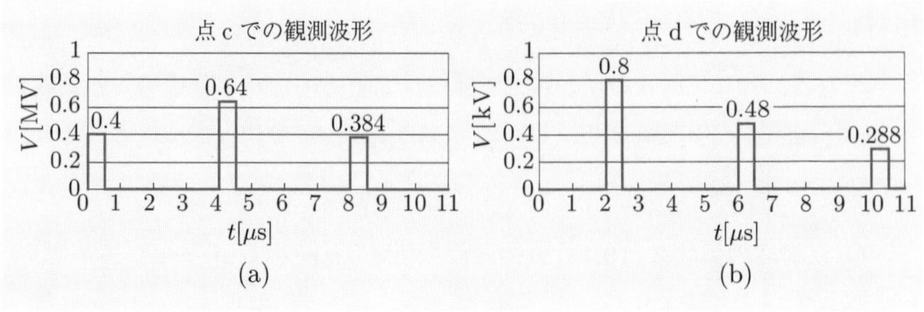


**図 10.19**

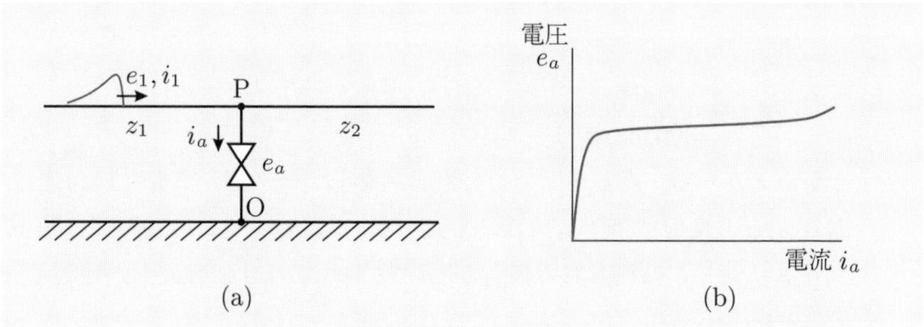


**図 10.20**　避雷器のある回路．(a) 回路，(b) 避雷器の電圧–電流特性

$$10\,\mu\mathrm{s} \leqq t \leqq 10.5\,\mu\mathrm{s}\ \text{で，}\ k_1k_6k_4k_6k_4k_5e$$

となる．$k_1$〜$k_6$ の値を代入して，点 c および点 d で観測される波形をそれぞれ図示すると図 10.19 のようになる．■

### 10.6.3　避雷器によるサージ電圧の抑制

サージ計算の応用として，送電線路に避雷器を設置してサージ電圧を抑制する仕組みを考えてみる．図 10.20 に示すようにサージインピーダンス $z_1$ と $z_2$ の線路の接続点 P に避雷器が置かれており，$z_1$ の線路左側からサージ (電圧 $e_1$，電流 $i_1$) が伝搬してきたとする．また，避雷器に加わる電圧 $e_a$ と避雷器に流れる電流 $i_a$ との関係は図 10.20(b) で与えられるとする．避雷器のような非線形素子が含まれる場合のサージ計算は複雑に見えるが，電気回路理論で勉強した**鳳《ほう》–テブナンの定理**を用いると大変スマートに解くことができる．

ここで鳳–テブナンの定理を簡単に復習しておく．図 10.21(a) に示したように，注目している素子 (今は避雷器) を取り出し，それ以外の回路全体と端子

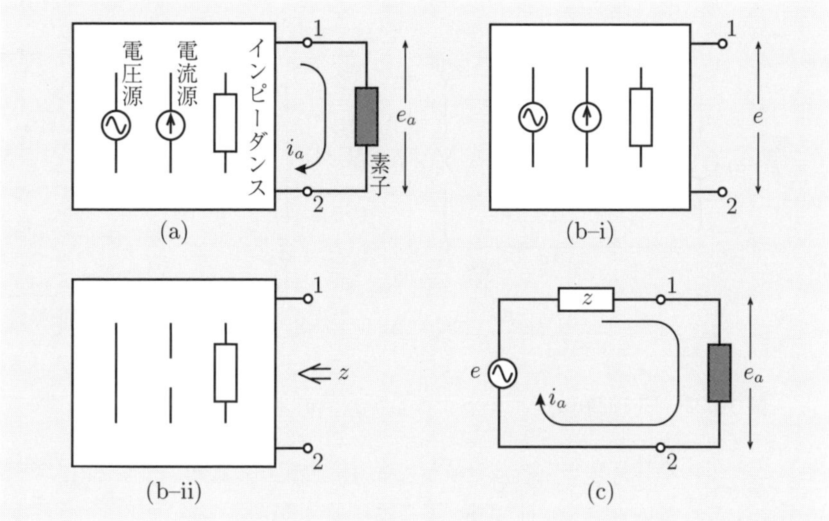


**図 10.21**　鳳–テブナンの定理；(a) 解析対象の回路；(b) 等価回路に必要な要素，(b-i) 素子を除いた開放端の電圧，(b-ii) 電圧源を短絡，電流源を開放したときの端子から見たインピーダンス；(c) 等価回路

1, 2 で接続されているとする．鳳–テブナンの定理によると，(a) 図の回路は最終的に (c) 図で与えられるシンプルな等価回路に置き換えることができる．この等価回路に含まれる電圧源 $e$ およびインピーダンス $z$ をどのように定めるかである．まず，注目する素子を取り除いて端子 1, 2 間を開放端にしたときの電圧を求める ((b-i) 図参照)．この開放端の電圧を $e$ として与える．次に，素子を取り除いた状態で回路中に含まれる全ての電圧源を短絡，全ての電流源を開放し，端子 1, 2 から見た回路のインピーダンスを求めるとその値が $z$ となる ((b-ii) 図参照)．なお，これらの証明を勉強されたい人は電気回路理論の教科書を参照してほしい．鳳–テブナンの定理は集中定数回路で用いられているが，インピーダンスをサージインピーダンスに置き換えてサージ計算に応用してみる．

図 10.20(a) の回路に鳳–テブナンの定理を適用して，等価回路を求めると図 10.22(a) になる．等価回路の電源電圧は，避雷器のない場合の点 P の電圧，すなわち図 10.15 の点 P の電圧と等しいことから (10.43) 式で求められるサージ電圧となる．また，点 P から見たサージインピーダンスは，$z_1$ と $z_2$ のサージ

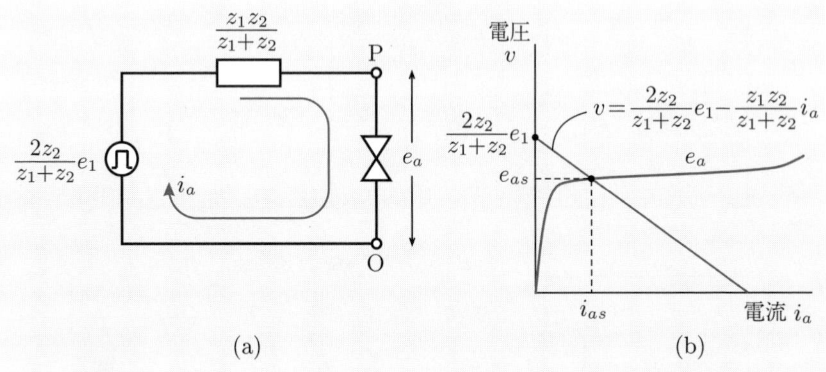


**図 10.22**　図 10.20(a) のサージ計算の解法．(a) 等価回路，(b) 図式解法

インピーダンスが点 P で左右に分岐している，すなわち並列に接続されていると考えてよく $z_1 z_2/(z_1+z_2)$ で与えることができる．

図 10.22(a) で示された等価回路の解は，(b) 図で描かれるように図式的に求めることができる．回路中に $i_a$ の電流が流れるとするとサージ電圧源側が端子 PO 間に発生できる電圧 $v$ はサージインピーダンスによる電圧降下を考えて，

$$v=\frac{2z_2}{z_1+z_2}e_1-\frac{z_1 z_2}{z_1+z_2}i_a \qquad (10.60)$$

で与えられる．一方，避雷器の端子 PO 間の電圧 $e_a$ は $i_a$ に対し，図中の曲線上で変化する．回路で実現される状態，すなわち回路方程式の解は $v=e_a$ でなければならない．よって，(10.60) 式で与えられる直線と避雷器の $e_a-i_a$ 特性曲線の交点で求める電圧 $e_{as}$ と $i_{as}$ が最終的な解となる．

**例題 10.6**

図 10.23 に示すように，サージインピーダンス $z_1$ および $z_2$ の線路が点 B で接続されている．

(1)　点 A から点 B に向かうサージ電圧 $e(t)$ が，点 A′ で次式のような時間変化を示したとする．

$$e(t)=1000t \quad (e(t):\text{電圧 [kV]},\ t:\text{時間 [}\mu\text{s]},\ t\geqq 0)$$

この場合，点 B の電圧の時間変化を求めよ．ただし，時間 $t$ の原点は点 A′ でサージ電圧が観測される時刻，点 A′ と点 B 間の距離

は $150\,\mathrm{m}$，$z_1 = 200\,\Omega$，$z_2 = 300\,\Omega$，サージの伝搬速度は光速 ($300\,\mathrm{m}/\mu\mathrm{s}$) に等しいとする．また，点 A や点 C からの反射波の影響は無視してよい．

(2) 点 B に避雷器を設置する．設問 (1) と同じサージ電圧が点 B に伝搬してきた場合の避雷器に流れる電流の時間変化を，$t = 3\,\mu\mathrm{s}$ まで求め，またその結果を図示せよ．ただし，避雷器は点 B の電位が 0.6 MV を超えようとすると常に 0.6 MV に保つように電流を流す理想的なものとする．

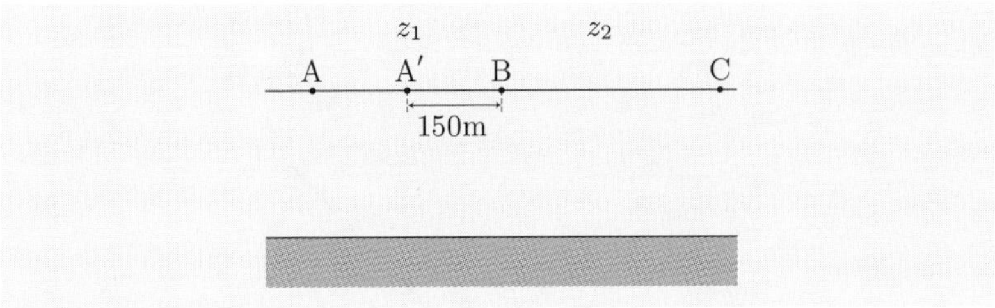


図 10.23

**【解答】**

(1) 点 A′ を通過し点 B に入射波 $e_1$ として入ってきたサージは，点 B で透過波 $e_2$ として観測される．$e_2$ は (10.43) 式の関係を利用することにより次式で求められる．

$$e_2 = \frac{2z_2}{z_1 + z_2}e_1 = \frac{2 \times 300}{200 + 300}e_1 = 1.2e_1$$

また，A′B 間のサージ伝搬時間 $t_0$ は，

$$t_0 = \frac{150\,\mathrm{m}}{300\,\mathrm{m}/\mu\mathrm{s}} = 0.5\,\mu\mathrm{s}$$

であり，点 B では点 A′ より $0.5\,\mu\mathrm{s}$ 遅れて観測されることから，点 B の電圧の時間変化は次式で与えられる．

$$e_2(t) = \begin{cases} 0 & t < 0.5\,\mu\mathrm{s} \\ 1200(t - 0.5) & t \geqq 0.5\,\mu\mathrm{s} \end{cases}$$

(2)　図 10.22 を参考にして，鳳–テブナンの定理に基づいた避雷器を含む等価回路に置換し，その回路から避雷器に流れる電流を求めることができる．まず点 B から見た合成のサージインピーダンスは，$z_{\mathrm{B}} = \dfrac{200 \times 300}{200 + 300} = 120\,\Omega$ となる．次に等価回路の電源電圧は，設問 (1) で求めた $e_2(t)$ となる．避雷器の特性を電圧 $e_a = 0.6\,\mathrm{MV}$ で与え，得られた等価回路から避雷器に流れる電流 $i(t)$ を図式的に求めると次式のようになる．

$$i(t) = \begin{cases} 0 & t < 1\,\mu\mathrm{s} \\ \dfrac{e_2(t) - 600}{120} = 10t - 10\,[\mathrm{kA}] & t \geqq 1\,\mu\mathrm{s} \end{cases}$$

また，得られた電流を図示すると図 10.24 になる．

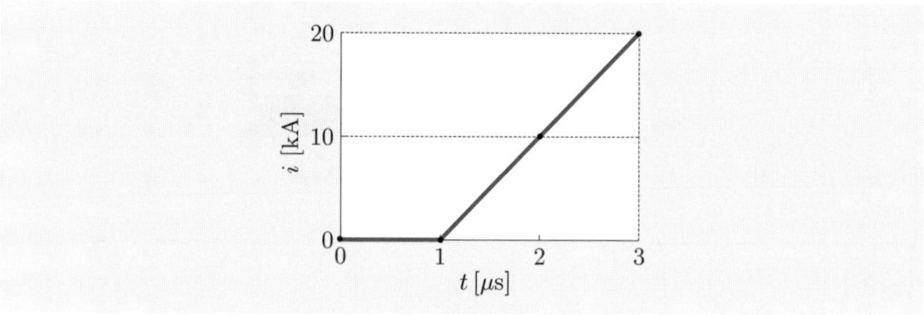


図 10.24

### 10.6.4　過渡回路解析の数値計算法

ここで学んできたサージ現象が取り扱える過渡回路解析の数値計算プログラムとしては，EMTP (electro-magnetic transients program) が標準的なプログラムとして世界的にもよく知られている．使用に際してライセンス料が不要なプログラムも提供されており，興味のある方は入門書となる参考文献[7] を読まれるとよい．

# 10 章の問題

□ **1**　GIS (ガス絶縁開閉装置) 等の電力機器においては，通常，絶縁破壊は電界が最大になる部位付近から発生することから，最大電界ができるだけ小さくなるように高電圧部の設計を行う．図 10.25 は，接地されている金属管中の高圧母線の端部を模擬した図である．

(1)　中心導体の半径 $r$ を変化させて電界計算を行い，中心導体 (先端の半球部を含む) の表面電界の最大値が最小となる最適半径 (cm のオーダで十分である) を求めよ．計算に際しては，中心導体や接地外管の長さは $R$ の 5〜6 倍程度とすること．

(2)　中心導体や外管が無限に長く端の効果が無視できる場合，中心導体の半径 $r$ が外管の半径 $R$ に対し $r = 0.368R$ のときに中心導体の表面電界は最小となる．この値と今回求めた $r$ の値の違いについて考察せよ．

(3)　実用的には材料費や重量の制約上，中心導体はなるべく細くコンパクトにしたい．このような制約のもと，どのようにするのがよいか考察せよ．

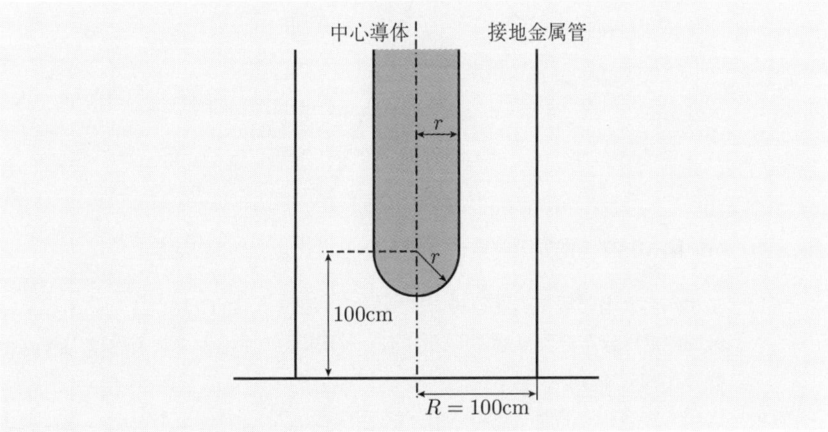


**図 10.25**　高電圧母線の端部モデル

□ **2**　図 10.26 に示すように，円錐台形状の絶縁スペーサが大地面に置いてあり，平板電極を支持している．スペーサ材料およびその周りの空気の比誘電率はそれぞれ 3 と 1 とする．座標 A(10, 10) の点は，3 重点 (triple junction) と呼ばれる特異点で電界が強くなる．それを緩和するために，平板電極に図のような突き出し電極を設ける．

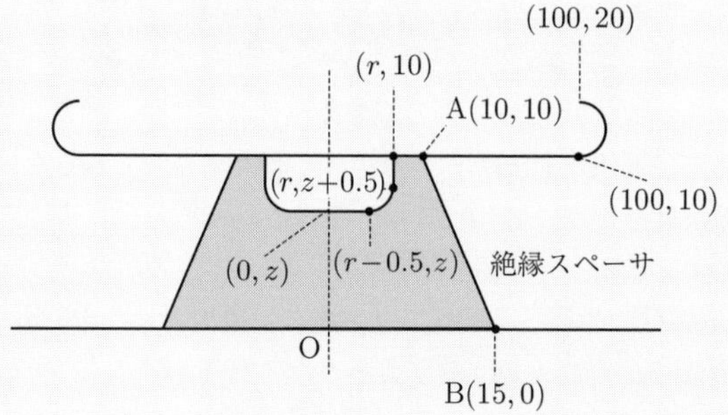


**図 10.26**　円錐台スペーサと突き出し電極 (図中の座標の単位は cm)

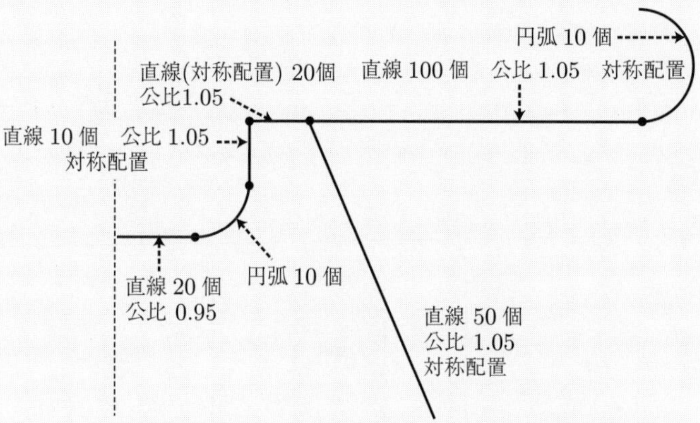


**図 10.27**　電界計算時に必要となるパラメータ (初期値)

(1)　まず，突き出し電極のない場合について，座標 A と B(15, 0) を結ぶ線上の空気側の電界分布を計算せよ．印加電圧を 10kV にすると平均電界は 1kV/cm となり比較しやすい．

(2)　次に，突き出し電極の形状を決める図中の $r$ や $z$ の値を下記のように変化させ，その効果が最大となる組み合わせを求めよ．輪郭点の配置については図 10.27 を参照するとよい．

$$r = 8,\ 8.5,\ 9,\ 9.5[\mathrm{cm}], \quad z = 8,\ 8.5,\ 9,\ 9.5[\mathrm{cm}] \tag{10.61}$$

□ **3**　図 10.28 に示すように，10 m の同軸ケーブル (サージインピーダンス：50 Ω) を用いて，ある信号源から発生している信号をオシロスコープで観測することを考える．高電圧工学の講義を聴いていない人が測定したために，オシロスコープの入

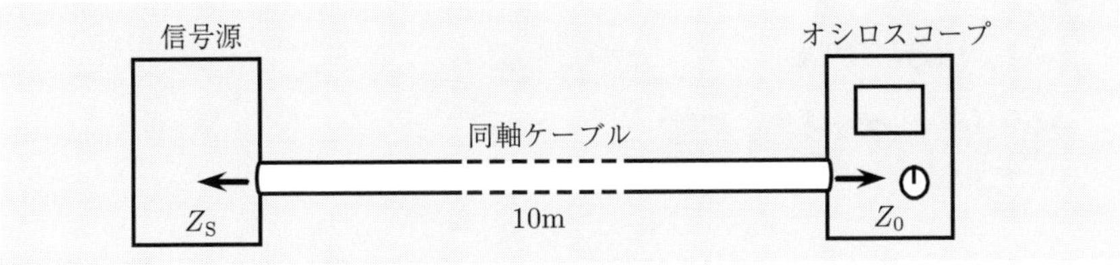


図 10.28

力インピーダンス $Z_0$ は $\infty$ にしたままであった．また，信号源のインピーダンス $Z_S$ は $25\,\Omega$ である．

(1) 波高値 30 V，パルス幅 250 ns の方形波パルスが時刻 $t = 0$ から 1 回だけ，信号源から同軸ケーブルに入射された．そのとき，オシロスコープではどのような波形が観測されるか．$t = 500\,\mathrm{ns}$ までの波形を図示せよ．なお，同軸ケーブル中の信号の伝搬速度は 0.2 m/ns と仮定する．

(2) 信号源の波形とオシロスコープでの観測波形は，似ても似つかないものであることに気づくであろう．どのような対策を講じたらよいかを説明せよ．

□ **4** 図 10.29 に示すように，送電線路上の A 点に避雷器が置かれ，AB 間に開放端 B を有する線路が存在する．C 点方向から 1 MV の方形波状電圧サージが伝搬してきた状況を考える．避雷器は A 点の電位が 600 kV を超えようとすると常に 600 kV に保つよう電流を流す理想的な特性を持っている．以下の問いに答えよ．ただし，線路のサージインピーダンスは CA 間，AB 間共に $400\,\Omega$，サージ電圧の伝搬速度は $300\,\mathrm{m}/\mu\mathrm{s}$ で，時間 $t$ の原点 ($t = 0$) としてはサージ電圧が A 点に到達した時点を取る．

(1) 開放端 B 点の電位を $0 \leqq t \leqq 8\,\mu\mathrm{s}$ の範囲で求め，結果を図示せよ．

(2) 避雷器に流れる電流を $0 \leqq t \leqq 8\,\mu\mathrm{s}$ の範囲で求め，結果を図示せよ．

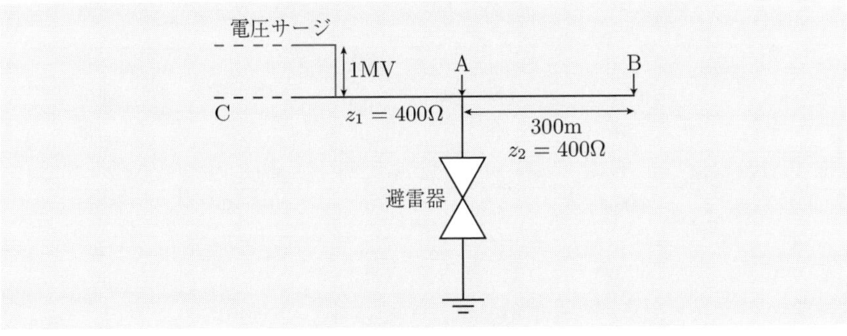


図 10.29

# 付 録 A
# 単位の換算

## A.1　物理定数表

| | |
|---|---|
| 真空中の光速 ($c$) | $2.998 \times 10^{8}$ m/s |
| 真空の誘電率 ($\varepsilon_0$) | $1/(\mu_0 c^2) = 8.854 \times 10^{-12}$ F/m |
| 真空の透磁率 ($\mu_0$) | $4\pi \times 10^{-7} = 1.257 \times 10^{-6}$ H/m |
| 電子の電荷 ($e$) (絶対値は電気素量) | $-1.602 \times 10^{-19}$ C |
| 電子の質量 ($m_{\mathrm{e}}$) | $9.109 \times 10^{-31}$ kg |
| プランク定数 ($h$) | $6.626 \times 10^{-34}$ J $\cdot$ s |
| 1 原子量の質量 | $1.673 \times 10^{-27}$ kg |
| 1 電子ボルト [eV] | $1.602 \times 10^{-19}$ J |
| アボガドロ数 ($N_{\mathrm{A}}$) | $6.022 \times 10^{23}$/mol |
| ボルツマン定数 ($k$) | $1.381 \times 10^{-23}$ J/K |
| 標準状態 (1 気圧，0 ℃) の理想気体の体積 | $2.241 \times 10^{-2}$ m$^3$/mol |
| 標準状態の気体の分子密度 | $2.678 \times 10^{25}$/m$^3$ |

## A.2　圧力の換算

| MPa<br>N/mm$^2$ | Pa<br>N/m$^2$ | Mdyn/cm$^2$<br>bar | kgf/cm$^2$ | atm | mmHg<br>Torr |
|---|---|---|---|---|---|
| 1 | $1 \times 10^{6}$ | 10 | 10.197 | 9.869 | 7500.62 |
| $1 \times 10^{-6}$ | 1 | $1 \times 10^{-5}$ | $1.0197 \times 10^{-5}$ | $9.869 \times 10^{-6}$ | $7.50062 \times 10^{-3}$ |
| 0.1 | 100000 | 1 | 1.0197 | 0.9869 | 750.062 |
| $9.80665 \times 10^{-2}$ | $9.80665 \times 10^{4}$ | 0.980665 | 1 | 0.9678 | 735.559 |
| 0.101325 | 101325 | 1.01325 | 1.0332 | 1 | 760 |
| $1.3332 \times 10^{-4}$ | 133.32 | 0.0013332 | 0.0013595 | 0.001316 | 1 |

# 付 録 B
# 標準球ギャップの火花電圧

標準大気状態 (温度 $t_{\mathrm{n}} = 20$ ℃, 気圧 $b_{\mathrm{n}} = 1013\,\mathrm{hPa}$) における一球接地をした**標準球ギャップ**の火花電圧の一部を表 B.1 (球直径 2〜25 cm) と表 B.2 (球直径 50, 75 cm) に示す.

### 共通する留意事項

(1)　適用範囲：+ は正極性インパルス波, − は交流電圧, 負極性インパルス波, 直流電圧 (正, 負), 表の数値は日本産業規格 JIS C 1001 (2010) から一部を引用している.

(2)　網掛け内の数字はインパルス電圧に対して照射の必要のあることを示す.

(3)　かっこで囲まれた数字はギャップ長が球直径の 1/2 以上の場合で不確かさが増加することを示している.

### 火花電圧の気象補正

任意の気温 $t$, 気圧 $b$, 絶対湿度 $h$ における火花電圧 $V_{\mathrm{s}}$ は, 表中の電圧 $V_{\mathrm{n}}$ に, 空気密度補正係数 $\delta$ と湿度補正係数 $k$ を乗ずることによって求められる.

$$V_{\mathrm{s}} = V_{\mathrm{n}} \cdot \delta \cdot k \tag{B.1}$$

$$\delta = \frac{b}{b_{\mathrm{n}}} \cdot \frac{273 + t_{\mathrm{n}}}{273 + t} = \frac{293}{1013} \cdot \frac{b}{273 + t} = \frac{0.289b}{273 + t} \tag{B.2}$$

$$k = 1 + 0.002 \left( \frac{h}{\delta} - 8.5 \right) \tag{B.3}$$

ここで, $b$ と $b_{\mathrm{n}}$ の単位は hPa, $t$ と $t_{\mathrm{n}}$ の単位は摂氏 [℃], 絶対湿度 $h$ の単位は $\mathrm{g/m^3}$ である.

一般に, 絶対湿度を測定することは難しいので, 相対湿度 $h_{\mathrm{r}}$ [%] と絶対温度 $T$ [K] $(= t\,[℃] + 273.15)$ から次式により絶対湿度 $h\,[\mathrm{g/m^3}]$ に換算する. なお, 式中の $e(T)$ は飽和水蒸気圧 [Pa] で, ゾンターク (Sonntag) の式と呼ばれる下記近似式として与えられている.

$$h = 2.1667 \times 10^{-2} \frac{e(T)}{T} h_{\mathrm{r}}$$

$$e(T) = \exp\left( \frac{c_1}{T} + c_2 + c_3 T + c_4 T^2 + c_5 \ln T \right)$$

ここで, $c_1 = -6.0969385 \times 10^3$, $c_2 = 2.12409642 \times 10$, $c_3 = -2.711193 \times 10^{-2}$, $c_4 = 1.673952 \times 10^{-5}$, $c_5 = 2.433502$.

表 B.1

| 球直径[cm] ギャップ長[cm] | 2 | | 5 | | 6.25 | | 10 | | 12.5 | | 15 | | 25 | |
|---|---|---|---|---|---|---|---|---|---|---|---|---|---|---|
| | + | − | + | − | + | − | + | − | + | − | + | − | + | − |
| 0.05 | | 2.8 | | | | | | | | | | | | |
| 0.10 | | 4.7 | | | | | | | | | | | | |
| 0.15 | | 6.4 | | | | | | | | | | | | |
| 0.20 | | 8.0 | | 8.0 | | | | | | | | | | |
| 0.25 | | 9.6 | | 9.6 | | | | | | | | | | |
| 0.30 | 11.2 | 11.2 | 11.2 | 11.2 | | | | | | | | | | |
| 0.40 | 14.4 | 14.4 | 14.3 | 14.3 | 14.2 | 14.2 | | | | | | | | |
| 0.50 | 17.4 | 17.4 | 17.4 | 17.4 | 17.2 | 17.2 | 16.8 | 16.8 | 16.8 | 16.8 | 16.8 | 16.8 | | |
| 0.60 | 20.4 | 20.4 | 20.4 | 20.4 | 20.2 | 20.2 | 19.9 | 19.9 | 19.9 | 19.9 | 19.9 | 19.9 | | |
| 0.70 | 23.2 | 23.2 | 23.4 | 23.4 | 23.2 | 23.2 | 23.0 | 23.0 | 23.0 | 23.0 | 23.0 | 23.0 | | |
| 0.80 | 25.8 | 25.8 | 26.3 | 26.3 | 26.2 | 26.2 | 26.0 | 26.0 | 26.0 | 26.0 | 26.0 | 26.0 | | |
| 0.90 | 28.3 | 28.3 | 29.2 | 29.2 | 29.1 | 29.1 | 28.9 | 28.9 | 28.9 | 28.9 | 28.9 | 28.9 | | |
| 1.0 | 30.7 | 30.7 | 32.0 | 32.0 | 31.9 | 31.9 | 31.7 | 31.7 | 31.7 | 31.7 | 31.7 | 31.7 | 31.7 | 31.7 |
| 1.2 | (35.1) | (35.1) | 37.8 | 37.6 | 37.6 | 37.5 | 37.4 | 37.4 | 37.4 | 37.4 | 37.4 | 37.4 | 37.4 | 37.4 |
| 1.4 | (38.5) | (38.5) | 43.3 | 42.9 | 43.2 | 42.9 | 42.9 | 42.9 | 42.9 | 42.9 | 42.9 | 42.9 | 42.9 | 42.9 |
| 1.5 | (40.0) | (40.0) | 46.2 | 45.5 | 45.9 | 45.5 | 45.5 | 45.5 | 45.5 | 45.5 | 45.5 | 45.5 | 45.5 | 45.5 |
| 1.6 | | | 49.0 | 48.1 | 48.6 | 48.1 | 48.1 | 48.1 | 48.1 | 48.1 | 48.1 | 48.1 | 48.1 | 48.1 |
| 1.8 | | | 54.5 | 53.0 | 54.0 | 53.5 | 53.5 | 53.5 | 53.5 | 53.5 | 53.5 | 53.5 | 53.5 | 53.5 |
| 2.0 | | | 59.5 | 57.5 | 59.0 | 58.5 | 59.0 | 59.0 | 59.0 | 59.0 | 59.0 | 59.0 | 59.0 | 59.0 |
| 2.2 | | | 64.0 | 61.5 | 64.0 | 63.0 | 64.5 | 64.5 | 64.5 | 64.5 | 64.5 | 64.5 | 64.5 | 64.5 |
| 2.4 | | | 69.0 | 65.5 | 69.0 | 67.5 | 70.0 | 69.5 | 70.0 | 70.0 | 70.0 | 70.0 | 70.0 | 70.0 |
| 2.6 | | | (73.0) | (69.0) | 73.5 | 72.0 | 75.5 | 74.5 | 75.5 | 75.0 | 75.5 | 75.5 | 75.5 | 75.5 |
| 2.8 | | | (77.0) | (72.5) | 78.0 | 76.0 | 80.5 | 79.5 | 80.5 | 80.0 | 80.5 | 80.5 | 81.0 | 81.0 |
| 3.0 | | | (81.0) | (75.5) | 82.0 | 79.5 | 85.5 | 84.0 | 85.5 | 85.0 | 85.5 | 85.5 | 86.0 | 86.0 |
| 3.5 | | | (90.0) | (82.5) | (91.5) | (87.5) | 97.5 | 95.0 | 98.0 | 97.0 | 98.5 | 98.0 | 99.0 | 99.0 |
| 4.0 | | | (97.5) | (88.5) | (101) | (95.0) | 109 | 105 | 110 | 108 | 111 | 110 | 112 | 112 |
| 4.5 | | | | | (108) | (101) | 120 | 115 | 122 | 119 | 124 | 122 | 125 | 125 |
| 5.0 | | | | | (115) | (107) | 130 | 123 | 134 | 129 | 136 | 133 | 138 | 137 |
| 5.5 | | | | | | | (139) | (131) | 145 | 138 | 147 | 143 | 151 | 149 |
| 6.0 | | | | | | | (148) | (138) | 155 | 146 | 158 | 152 | 163 | 161 |
| 6.5 | | | | | | | (156) | (144) | (164) | (154) | 168 | 161 | 175 | 173 |
| 7.0 | | | | | | | (163) | (150) | (173) | (161) | 178 | 169 | 187 | 184 |
| 7.5 | | | | | | | (170) | (155) | (181) | (168) | 187 | 177 | 199 | 195 |
| 8.0 | | | | | | | | | (189) | (174) | (196) | (185) | 211 | 206 |
| 9.0 | | | | | | | | | (203) | (185) | (212) | (198) | 233 | 226 |
| 10 | | | | | | | | | (215) | (195) | (226) | (209) | 254 | 244 |
| 11 | | | | | | | | | | | (238) | (219) | 273 | 261 |
| 12 | | | | | | | | | | | (249) | (229) | 291 | 275 |
| 13 | | | | | | | | | | | | | (308) | (289) |
| 14 | | | | | | | | | | | | | (323) | (302) |
| 15 | | | | | | | | | | | | | (337) | (314) |
| 16 | | | | | | | | | | | | | (350) | (326) |
| 17 | | | | | | | | | | | | | (362) | (337) |
| 18 | | | | | | | | | | | | | (374) | (347) |
| 19 | | | | | | | | | | | | | (385) | (357) |
| 20 | | | | | | | | | | | | | (395) | (366) |

表 B.2

| 球直径[cm] | 50 | | 75 | |
|---|---|---|---|---|
| ギャップ長[cm] | + | − | + | − |
| 2.0 | 59.0 | 59.0 | 59.0 | 59.0 |
| 2.2 | 64.5 | 64.5 | 64.5 | 64.5 |
| 2.4 | 70.0 | 70.0 | 70.0 | 70.0 |
| 2.6 | 75.5 | 75.5 | 75.5 | 75.5 |
| 2.8 | 81.0 | 81.0 | 81.0 | 81.0 |
| 3.0 | 86.0 | 86.0 | 86.0 | 86.0 |
| 3.5 | 99.0 | 99.0 | 99.0 | 99.0 |
| 4.0 | 112 | 112 | 112 | 112 |
| 4.5 | 125 | 125 | 125 | 125 |
| 5.0 | 138 | 138 | 138 | 138 |
| 5.5 | 151 | 151 | 151 | 151 |
| 6.0 | 164 | 164 | 164 | 164 |
| 6.5 | 177 | 177 | 177 | 177 |
| 7.0 | 189 | 189 | 190 | 190 |
| 7.5 | 202 | 202 | 203 | 203 |
| 8.0 | 214 | 214 | 215 | 215 |
| 9.0 | 239 | 239 | 240 | 240 |
| 10 | 263 | 263 | 265 | 265 |
| 11 | 287 | 286 | 290 | 290 |
| 12 | 311 | 309 | 315 | 315 |
| 13 | 334 | 331 | 339 | 339 |
| 14 | 357 | 353 | 363 | 363 |
| 15 | 380 | 373 | 387 | 387 |
| 16 | 402 | 392 | 411 | 410 |
| 17 | 422 | 411 | 435 | 432 |
| 18 | 442 | 429 | 458 | 453 |
| 19 | 461 | 445 | 482 | 473 |
| 20 | 480 | 460 | 505 | 492 |
| 22 | 510 | 489 | 545 | 530 |
| 24 | 540 | 515 | 585 | 565 |
| 26 | (570) | (540) | 620 | 600 |
| 28 | (595) | (565) | 660 | 635 |
| 30 | (620) | (585) | 695 | 665 |
| 32 | (640) | (605) | 725 | 695 |
| 34 | (660) | (625) | 755 | 725 |
| 36 | (680) | (640) | 785 | 750 |
| 38 | (700) | (655) | (810) | (775) |
| 40 | (715) | (670) | (835) | (800) |
| 45 | | | (890) | (850) |
| 50 | | | (940) | (895) |
| 55 | | | (985) | (935) |
| 60 | | | (1020) | (970) |

# 付録C
# 昇　降　法

50% 火花電圧 $V_{50}$ を求めるのに従来より補間法が用いられてきた．しかし火花放電率曲線が正規累積分布曲線になる場合は，**昇降法** (up and down method) を用いると少ない電圧印加回数で信頼度の高い $V_{50}$ が求められ，また $V_{50}$ の変動範囲の目安になる $\sigma$ も同時に求まるので便利である．

ある一定の電圧幅 $\Delta V$ で電圧を $V_{-3}, V_{-2}, V_{-1}, V_0, V_1, V_2, V_3, \cdots$ と段階的に変化して印加できるように準備する．最初 $V_j$ で電圧を印加し，火花放電しなければ第 2 回目は $V_j + \Delta V = V_{j+1}$ を印加し，ここで火花放電すれば第 3 回目は $V_{j+1} - \Delta V = V_j$ を印加するというように，火花放電したら下げ，しなかったら上げるという操作を $n$ 回繰り返す．次に火花放電した回数としなかった回数を比較し，少ない方を $V_{50}$, $\sigma$ の推定に用いる．回数の少なかった側の各印加電圧における度数を電圧の低い方から高い方へ順に $n_0, n_1, \cdots, n_k$ とおき，次の式を計算する．

$$N = \sum_{i=0}^{k} n_i, \quad A = \sum_{i=0}^{k} i n_i, \quad B = \sum_{i=0}^{k} i^2 n_i \tag{C.1}$$

これより $V_{50}$ の推定値 $\overline{V}$，$\sigma$ の推定値 $S$ を次式で推定する．

$$\overline{V} = V' + \Delta V \left( \frac{A}{N} \pm \frac{1}{2} \right), \quad S = 1.62 \Delta V \left( \frac{NB - A^2}{N^2} + 0.029 \right) \tag{C.2}$$

ここに $\overline{V}$ の式の $\pm$ は，火花放電しなかった回数を用いたときには $+$，した回数を用いたときは $-$ をとる．$V'$ は $i = 0$ に対応する電圧である．

実際に，$\Delta V$ としてどのような電圧幅を選び，$V_j$ をどこから開始するのがよいのであろうか．理論的には $V_j$ を $V_{50}$ に選ぶのが最も無駄が少なく，$\Delta V$ は $\sigma$ を正確に求めるうえから $\sigma$〜$2\sigma$ の範囲で選ぶのがよい．しかし実験を始める前の段階では，$V_{50}$ も $\sigma$ もわからないので，例えば最初の 20 回を予備実験として，まずおよその $V_{50}$ と $\sigma$ を次に述べるように見当で定める．印加幅 $\Delta V$ は大き目に，例えば見当を付けた $\sigma$ の 2 倍〜4 倍とする．見当の付け方として，例えば空気の火花電圧は平等電界でギャップ長 1 cm 当たり 30 kV，不平等電界でギャップ長 1 cm 当たり 5 kV ということから，

$V_{50}$ を推定する．一方 $\sigma$ は雷インパルスなら $V_{50}$ の 2%，開閉インパルスなら 5% というふうに定める．予備実験終了後に，そこで得られた $\overline{V}$ を次の出発点に，そして $S$ を電圧幅に選んで，さらに 20〜30 回電圧を印加して求めるのが実際的である．

**例題 C.1**

50% 火花放電電圧と $\sigma$ を求めるために，昇降法で実験して図 C.1 の結果を得た．これより $V_{50}$ と $\sigma$ を計算せよ．なお図中では火花放電した場合を ◯，しなかった場合を × で示している．

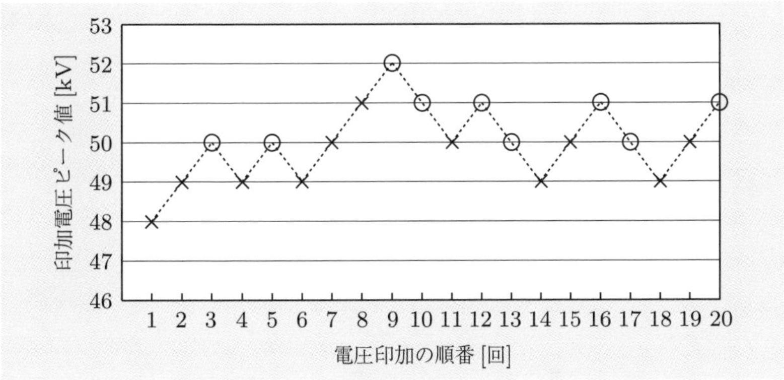


図 C.1

**【解答】** まず火花放電した場合としなかった場合の回数を比較する．火花放電した場合 (◯ の数) は 9 回，しなかった場合 (×の数) は 11 回であるから，少ない方，すなわち火花放電した場合のみをデータとして用いる．この場合，第 1 回目の電圧 48 kV が少し低かったところから開始したために火花放電する回数が少なくなったと考えられる．少ない回数の方のみをデータとして用いるのは，このような最初の開始点が低すぎたり高すぎたりすることによる意味のないデータを除くためである．

次に (C.1) 式を計算する．火花放電した最低の電圧は 50 kV であり，50 kV で 4 回火花放電が生じているので $n_0 = 4$，51 kV で 4 回，52 kV で 1 回火花放電しているので，それぞれ $n_1 = 4$，$n_2 = 1$ となる．

これらを次のように整理して (C.1) 式を計算すると便利である．

| $i$ | $n_i$ | $in_i$ | $i^2 n_i$ |
|---|---|---|---|
| 0 | 4 | 0 | 0 |
| 1 | 4 | 4 | 4 |
| 2 | 1 | 2 | 4 |
| 計 | $N = 9$ | $A = 6$ | $B = 8$ |

(C.1) 式を用いて，$V_{50}$ の推定値である $\overline{V}$ および $\sigma$ の推定値である $S$ を以下のように計算できる．

$$\overline{V} = 50 + 1 \times \left(\frac{6}{9} - \frac{1}{2}\right) = 50.2\,[\mathrm{kV}] \tag{C.3}$$

$$S = 1.62 \times 1 \times \left(\frac{72 - 36}{81} + 0.029\right) = 0.77\,[\mathrm{kV}] \tag{C.4}$$

■

# 付録D UTEFCプログラム (電荷重畳法による電界計算プログラム) マニュアル

本書の演習で利用する数値電界計算プログラム “UTEFC” の入手方法を含むサポートページは，https://www.saiensu.co.jp にありますので適宜参照して下さい．

## D.1 はじめに

このマニュアルは，東京大学日高研究室で開発された**電荷重畳法**による回転対称三次元電界計算プログラムについて解説したものである．ここでは回転対称三次元電界計算プログラム (efcax_***.exe) 本体と，その入力支援ツール efcinput.exe，出力支援ツール post.exe を取り扱う．

電荷重畳法が取り扱うのは (得意としているのは)，電流が流れない “静電界” である．抵抗値の小さい場合や低周波の場合など抵抗を含めた電界計算も，定常状態ならば原理的に計算できるが，今回紹介するプログラムは抵抗を含めた計算には対応していない．不得意としているのは，空間体積電荷が存在する場合や電界により値が変化する抵抗など非線形な成分を含む場合，そして場の状態を電磁波，進行波として取り扱う必要があるような非常に速い過渡現象である．

電荷重畳法による回転対称場の計算においては，形状にもよるが未知数を数百個とした場合で計算誤差が $10^{-5}$ から $10^{-7}$ のオーダで比較的簡単にできる．

## D.2 電荷重畳法のあらまし

物理学や電磁気学で，「無限に広い媒質の中に半径 $r$，電位 $V$ の球電極が 1 個ある場合，球の中心から $R$ はなれた地点における電位を求めなさい」という問題が出された場合の解き方を思い出すと，

(1) 球の中心に点電荷 $Q$ を置き
(2) 電極表面のある場所にクーロンの法則を適用して式をたてる
(3) 式を解いて，点電荷 $Q$ の値を求める．$R$ の地点における電位や電界は，この $Q$ の値とクーロンの法則から求める

という手順で解くであろう．

これは電極表面に存在している電荷を，電極表面が等電位になる条件 (=境界条件) を満たす内部の電荷あるいは電荷群に置き換えていることになる．つまり，境界条件が満たされてしまえば，電界分布は後は一意的に定まることを利用している．電荷重畳法の着想の出発点はこの考え方である．

電荷重畳法の具体的な原理については，10.4 節「電荷重畳法 (Charge Simulation Method)」を通読されることをお薦めする．

なお，10.4 節で説明した方法は，「領域内の電界は各領域を取り囲むように配置した仮想電荷だけを使って計算する」方式であるが，ほかにも「領域内の電界は，領域内以外に配置された仮想電荷全てを使って計算する方式」がある．誘電率が小さい場合はこちらの方が計算精度が高いなど，計算技法上いろいろと違いがあるが，電荷重畳法のプログラム efcax_***.exe においては，誘電体の誘電率から自動的にどちらの手法を使うか判別選択している．

## D.3 計算プログラムと入出力支援

### D.3.1 計算プログラム本体について

回転対称三次元電界計算プログラムとして空気媒質用の 3 種類と $SF_6$ ガス媒質用の 1 種類を用意している．電界計算そのものは同一であるが，気体中のストリーマ発生を検討する場合に発生条件の違いにより，空気用では電離係数 $K$ を用いて $K = 10$ (主に，コロナ放電開始検討用) とする efcax_K10.exe，$K = 20$ とする efcax_K20.exe，$K$ の閾値をギャップ長で変える (主に，準平等電界下での検討用) efcax_Kvariable.exe，また，$SF_6$ ガス用では，$K = 10$ とする efcax_sf6_K10.exe と分けている．

なお，気体中のストリーマ発生を検討しない場合には，いずれのプログラムでも電界計算を実行できる．

データの入力と計算結果の出力については，次節で説明する入出力支援ツールを利用するとよい．

入出力ファイルの内容はファイル名の拡張子によって整理すると表 D.1 のように整理できる．

表 D.1　入出力ファイル

| | |
|---|---|
| 拡張子 .10 | 形状を記憶した入力ファイル |
| 拡張子 .10a | 入力ファイルに説明文を追加 |
| 拡張子 .20 | 電位・電界計算結果を出力 |
| 拡張子 .30 | 電気力線の追跡結果を出力 |
| 拡張子 .40 | 仮想電荷のデータを出力 |
| 拡張子 .50 | 誘電体表面帯電電荷量を出力 |
| 拡張子 .60 | 電子なだれ追跡結果とコロナ開始電圧計算結果を出力 |
| 拡張子 .log | 入出力を記録したログファイル |

なお，計算プログラムファイルはコマンドラインより，例えば

efcax_K10.exe

と実行することで，対話式にデータを入力していくこともできその入力内容は fort.10 に出力される．

### D.3.2　入出力支援ツール (efcinput.exe，post.exe) について

efcinput.exe は入力ファイルを作成する入力支援ツールであり，入力ファイルに記述された形状情報の図示や文法チェック機能が付随している．

また，電界計算プログラムの実行や，計算結果を表示する出力支援ツール post.exe を呼び出すことができる．

post.exe は efcax_***.exe で計算された結果を図示し，ファイルに保存するツールである．図示可能な内容は，電極形状，電気力線，等電位線，電界強度ベクトル，および検査点における誤差で，これらを Windows メタファイル形式で保存することができる．efcinput.exe から呼び出した場合はプロジェクト名が自動的に引き渡され，また，コマンドラインから単独で起動した場合はデータファイルを指定することもできる．

## D.4　形状入力および計算点入力の文法基礎知識

### D.4.1　使用する座標系

このプログラムでは，通常使われる $r$–$z$ 回転対称座標系が使われている．また，$z = 0$ 面を大地面 (接地無限平板) としており，大地面による鏡像の影響が自動的に考慮されるようになっている．座標の数値は，通常の電極構成を考慮して，cm の単位で入力するようになっている．そのほか，電圧，電界は高電圧工学で使われる，kV および kV/cm，電荷量は $\mu$C，誘電率は比誘電率 (無次元) を用いている．

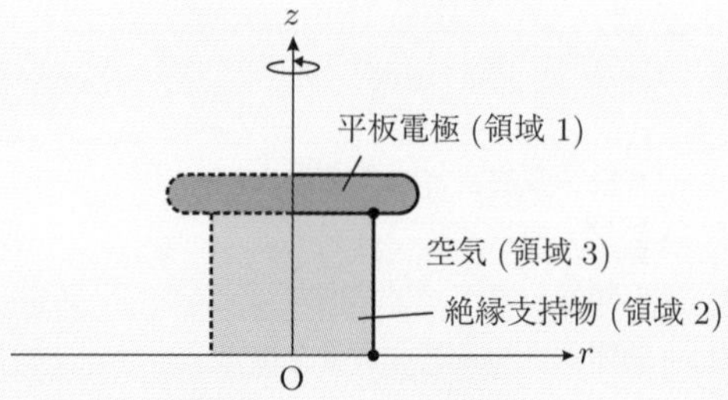


図 D.1　領域の分割

### D.4.2　領域の番号付けおよび誘電率と電圧の入力

まず，計算したい電極の構成をスケッチしてみる．例えば，図 D.1 のように平板電極が絶縁物の上に置かれている場合を考えてみよう．この場合，金属製の平板電極，ある誘電率を持つ絶縁物，そしてそれらを取り囲む気体 (空気) の空間という 3 つの区別できる領域から構成されている．したがって，図 D.1 においては，領域の総数は 3 と定義する．次に，3 つの領域に，領域の番号を付ける必要がある．番号は $1, 2, \cdots$ と順に付けていくが，どの領域のどの番号を割り当てるかは入力者の自由である．ただし，後に境界の座標を定義するときに，何番の領域と何番の領域が境を接しているかを入力する必要が出てくるので，付けた番号は忘れないように，必ず記録しておくこと．図 D.1 の例では，電極を 1，絶縁物を 2，空気を 3 としている．番号付けをされた領域の性質を定義するために，誘電率を入力する必要がある．誘電体であれば，その比誘電率を入力すればよい．例えば，磁器製の絶縁物であれば 5，空気は真空とほぼ等しいので 1 としてよい．金属導体に関しては，もともと誘電率を定義しにくいので，形式的に電位が既知である場合は 0 を，浮遊して電位が未知である場合は $-1$ を入力することに約束する．

### D.4.3　境界の情報

現実に使用される二次元断面の形状は，直線と円弧の組み合わせで表現できることが多いので，このプログラムでもそれにならっている．境界 (輪郭点) の入力にあたっては，境界で相接する領域の番号，境界の形状 (直線または円弧)，座標 (始点，終点，円弧の場合は中心も)，境界上に配置する輪郭点の数，輪郭点の間隔を等間隔でなく等比級数的に変えたい場合にはその公比，境界における印加電圧値 (もしくは帯電電荷量) を知る必要がある．以下，具体的なデータ入力法を説明する．

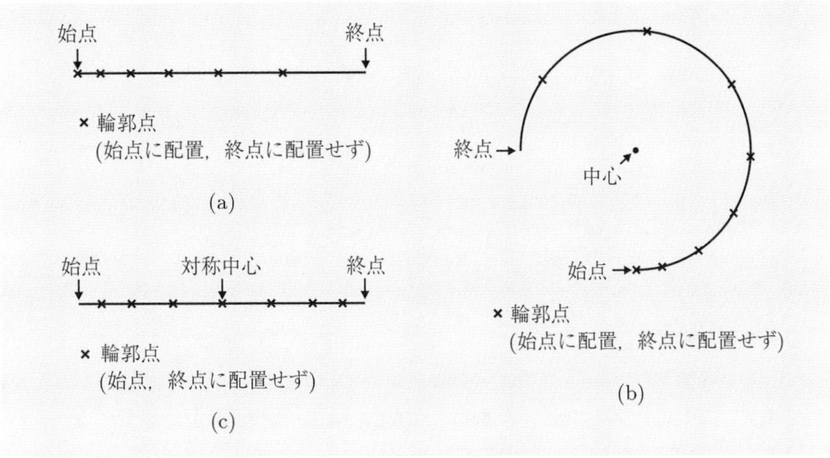


**図 D.2**　境界上の輪郭点の入力．(a) 直線，(b) 円弧，(c) 対称中心を有する直線

#### D.4.3.1　接する領域の番号

1 つの境界には 2 つの領域が接しているから，2 つの領域の番号を入力することになる．ただし，本プログラムでは，その 2 つの領域に，次に定義する「左側領域」と「右側領域」という呼び名を付して，それぞれを区別して認識している．次節で述べるように，境界の座標を入力するとき，境界の始点，終点を定義する．その定義にしたがって境界上を始点から終点に向かって進むと，2 つの領域は左側にある領域，右側にある領域として区別できる．このようにして，「左側領域」と「右側領域」を定義している．

#### D.4.3.2　境界の形状

基本的には，直線 (線分) と円弧の 2 種類であるが，直線については，線分上におく輪郭点の並べ方を，線分の中点を中心にして対称にしたい場合があるので，そのような直線を「対称中心を持つ直線」として第 3 の種類として取り上げている (図 D.2 参照)．

#### D.4.3.3　座標入力

直線 (線分) の始点の座標 $(r_1,\ z_1)$，終点の座標 $(r_2,\ z_2)$ を入力する．円弧の場合は，中心の座標 $(r_{\mathrm{c}},\ z_{\mathrm{c}})$ も入力する．ここで，両端の座標を入力するのに，わざわざ始点，終点の区別をしたのは，1 つに前項で述べた領域の番号を入力する際，境界の左側，右側の概念を明確にするためであるが，もう 1 つ重要な理由がある．それは，「始点上には輪郭点を配置するが，終点には輪郭点を配置しないというルール」を本プログラムは採用していることによる．このルールを採用しないと，境界を一筆書きのように次々に入力し，終点と始点が重なった場合に，輪郭点が二重に定義されることが起き

図 D.3　特異点

るためである．当然このルールは，直線以外の形状でも適用される．完全な円を入力したい場合には，中心の座標と，始点の座標，そして終点の座標として始点の座標をもう一度入力する．

#### D.4.3.4　輪郭点数

パソコンレベルでは，取り扱える総数がせいぜい数百～数千個程度であるので，1 つの境界に対して，上限 100 個程度とし，はじめは 10 個程度で計算させた方がよい．

#### D.4.3.5　輪郭点の等比級数的配置時の公比

通常は，輪郭点を等間隔に配置して問題がないので，公比 1 (等間隔) と入力する．ただし，輪郭点の配置の仕方のノウハウとして，「電界が大きく変化するところには，なるべく輪郭点を密に配置する」という点を挙げておく．電界が大きく変化する可能性があるところとしては，図 D.1 において，●印で示した 3 つの領域が共存する点 (トリプルジャンクションという) 付近や，また，図 D.3 のように，電極の中で先が尖った部分などがある．そうした特異点付近では，特異点に向かってだんだん輪郭点の間隔を減らしていくのが望ましく，本プログラムでは，等比級数的に輪郭点間隔を変える方式を採用している．

特異点を境界の終点とした場合は，始点から輪郭点間隔を等比級数的に減らすため，公比を 1 以下とし，一方，始点とした場合は，終点に向かって輪郭点間隔を等比級数的に増やすため，公比を 1 以上とする (後者は，あとで述べる理由であまり推奨しない)．ただし，極端に大きな，あるいは小さな公比は，計算精度を下げることがあるので，0.9～1.1 で十分である．さらに，特異点では電界が無限大になることがあり，数値解析がもともと困難である場合も多いので，その点に無理やり境界条件を満たすような輪郭点を配置するとかえって計算全体の精度が悪くなることが経験されている．したがって，特異点を含む場合は，その点を終点にとるような入力が無難である．

#### D.4.3.6　印加電圧および帯電電荷密度

輪郭点における制約条件として，各輪郭点における印加電圧値 (単位は [kV]) を入力する．誘電体同士が接する境界や，浮遊金属と誘電体が接する境界など印加電圧値が未知の場合には，境界面における帯電電荷量 [$\mu$C/cm$^2$] を入力する．例えば，図 D.1 における絶縁支持物と空気の境界においては 0 と入力すればよい．

### D.4.4 計算の種類・計算点の指定

入力した幾何学的条件と電気的条件に基づいて仮想電荷が配置され，その電荷量が境界条件を満足するように算出される．いったん仮想電荷の電荷量が計算されると，任意の点の電位や電界が計算できる．差分法や有限要素法では，格子点での電位しか求められないのと比べると，非常に自由度が大きくなっていることに注目してほしい．このプログラムは (I) 任意の地点における電位，電界のほかに，(II) 電気力線の追跡，(III) 電子なだれの追跡およびコロナ開始電界の推定にも対応できる．これらの計算の種類や地点の指定法は，境界 (輪郭点) の入力と共通点が多くなるようにして，入力者の便を図った．入力項目は以下の通りである．

#### D.4.4.1 任意の地点における電位・電界の算出

①計算点の並び方： 境界の形状と同じように，直線，円弧から選ぶことができる．そのほか，ある 1 点や，格子 (グリッド) 状に計算することもできる．

②計算したい領域の番号： 図 D.1 の例で，空気中，空気に接した電極表面，空気に接した誘電体表面ならば，3 を入力する．99 を入力すると領域を自動判定する．

③座標入力： 直線，円弧の場合は境界の入力と同じ．境界の入力と違って，始点，終点共に電位や電界が計算される．格子の場合は，格子全体の対角の座標 (四隅の向かい合った座標) を入力する．

④点の数： 境界の入力時と異なり，点の数に制限はない．

⑤公比： 等間隔時には，1 を入力．

#### D.4.4.2 電気力線の追跡

①計算点の並び方： 直線，円弧，ある 1 点の指定から選ぶことができる．

②計算したい領域の番号： 上記 ② に同じ．

③座標入力： 電気力線を出発させたい境界の座標を入れる．ふつうは正の電位を持つ電極表面を選ぶ．ここで，D.4.3.5 項で述べた特異点を始点や終点に選ぶとエラーが生じる場合があるので避ける．ただし，終点，始点の途中に特異点が含まれる場合は，問題はない．

④電気力線の本数： 電気力線の追跡は計算時間がかかるので，はじめは 10 本程度とするのがよい．

⑤電気力線を 1 ステップ進める電位差 $\Delta\phi$： 電気力線はある点で電界ベクトルを計算し，そのベクトル方向に微小距離直線的に進み，その点でまた電界ベクトルを計算し，また進むことを繰り返すことによって求める．その微小距離を電位差の単位で入力する．標準的には，印加電圧の 1/1000 の値を kV 単位で入力．印加電圧が 1 kV ならば，0.001kV である．

⑥結果出力を何ステップごとに行うか： ⑤で標準値を入力すると1つの電気力線ごとに1000個データが出力される．それを全て保存し，グラフィックで表示させると時間がかかるので，出力点数を間引く必要がある．その数を指定するのがこの入力である．標準的には，10程度でよい．

⑦追跡範囲の座標： 電気力線を追跡する視野を入力する．なお境界の形状が記述された入力ファイル (拡張子が.10) と，電気力線追跡計算結果 (拡張子が.30) を基に，等電位線を描かせることができる (post.exe の [電気力線の表示] 参照).

#### D.4.4.3 電子なだれの追跡・コロナ開始電圧の推定

陰極より放出された初期電子は，電気力線に沿って移動しながら電界強度がある臨界値を超えると，電離増倍しはじめ電子なだれを形成する．電子なだれによって作られる電子や正イオンの数がある値 ($10^8$ 個程度) に達するとストリーマに転換し，放電現象として認識されるようになる．これをもってコロナ開始と定義されている．電子なだれが長さ $x$ に成長したときの頭部の電子数は $e^{\int \bar{\alpha}\, dx}$ であるので，ストリーマ転換条件は次式で表される．

$$e^{\int \bar{\alpha}\, dx} = e^{K} \qquad \text{(シューマンの条件式)} \tag{D.1}$$

ここで $K$ は電離指数と呼ばれる定数で，空気の場合 10～20 の値である (本プログラムでは $K$ が 10 と 20 の場合を計算できる)．なお電離指数 $K$ は定数ではなくストリーマ転換距離の関数であるとし，火花電圧を論じている研究例があることから，この点に対応したプログラムも用意した (efcax_Kvariable.exe).

本プログラムでは入力形状のコロナ開始電圧を推定することができる．計算プログラムにおいては，まず電子が走行する経路 (電気力線) を追跡し，その経路を走行する電子がストリーマに転換するような印加電圧を二分法で求めている．

プログラムへの入力手順は電気力線追跡時とほぼ同じである．

①ガスの圧力： 圧力を入力する．

②電子なだれを追跡する最大時間： 最大電圧継続時間．(プログラムでは1秒で固定している)

③座標入力： 電子なだれを出発させたい境界の座標を入れる．ふつうは陰極表面を選ぶ．ここで，D.4.3.5 項で述べた特異点を始点や終点に選ぶとエラーが生じる場合があるので避ける．ただし，終点，始点の途中に特異点が含まれる場合は，問題はない．

④計算点の並べ方，計算したい領域の番号，追跡する本数，電気力線を1ステップ進める電位差 $\Delta\phi$，結果出力を何ステップごとに行うか，追跡範囲の座標は，電気力線を追跡する場合と同様に指定する．

## D.5 計算結果の出力

電位・電界計算結果は指定した順に fort.20 (efcinput.exe より呼び出した場合は ⟨プロジェクト名⟩.20) に書き出される．また電気力線追跡計算結果は fort.30 (または ⟨プロジェクト名⟩.30) に，電子なだれおよびコロナ開始電圧追跡計算結果は fort.60 (または ⟨プロジェクト名⟩.60) に書き出される．

### D.5.1 任意の地点における電位・電界の算出結果

計算指定点の座標および電位，電界の情報は表 D.2 に示すように fort.20 (または ⟨プロジェクト名⟩.20) に書き出される．電気力線は，表 D.3 に示すように fort.30 (または ⟨プロジェクト名⟩.30) に全ての力線のデータが書き出される．

### D.5.2 電子なだれおよびコロナ開始電圧の追跡

電子なだれの追跡結果は fort.60 (または ⟨プロジェクト名⟩.60) に表 D.4 のように書き出される．

まず電子が走行する経路 (電気力線) ごとの $r$ 座標，$z$ 座標，入力印加電圧に対する電離指数 $K$ の順に書き出される．また各経路の最終データの次の行 (計算番号 $-1$ に相当する行) には，計算番号，その経路を走行した場合のコロナ開始電圧 [kV]，計算誤差 [±kV]，電子なだれの転換距離 [cm] の順に書き出される．表 D.4 に示した結果を例にとると，コロナ開始電圧は 435.63751±0.01250 kV，計算に使用した電離指数 $K = 20$ である．

**表 D.2** 電位電界算出結果 (*.20) の例

| $r$[cm] | $z$[cm] | region No. | $V$[kV] | $E_r$[kV/cm] | $E_z$[kV/cm] | $\|E\|$ [kV/cm] |
|---|---|---|---|---|---|---|
| 0.00000 | 180.00000 | 2 | 0.00000 | 0.00000 | −0.05962 | 0.05962 |
| 0.00000 | 180.20000 | 2 | 0.01183 | 0.00000 | −0.05869 | 0.05869 |
| 0.00000 | 180.40000 | 2 | 0.02348 | 0.00000 | −0.05781 | 0.05781 |
| 0.00000 | 180.60000 | 2 | 0.03496 | 0.00000 | −0.05696 | 0.05696 |
| 0.00000 | 180.80000 | 2 | 0.04627 | 0.00000 | −0.05615 | 0.05615 |
| 0.00000 | 181.00000 | 2 | 0.05742 | 0.00000 | −0.05538 | 0.05538 |
| 0.00000 | 181.20000 | 2 | 0.06842 | 0.00000 | −0.05464 | 0.05464 |
| 0.00000 | 181.40000 | 2 | 0.07928 | 0.00000 | −0.05393 | 0.05393 |
| ⋮ | ⋮ | ⋮ | ⋮ | ⋮ | ⋮ | ⋮ |

**表 D.3** 電気力線算出結果 (*.30) の例

| step No. | region No. | $r$[cm] | $z$[cm] | $V$[kV] | $E_r$[kV/cm] | $E_z$[kV/cm] | $\|E\|$ [kV/cm] |
|---|---|---|---|---|---|---|---|
| 0 | 2 | 0.00000 | 200.00000 | 1.00000 | 0.00000 | −0.06861 | 0.06861 |
| 10 | 2 | 0.00000 | 199.85348 | 0.99001 | 0.00000 | −0.06782 | 0.06782 |
| 20 | 2 | 0.00000 | 199.70526 | 0.98001 | 0.00000 | −0.06704 | 0.06704 |
| 30 | 2 | 0.00000 | 199.55532 | 0.97002 | 0.00000 | −0.06627 | 0.06627 |
| 40 | 2 | 0.00000 | 199.40366 | 0.96002 | 0.00000 | −0.06552 | 0.06552 |
| ⋮ | ⋮ | ⋮ | ⋮ | ⋮ | ⋮ | ⋮ | ⋮ |
| 1000 | 2 | 0.00000 | 180.00118 | 0.00007 | 0.00000 | −0.05961 | 0.05961 |
| 1002 | 2 | 0.00000 | 180.00000 | 0.00000 | 0.00000 | −0.05962 | 0.05962 |
| 0 | 2 | 4.92501 | 200.48992 | 1.00000 | 0.01314 | −0.06541 | 0.06672 |
| 10 | 2 | 4.95459 | 200.34213 | 0.99001 | 0.01287 | −0.06464 | 0.06591 |
| 20 | 2 | 4.98426 | 200.19249 | 0.98001 | 0.01261 | −0.06388 | 0.06512 |
| 30 | 2 | 5.01404 | 200.04098 | 0.97002 | 0.01234 | −0.06314 | 0.06434 |
| ⋮ | ⋮ | ⋮ | ⋮ | ⋮ | ⋮ | ⋮ | ⋮ |

**表 D.4** 電子なだれ・コロナ開始電圧の算出結果 (*.60 の例)

| step No. | $r$[cm] | $z$[cm] | $K$ |
|---|---|---|---|
| 0 | 0.00000 | 180.00000 | 0.00000 |
| 10 | 0.00000 | 180.16874 | 0.00000 |
| 20 | 0.00000 | 180.33972 | 0.00000 |
| 30 | 0.00000 | 180.51293 | 0.00000 |
| 40 | 0.00000 | 180.68838 | 0.00000 |
| ⋮ | ⋮ | ⋮ | ⋮ |
| 990 | 0.00000 | 199.85434 | 0.00000 |
| 1001 | 0.00000 | 200.00000 | 0.00000 |
| −1 | 435.63751 | 0.01250 | 20.00000 |
| 0 | 2.80464 | 179.84218 | 0.00000 |
| 10 | 2.82394 | 180.01285 | 0.00000 |
| 20 | 2.84307 | 180.18588 | 0.00000 |
| ⋮ | ⋮ | ⋮ | ⋮ |

## D.6　入力の注意点――気づきにくいミス――

①同じ位置に，輪郭点や仮想電荷を配置してしまう

例えば図 D.4 に示すように境界条件の指定を行った場合，$a_1$ と $b_1$ が同じ位置を始点として指定してしまっている．同じ位置に輪郭点や仮想電荷を配置してしまうと，電界計算プログラム本体中の逆行列計算において，行列が正則でなくなりエラーが生じてしまう．このような場合は，境界条件を以下のように設定するとよい．

A)　D.4.3.5 項で述べたように，$b_1, \cdots, b_n$ の始点，終点の指定を逆にする．

B)　形状の都合上，始点・終点を逆にしても同じ問題が生じるような場合は，$b$ の始点の位置を “少し” (図 D.4 中の $b_2$ の位置近くを始点に指定する) ずらす．

②仮想電荷を知らず知らず $z < 0$, $r < 0$ に配置してしまう

$z = 0$ を接地平面とするため，電界計算プログラム中においては自動的に鏡像を配置している．また座標系としては回転対称座標系を用いている．そのため，仮想電荷を $z < 0$, $r < 0$ に指定すると電界計算実行時にエラーが生じ，計算を停止する．輪郭点を図 D.5 に示すように指定すると，電界計算プログラム中において仮想電荷配置

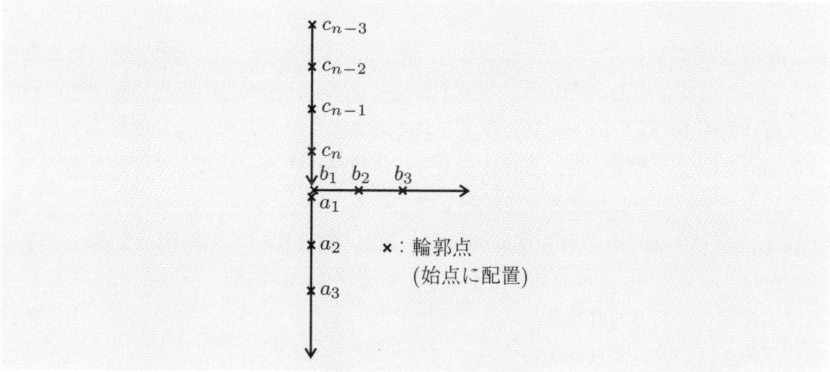


図 D.4　入力ミスの例

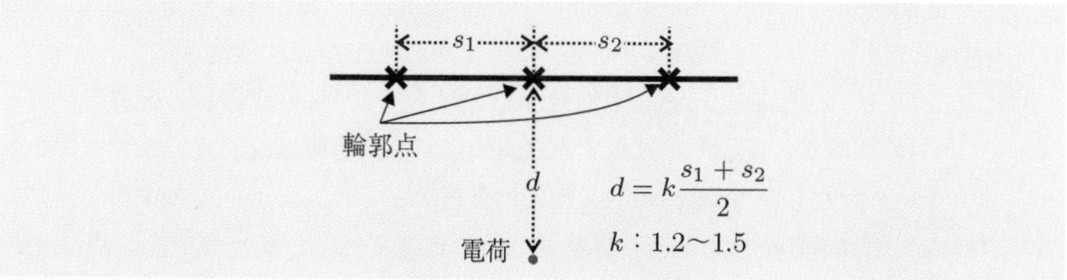


図 D.5　輪郭点と仮想電荷

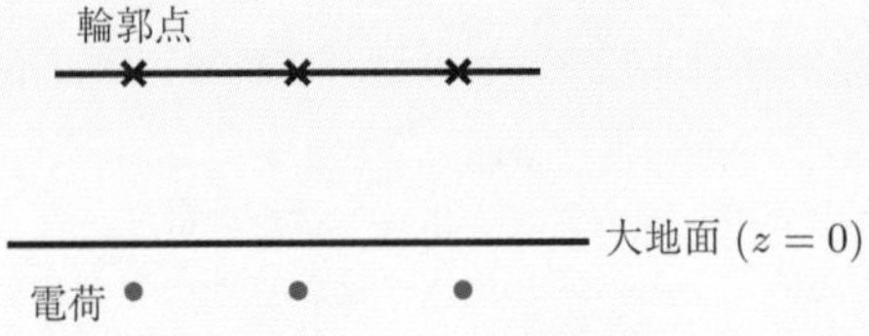


図 D.6 入力ミスの例

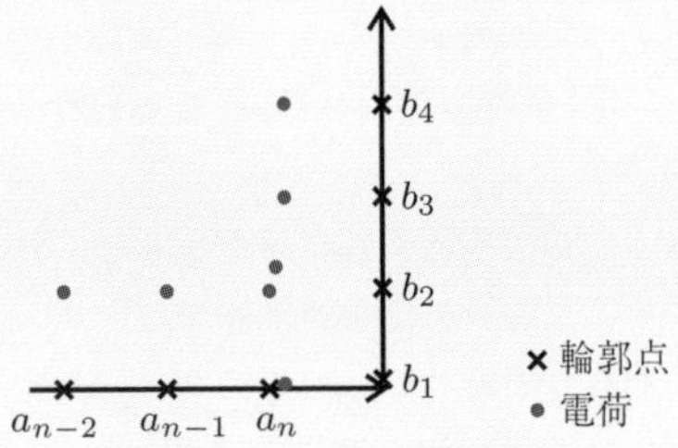


図 D.7 入力ミスの例

は自動的に同図中に示すように行われる．例えば，大地の少し上に置かれた電極を模擬しようとして，図 D.6 のように境界を指定した場合，輪郭点の指定間隔が粗いと仮想電荷は同図中のように $z<0$ に配置されてしまう．このような場合の対処法としては輪郭点を細かく指定する，系全体を上方に平行移動する，などが挙げられる．

③輪郭点のすぐ近くに仮想電荷を配置してしまう

図 D.7 に示すように四角い電極を模擬すると，輪郭点 $b_1$ に呼応して配置される仮想電荷は，輪郭点 $a_n$ ときわめて近くなってしまうことがある．すると，$a_n$ の電位は無限大に近づき，行列計算時にエラーが生じてしまう．このような場合は，境界条件を以下のように設定すればよい．

A) D.4.3.5 項で述べたように，$b_1, \cdots, b_n$ の始点，終点の指定を逆にする．

B) 形状の都合上，始点・終点を逆にしても同じ問題が生じるような場合は，$b$ の始点の位置を “少し”(図 D.6 中の $b_2$ の位置あたりを始点に指定する) ずらす．

C) $b_1, \cdots, b_n$ の指定に，“直線状に配置” ではなく，“対称直線状に配置” を用いる．“対称直線状に配置” を選択すると，始点，終点両側に輪郭点，仮想電荷を配置しない．ただし，“対称直線状に配置” を選択しても，公比を 1 とすると，プログラム中では “直線状に配置” 時と全く同じ処理をしてしまうので，公比は 1 以外の値を入力すること．

# D.7 入力支援プログラムの使用法

## D.7.1 起動方法

UTEFC インストール後に，スタートメニューより [電界計算 UTEFC]–[電界計算プログラム UTEFC] と選ぶと図 D.8 に示すメニュー画面が現れる．各メニューの機能は以下の通りである．

(1) ファイル:入力ファイル (*.10) の作成，編集，保存．

(2) 内容確認:入力ファイル (*.10) の簡単なエラーチェック，および入力形状の図示．

(3) 電界計算:入力ファイル (*.10) を指定して電界計算を実行．また計算結果出力プログラムの呼び出しと，デフォルトの電界計算プログラム (efcax_K10.exe) の変更．

## D.7.2 電界計算入力用ファイルの作成・編集方法

### 領域総数および比誘電率の指定

1. [作成]–[新規作成] と選ぶと，パネルの表示内容が初期化され，さらに領域総数および領域の比誘電率を聞いてくる．

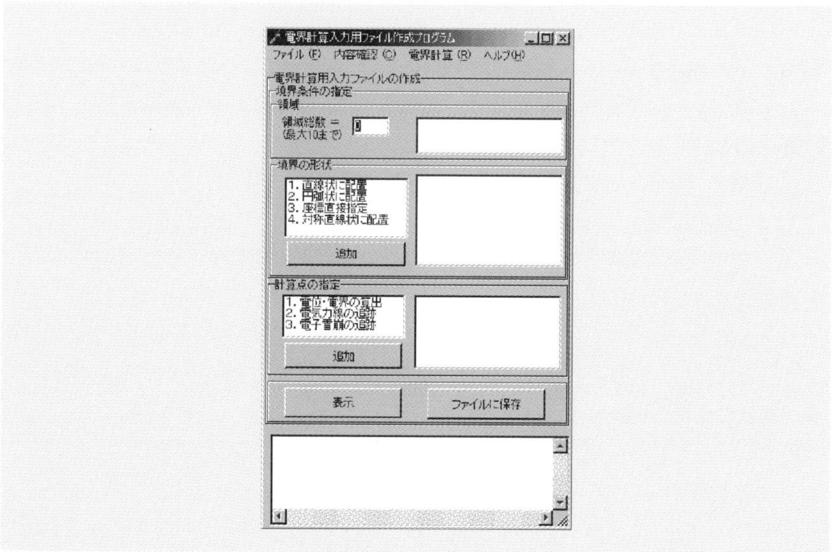


図 D.8 実行時の画面

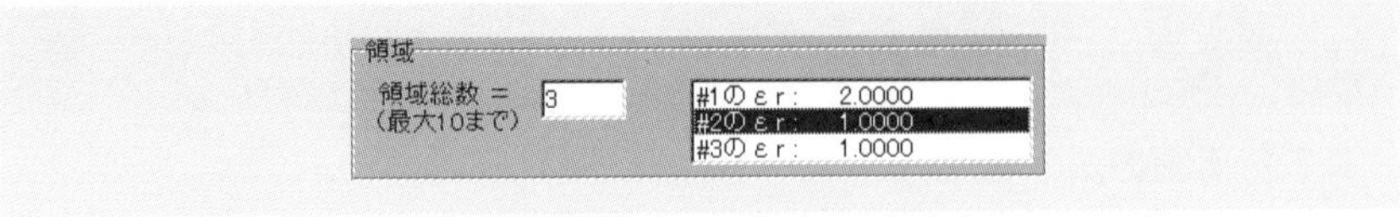


**図 D.9** 誘電率の変更

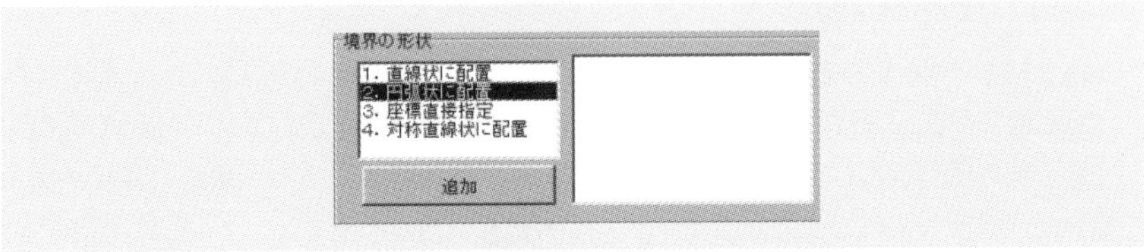


**図 D.10** 境界の形状の追加方法

2. 比誘電率を入力後変更したい場合は，図 D.9 に示すように，変更したい項目を選択したうえで，右クリック，編集を選択する．ダブルクリックでも編集できる．

**境界の形状入力**

3. 入力したい形状を図 D.10 に示すように選択し，[追加] ボタンをクリックする．すると，図 D.11 のウィンドウが開くので，各パラメータを入力し [OK] ボタンをクリックする．図 D.10 パネル右側部のリストに追加される．
4. 入力内容を編集もしくは削除する場合は，図 D.12 に示すように変更したい項目をリストより選択したうえで，右クリック，編集もしくは削除を選択する．

**計算点の指定**

5. 境界の形状入力同様，計算の種類を選択し，[追加] ボタンをクリックしてリストに追加する．
6. 入力内容を編集，削除する場合も境界の形状入力同様である．

**入力条件の表示**

パネルの [表示] ボタンをクリックすると，その時点におけるパネルリストの内容が描画表示される．境界の形状は赤，電位電界の算出点は青，電気力線の追跡開始点は緑，電子なだれの追跡開始点は紫でカラー描画される．この「描画結果」ウィンドウの画像は，右クリックで，クリップボードにコピーを行うことができる．

**ファイルに保存**

[ファイルに保存] ボタンをクリック，もしくはメニューバーの [ファイル]-[名前をつけて保存] を選ぶとその時点におけるパネルリストの内容を，電界計算入力用ファイルとして保存できる．このとき，ファイル名の拡張子は .10 とおくのが標準であ

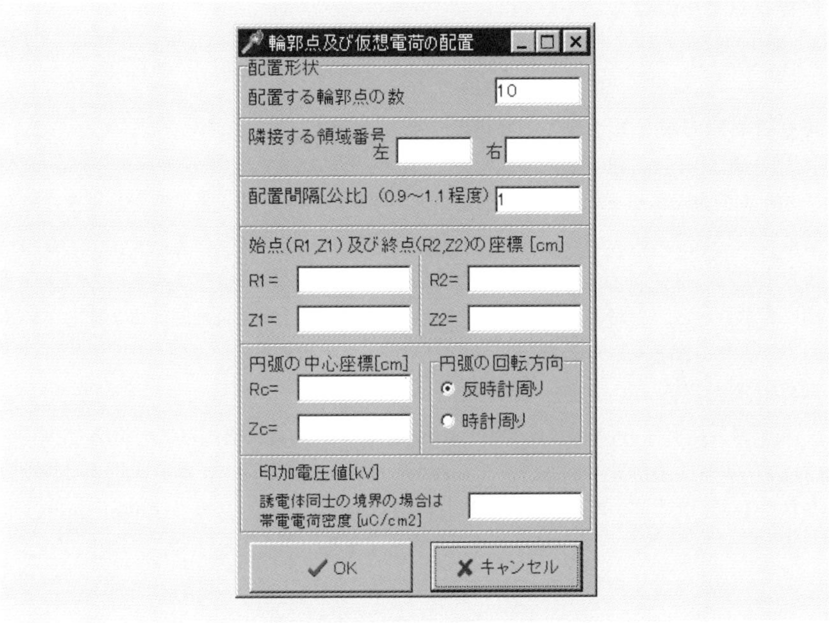


図 D.11　パラメータの入力

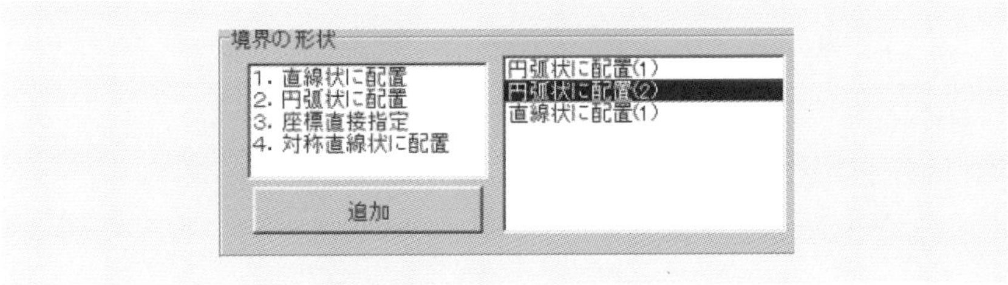


図 D.12　リストの編集・削除

る．入力ファイル名の拡張子を除いた部分をここでは便宜上プロジェクト名と呼ぶが，計算結果は (プロジェクト名).*という名前で保存され，また計算結果表示プログラム post.exe を呼び出す際にプロジェクト名が引き渡され，データファイルが自動的に設定される．したがって計算条件を変えた入力ファイルを作成した場合，以前の計算結果を上書きしないためにプロジェクト名を逐次変更した方がよい．

### 既存ファイルの編集

ファイル名を [ファイル]-[開く] で指定すると，入力条件内容がパネルリストに表示されるので，新規作成時と同様に編集すればよい．

### 電界計算入力用ファイルの内容確認・チェック

[内容確認]-[内容のチェック&図示] を選ぶと，既存の電界計算用入力ファイル (拡張子.10) の簡単なエラーチェック，および入力形状の図示が行える．ただしファイルを選択した時点で，入力中のパネルリストの内容は全て初期化されるので，必要ならば入力中の内容はファイルに保存しておくこと．チェック結果はパネル下部のコメント欄に表示される．なおこの表示内容は拡張子.10a ファイルに自動的に書き出しているので，エラーが発見された場合は，拡張子.10a ファイルを参照すること．

### 電界計算の実行

[電界計算]-[実行 (efcax_K10.exe)] を選択し，電界計算用の入力ファイル (*.10) を指定すると，電界計算本体プログラム (efcax_K10.exe) が呼び出され，電界計算が行われる (計算中はマウスカーソルが砂時計表示となり，入力支援ツール efcinput.exe の操作はできない)．なお，電界計算入力ファイルを指定した時点で，入力中のパネルリストの内容は全て初期化されるので，必要ならば入力中の内容はファイルに保存しておくこと．

電界計算プログラムが終了すると計算結果ファイル (fort.20～fort.60) は入力ファイルと同じディレクトリに作成され，自動的に (プロジェクト名).*という名前にリネームされる．同名ファイルがある場合は確認のダイアログが表示されるので必要なら手動で古いファイルを移動する．

**計算中のメッセージは，全て入力ファイルと同じディレクトリの (プロジェクト名).log に出力される**．このログファイルには，仮想電荷の配置・電荷量のデータのほかに，**検査点における誤差計算の出力結果** (calculation at the check point) が記録されているので，エディタで読み出し結果を検討してみること．検査点誤差については post.exe で視覚的に把握することも可能である．

[電界計算]-[結果表示] を選択すると，計算結果表示用プログラム post.exe が起動される．入力ファイル作成や電界計算実行をしたあとでプロジェクト名が設定されているときは，そのプロジェクト名が引き渡され，データファイルが自動的に読み込まれる (ただし，拡張子は標準のものが使用されていると仮定される)．

[電界計算]-[計算プログラム変更] を選択すると，デフォルトで使用される計算プログラム efcax_K10.exe 以外のプログラムを指定することができる．efcax_K20.exe, efcax_Kvariable.exe, efcax_sf6_K10.exe から選択することになる．

# D.8 出力支援プログラム post.exe の使用法

## D.8.1 概要

入力支援プログラム efcinput.exe から呼び出すほか，直接 post.exe をダブルクリックしても実行可能である．図 D.13 に実行画面例を示す．efcinput.exe から呼ばれた場合，各データファイル名には自動的に (プロジェクト名).*がセットされる．直接起動した場合はファイル名入力ボックスに直接書き込むか，参照ボタンを押して選択する．実在しないファイルは指定できないが，中身が不適切なファイルを指定した場合は描画時にエラーが発生する．

右側の描画エリアには電極形状，電気力線，等電位線，電界強度ベクトル，および輪郭点の誤差が表示される．描画項目は左下のチェックボックスで選択でき，個々の詳細設定はオプションで指定可能である．また描画された内容は Windows メタファイル形式 (ベクトルデータ) で保存可能である．

## D.8.2 出力可能項目

### 電極等の輪郭

電極や誘電体の界面 (輪郭) が描画可能 (計算条件は表示しないので，入力ファイルの内容チェックは efcinput.exe で行う)．描画するためには入力データファイルが必

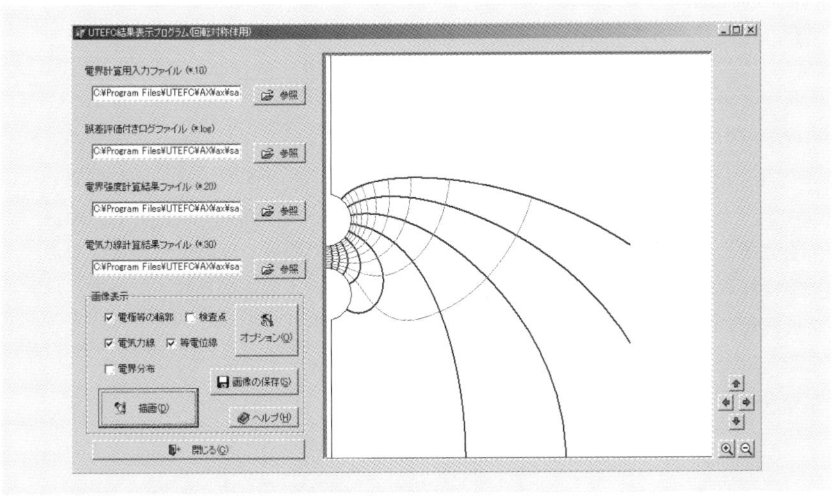


図 D.13　実行時の画面

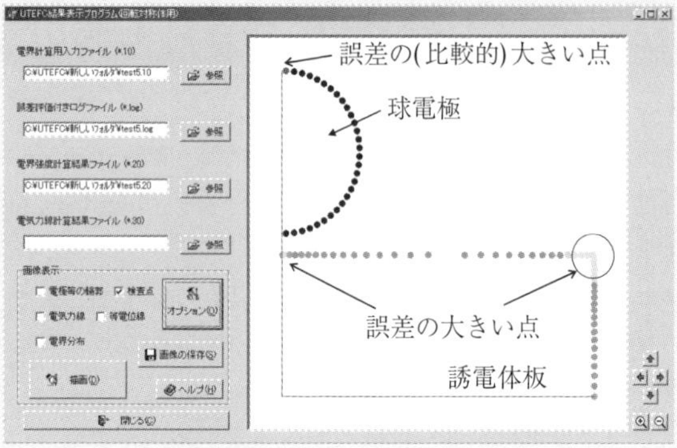


図 D.14　誤差表示画面

要で，「電界計算用入力ファイル」を指定していないと描画指定のチェックボックスは選択できない．電気力線，等電位線，電界強度ベクトルを描画するとき，適宜同時に指定して一緒に描画する．表示する線の色，幅，線種 (実線，点線，破線など) は「オプション」ボタンで変更可能である．

### 検査点

輪郭点配置の良否を判断する材料となる検査点誤差を，点の「色」で表示することができる．各検査点の誤差が，十分許容できるとした値よりも小さい場合，金属表面は黒，誘電体界面は緑で表示され，まったく許容できないレベルとして設定した値よりも大きい場合は，それぞれ赤，黄色で表示される．またこれらの中間値の場合は，その程度に応じた，黒赤ないし緑黄の中間色で表示される．これによりどの場所でどの程度誤差が出ているのか，視覚的にとらえることが可能となる．許容誤差，非許容誤差の値，および描画される点の大きさは「オプション」ボタンで変更可能である．検査点表示の一例を図 D.14 に示す．電荷重畳法による電界計算では，輪郭点配置の適否を確認しながら繰り返し実行して精度を上げていく過程をとることが多いため，本機能は繰り返し計算の過程で利用することになる．表示内容の性質上，ほかの描画項目と同時に描画されることはないため，他の項目と同時にチェックボックスを選択することはできない．

### 電気力線

プログラムで電気力線の計算を指定し，(プロジェクト名).30 を作成していれば，電気力線を描画することができる．「電気力線計算結果ファイル」に適切なファイルを指定し，「電気力線」のチェックボックスを選択し，描画ボタンを押す．「電気力線」のチェックボックスのみ指定した場合は電極や等電位線は描画されないので，必要に応じてこれらの項目も同時に描画するよう指定する．表示する線の色，幅，線種 (実線，点線，破線など) は「オプション」ボタンで変更可能．

### 等電位線

電気力線を計算していれば等電位線を描画することができる．描画には「電気力線計算結果ファイル」のほか，「電界計算入力ファイル」も必要となる．「等電位線」のチェックボックスのみ指定した場合は電極や電気力線は表示されないので，必要に応じてこれらの項目も同時に描画するよう指定する．図 D.13 は描画エリアに電極，電気力線，等電位線を描画した例で，図 D.15(a) はこれを Windows メタファイル形式で保存したものである．等電位線は，電気力線を順番に調べ，指定された間隔 (電位差) で同じ電位となる点同士を結んで作成するが，その際電気力線と等電位線が直交するよう，2 点間を三次式で補間し，滑らかな線を描画している．電気力線の本数が少なく，間隔が開きすぎている場合表示が乱れる可能性があるほか，描画手続き上，電界計算時に電気力線のスタート点が順番に並んでいない場合は正しく描画できない (図 D.15(b)) ので注意が必要である．等電位線の表示色，幅，線種 (実線，点線，破線など) および表示本数は「オプション」ボタンで変更可能である．ここでいう表示本数とは，最高電位から最低電位までを分割すると考えたときの (分割数 − 1) 本である．例えば最高電位 1 kV，最低電位 0 kV のとき，0.1 kV 間隔で等電位線を書くとすると，分割数は 10，描画される等電位線 (電極表面は含まない) の数は 9 本となる．

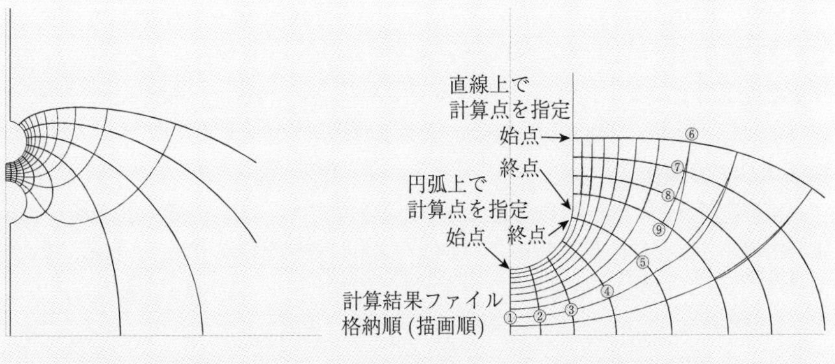


(a) 電気力線，等電位線描画保存例 (編集可能)

(b) 電気力線スタート点が順番に並んでいない例 (等電位線は①～⑨の順で結ばれる)

図 D.15　電気力線，等電位線描画例

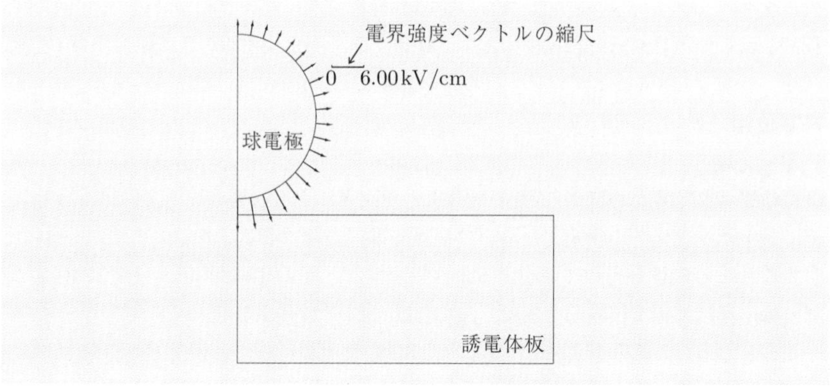


図 D.16　電界強度ベクトル描画例

### 電界強度ベクトル

プログラムで電界強度の計算を指定し，(プロジェクト名).20 を作成していれば，指定した点の電界強度を矢印表示で描画することができる．「電界強度計算結果ファイル」に適切なファイルを指定し，「電界分布」のチェックボックスを選択し，描画ボタンを押す．「電界分布」のチェックボックスのみ指定した場合は電極は描画されないので，必要に応じて同時に描画するよう指定する．図 D.16 に描画保存例を示す．表示する線の色，幅，線種 (実線，点線，破線など)，矢頭長は「オプション」ボタンで変更可能である．また電界強度ベクトルの長さは，最長の矢印を基準に自動的に決められた縮尺に基づいて描画されるが，「オプション」で長さ (すなわち縮尺) を変更できる．また縮尺は図中に書き込まれるが，描画内容によっては図と重なるケースがありえるため，「オプション」で表示位置を変更できる．表示位置は，描画エリアの左上を原点として，全体を $10000 \times 10000$ とする仮想座標中で指定する．

### 描画エリアの操作

描画可能項目を選択して「描画」ボタンを押すと，ウィンドウ右側の描画エリアに，描画内容がちょうど収まるよう，図 D.13 のように適切な縮尺で表示される．また描画後は，ウィンドウ右下にある虫メガネボタンで拡大縮小 (縮小は制限あり) が，矢印ボタンで描画エリアのスクロールが可能．さらに，描画エリアを直接マウスクリックすると，その位置に描画されているものが描画エリアの中心に移動するので，図中で注目したい部分をマウスクリックし，拡大ボタンを押せば，その部分を詳細に観察することができる．

### 画像の保存

描画した内容は Windows メタファイル形式 (ベクトルデータ) で保存可能である．保存される内容は図面全体で，描画エリアにおける拡大縮小，移動には影響を受けない．保存されたファイルを PowerPoint や Draw 系のソフトにインポートし，グループ解除すれば，図面の編集が可能となる．

### オプションの設定

「オプション」ボタンを押すと，図 D.17 のように描画内容をカスタマイズするウィンドウが開く．設定可能項目は，出力可能項目のところでも述べたように，以下の通りである．

- 検査点
  - ○ 金属表面の許容誤差 (この値より誤差が小さければ黒色表示)
  - ○ 金属表面の非許容誤差 (この値より誤差が大きければ赤色表示)
  - ○ 誘電体表面の許容誤差 (この値より誤差が小さければ緑色表示)
  - ○ 誘電体表面の非許容誤差 (この値より誤差が大きければ黄色表示)
  - ○ 検査点を表示する点の大きさ，現在のサイズの拡大率を指定 (1 未満なら縮小)

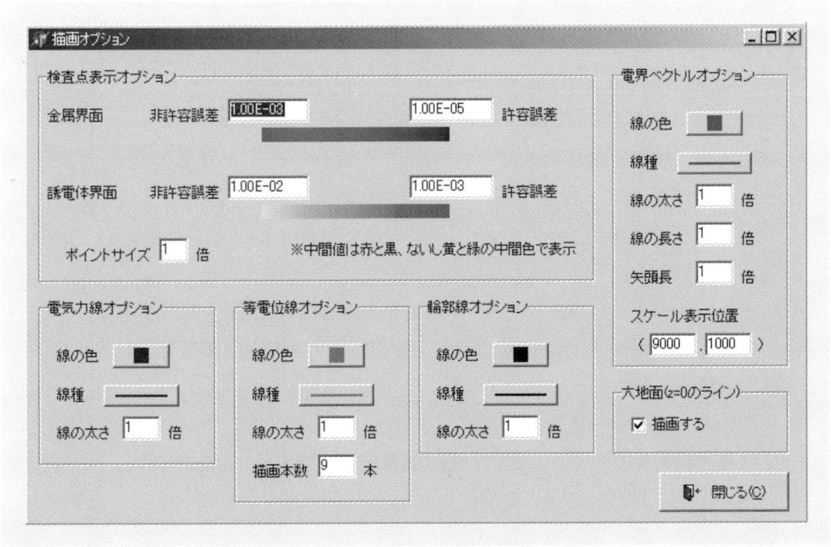


図 D.17　オプション設定ウィンドウ

- 電気力線
  - 「線の色」ボタンを押して，色選択ダイアログから選択
  - 「線の種類」ボタンを押して，ポップアップメニュー (実線，点線，破線，一点鎖線，二点鎖線) の中から選択
  - 線の太さ，現在の太さの拡大率を指定 (1 未満なら縮小)
- 等電位線
  - 「線の色」ボタンを押して，色選択ダイアログから選択
  - 「線の種類」ボタンを押して，ポップアップメニュー (実線，点線，破線，一点鎖線，二点鎖線) の中から選択
  - 線の太さ，現在の太さの拡大率を指定 (1 未満なら縮小)
  - 等電位線の本数，最高電位から最低電位までの分割数 $-1$ (例えば 10 分割するなら 9 本となる)
- (電極や誘電体の) 輪郭線
  - 「線の色」ボタンを押して，色選択ダイアログから選択
  - 「線の種類」ボタンを押して，ポップアップメニュー (実線，点線，破線，一点鎖線，二点鎖線) の中から選択
  - 線の太さ，現在の太さの拡大率を指定 (1 未満なら縮小)
- 電界ベクトル
  - 「線の色」ボタンを押して，色選択ダイアログから選択
  - 「線の種類」ボタンを押して，ポップアップメニュー (実線，点線，破線，一点鎖線，二点鎖線) の中から選択
  - 線の太さ，現在の太さの拡大率を指定 (1 未満なら縮小)
  - 線の長さ，現在の長さの拡大率を指定 (1 未満なら縮小)，電界強度を矢印表示する際の縮尺変更にあたる
  - 矢頭長 (矢印の頭の部分の長さ)，現在の長さに対する拡大率を指定 (1 未満なら縮小)
  - スケール位置表示，電界ベクトルの縮尺を表示する位置を指定．描画エリアを $10000 \times 10000$ ピクセルで考え，左上を原点とした座標 (整数値) を指定．
- 大地面の描画
  - 描画するかどうか→電界計算時には，$z = 0$ の位置に電位 0 の大地面が仮定されている．描画エリア (およびファイル保存用の仮想平面) に全体がちょうど収まるよう，縮尺を自動的に決める際，大地面を含むかどうかを指定する．電極等が大地面から遠く離れた上方に置かれている場合，大地面を含めて描画すると電極等が小さくなりすぎることがあるので，その場合は描画しない指定をする．

# 問題の解答

## 第2章

1 (1) 1 mol の気体が 0 ℃，1 気圧で占める体積 $V_0$ (= 22.4 L)，20 ℃，1 気圧の場合の体積を $V_{20}$ とすると $V_{20} = V_0 \times (293/273)$ となる．求める密度 $n$ は，$n = 6.02 \times 10^{23}/V_{20} = 2.50 \times 10^{25}$ [個/m$^3$] となる．

(2) 熱速度 $v_\mathrm{t}$ は，(2.4) 式に電子の質量 $m$ を代入することにより求まる．

$$v_\mathrm{t} = \sqrt{\frac{3kT}{m}} = \sqrt{\frac{3 \times 1.38 \times 10^{-23} \times 293}{9.11 \times 10^{-31}}} = 1.15 \times 10^5\ [\mathrm{m/s}] \qquad (1)$$

(3) 電子の半径は窒素の半径 $r$ に比べ小さく無視でき，衝突断面積 $\sigma$ は $\pi r^2$ となる．

$$\sigma = 3.14 \times (1.9 \times 10^{-10})^2 = 1.13 \times 10^{-19}\ [\mathrm{m}^2] \qquad (2)$$

(4) 電子の熱速度 $v_\mathrm{t}$ は窒素分子の熱速度に比べて十分大きいことから，相対熱速度は $v_\mathrm{t}$ で近似でき，(2.11) 式と (2.12) 式を用いて，衝突周波数 $\nu$ は $\nu = \sigma v_\mathrm{t} n$，平均自由行程 $\lambda$ は $\lambda = 1/(\sigma n)$ で表される．

$$\nu = 1.13 \times 10^{-19} \times 1.15 \times 10^5 \times 2.50 \times 10^{25} = 3.25 \times 10^{11}\ [\text{回}/\mathrm{s}] \qquad (3)$$

$$\lambda = 1/(1.13 \times 10^{-19} \times 2.50 \times 10^{25}) = 3.54 \times 10^{-7}\ [\mathrm{m}] \qquad (4)$$

(5) 衝突確率 $P$ は，$P = 1/\lambda = 1/(3.54 \times 10^{-7}) = 2.82 \times 10^6$ [回/m]

(6) 電子は相次ぐ 2 つの衝突の間にその運動エネルギーが窒素の電離エネルギー (15.6 eV) 以上になる，つまり $mv^2/2 \geqq 15.6e$ ($v$：電子の速度，$e$：電気素量) となる必要がある．一方，電子が電界 $E$ で加速されるときの運動方程式は $m\alpha = eE$ ($\alpha$：加速度)，また電子の速度は $v = \alpha t$ ($t = 1/\nu$：衝突周期) で与えられることから，$v = eE/(m\nu)$ となる．以上の関係より，

$$E \geqq \nu \sqrt{\frac{2 \times 15.6m}{e}} = 4.33 \times 10^6\ [\mathrm{V/m}] = 43.3\ [\mathrm{kV/cm}] \qquad (5)$$

電子にも分子と同様に速度分布があり，低い電界で加速された場合でも，43.3 kV/cm の電界で加速されたのに匹敵する高速の電子がある割合で存在し，電離が開始する．

(7) (2.20) 式の関係より，光の波長 $\lambda_\mathrm{ph} \leqq \dfrac{1240}{15.6} = 79.5$ [nm] となる．

紫外光 (波長 10〜400 nm) のなかでも波長の短い真空紫外光 (10〜200 nm) の発生装置が必要となる．なお，真空紫外光という呼び名は，大気中では窒素や酸素分子に吸収されほとんど透過できず，真空状態でないと伝搬できないことによる．

(8) (2.21) 式の関係より，温度 $T \geqq \dfrac{15.6 \times 1.6 \times 10^{-19} \times 2}{1.38 \times 10^{-23} \times 3} = 1.2 \times 10^5$ [K] となる．

12 万度と通常の燃焼反応では実現できない温度で，これを実現するには核融合プラズマ発生装置が必要となる．

## 第3章

1　学生 B が言う答えの例を示すと次のようになる．

「授業でパッシェン曲線の話を聞いていたとき，パッシェン・ミニマムが存在してある $pd$ 積の値になると火花電圧は最小値となり，それより $pd$ 積の値が小さくなると逆に電圧が上がるのだったよね．気圧が大気圧一定のときには，ギャップ長が 5 $\mu$m 程度で火花電圧が 340 V の最小値をとり，それよりギャップ長が短くなると火花電圧が増加し始めることが予想され，残念ながら数 V で火花放電するようにはならないんだ.」

それに続いて次のように言っている.「後日，先生に聞いたところによると，パッシェン・ミニマムよりも火花電圧が低下する場合があるのだそうだ．気圧一定でギャップ長を小さくしていくと，電極の表面状態によっては表面の粗さがギャップ長に比べて目立つようになり，もはや平等電界とは言えず表面の突起部分の電界が極端に大きくなって，電界放出による電子の発生が盛んになってしまうそうだ．その電子の電界放出がトリガとなって火花放電に移行する場合には火花電圧はパッシェン・ミニマムより小さくなることがあるんだって.」

2 (1)　半径 $r$ の点の電流密度 $j(r)$ は $j(r)=\dfrac{I_1}{2\pi r}$，また，$j(r)$ の定義より $j(r)=\mu\rho(r)E(r)$ で与えられる．よって，$\rho(r)=\dfrac{I_1}{2\pi\mu rE(r)}$ となる．

(2)　ポアソンの方程式と (1) の解答の式より，$\rho(r)$ を消去し整理すると次式が得られる．

$$rE(r)\frac{\partial}{\partial r}\{rE(r)\}=\frac{I_1}{2\pi\varepsilon_0\mu}r \tag{6}$$

上式の一般解は，

$$\{rE(r)\}^2=\frac{I_1}{2\pi\varepsilon_0\mu}r^2+C \quad (C：定数) \tag{7}$$

となり，境界条件 $r=r_0$ で $E(r_0)=E_{\mathrm{c}}$ を代入して $C$ を決定すると次式となる．

$$C=\left({E_{\mathrm{c}}}^2-\frac{I_1}{2\pi\varepsilon_0\mu}\right){r_0}^2 \tag{8}$$

最終的に次式を得る．

$$E(r)=\sqrt{\frac{I_1}{2\pi\varepsilon_0\mu}+\left({E_{\mathrm{c}}}^2-\frac{I_1}{2\pi\varepsilon_0\mu}\right)\frac{{r_0}^2}{r^2}} \tag{9}$$

3　同軸円筒電極間に電圧 $V$ を加えると最大電界は内部導体表面に生じ，その大きさ $E_{\mathrm{m}}$ は次式で与えられる．

$$E_{\mathrm{m}}=\frac{V}{r_0\ln(R/r_0)} \tag{10}$$

$V$ と $R$ の値を一定として $r_0$ のみを変化させることを考える．上式を $r_0$ で微分して 0 とおくと

$$\frac{dE_{\mathrm{m}}}{dr_0}=\frac{-V\left(\ln\frac{R}{r_0}-1\right)}{\{r_0\ln(R/r_0)\}^2}=0 \tag{11}$$

より，$r_0=R/e=0.368$ m を得る．この $r_0=0.368$ m の時に $E_{\mathrm{m}}$ は最小となり，同じ

電圧 $V$ に対して最も放電しにくい形状となっている．

$r_0 = 0.368$ m の時，$E_m$ が放電開始電界に達する印加電圧を求めると

$$V = r_0 E_m = 0.368\,[\mathrm{m}] \times 89 \times 10^5\,[\mathrm{V/m}] = 3.28\,[\mathrm{MV}] \tag{12}$$

となる．内部導体半径 $r_c$ を 0.368 m とすると最大で 3.28 MV まで電圧を印加できる．

4 (1) 同軸円筒電極間の電界 $E$ は中心からの距離 $r$ の関数として，

$$E = \frac{V}{r\ln(r_2/r_1)} \tag{13}$$

となる．ここで $V$ は電極間の電圧，$r_1$ は内部円筒の半径，$r_2$ は外部円筒の半径である．ギャップ中で電界が最大になるのは内部円筒表面であることから，$r = r_1$ の所から電離が開始する．

電離開始時の内部円筒表面電界 $E_{s0}$ は，

$$E_{s0} = \frac{V}{r_1\ln(r_2/r_1)} \tag{14}$$

で示される．電離開始条件は問題文中の (3.37) 式に $\alpha = 0$ を代入して求められる．その時の電界 $E_{s0}$ を求めると，$E_{s0} = 24.0\,[\mathrm{kV/cm}]$ となる．内円筒表面の電界が $E_0$ になる時の電圧 $V_0$ は，(14) 式を用いて

$$V_0 = E_0 r_1 \ln(r_2/r_1) = 35.9\,[\mathrm{kV}] \tag{15}$$

となる．これが，電離が開始する電圧である．

(2) (14) 式で $V$ と $r_2$ を固定して，$r_1$ が変化することを考える．(14) 式を $r_1$ で微分し $dE_{s0}/dr_1 = 0$ を求めると，前問の解答 (11) 式と同様の式が得られ，$r_2/r_1 = e$ の時に $E_{s0}$ が最小となることがわかる．つまり，コロナ放電の先端に相当する $r_1$ が $r_1 = r_2/e$ になるまで成長したと仮定すると，後はコロナ放電先端の電界が常に上昇し，電離領域すなわちコロナ放電領域が自然に成長することになる．従って，$r_1 = r_2/e$ の所まで電離が進展する条件で求めれば，それが火花電圧の最低値に相当する．$r_1 = r_2/e$ で電界が $E_{s0}$ となる印加電圧 $V$ を求めればよく，最終的に次式が得られる．

$$V = E_{s0} r_2/e = 88.3\,[\mathrm{kV}] \tag{16}$$

5 まずタウンゼント理論では，

火花条件：$\gamma(e^{\alpha d} - 1) = 1$　($d$：ギャップ長)　①

$\alpha$ の実験式：$\alpha/P = A(E/P - B)^2 - C$　②

電圧 $V$ と電界 $E$ の関係：$E = V/d$　③

上記の 3 式より，

$$V = pd\left(\sqrt{\frac{\ln(1+1/\gamma) + Cpd}{Apd}} + B\right) \tag{17}$$

が得られ，数値を代入することにより $V = 57.9\,[\mathrm{kV}]$ となる．

次にストリーマ理論では，① 式の代わりにストリーマ転換条件式 $\alpha d = K$ を用いること

により，

$$V = pd\left(\sqrt{\frac{K + Cpd}{Apd}} + B\right) \tag{18}$$

が得られ，数値を代入することにより $V = 58.5\,[\mathrm{kV}]$ となる．

6 (1) 波形の立ち上がり時間が $\mu$s 程度なので雷インパルス電圧と断定できる．

(2) 図 3.13 に記された説明に従って作図をすることによって求めることができ，波頭長は $1\,\mu$s，波尾長は $40\,\mu$s となる．

7 球対球ギャップは平等電界を構成することから，その火花電界は 30 kV/cm 程度で電圧の極性効果はなく，また $V-t$ 特性は平坦である．以上のことから，交流電圧および正負インパルス電圧，いずれに対しても火花電圧はギャップ長に対して，ほぼ 30 kV/cm で直線的に上昇する特性となる．

棒対平板ギャップは不平等電界を構成することから，電圧の極性効果があり負極性火花電圧は正極性火花電圧の 2.5 倍程度で，また $V-t$ 特性が短時間領域で上昇するようになり，雷インパルス火花電圧は交流電圧に比べて 20% 程度増加する．以上のことから，交流電圧の火花電圧はギャップ長に対してほぼ 5 kV/cm で，正極性雷インパルス電圧に対してはほぼ 6 kV/cm，負極性雷インパルスに対してはほぼ 15 kV/cm でそれぞれ上昇する特性となる．

8 $0 \leqq H' \leqq H/2$ の場合：

図 1(a) のように架空地線 O の吸引空間と送電線 O′ の吸引空間は重ならないので，図の点 b′ が点 a′ より内側 (左側) にあればよい．よって

$$|\overline{\mathrm{cb'}}| \leqq |\overline{\mathrm{ca'}}| \text{ より} \qquad Y + H' \leqq H \qquad \therefore Y \leqq H - H' \tag{19}$$

$H/2 \leqq H' \leqq H$ の場合：

図 1(b) において，円弧 qr が 0 になると完全遮蔽となる．それは点 p が $\overline{\mathrm{Or}}$ の線分上に来る (c) 図の時に達成される．(c) 図において直角三角形 O′ps に着目して，三平方の定理により，

$$(H' - Y)^2 + (H - H')^2 = H'^2 \tag{20}$$

$$Y = H' \pm \sqrt{2HH' - H^2} \tag{21}$$

$Y \leqq H'$ であることから，複号のうち − が残り，最終的に完全遮蔽となる範囲は次の通りとなる．

$$Y = H' - \sqrt{2HH' - H^2} \tag{22}$$

9 粒子のドリフト速度 $v$ は，電界 $E$，移動度 $\mu$ を用いて

$$v = \mu E \tag{23}$$

と表せる．電界 $E$ を $E = E_0 \sin \omega t (E_0 = V/d,\ \omega$：角周波数) として，$\omega = 2\pi f$ で与えられる周波数 $f$ の時，一方向に移動出来る時間は 2 分の 1 周期，つまり $1/(2f)$ となることから，この間に移動する距離 $x$ は，

$$x = \int_0^{\frac{1}{2f}} v\,dt = \int_0^{\frac{1}{2f}} \mu E_0 \sin 2\pi f t\,dt = \frac{\mu E_0}{\pi f} = \frac{\mu V}{\pi f d} \tag{24}$$

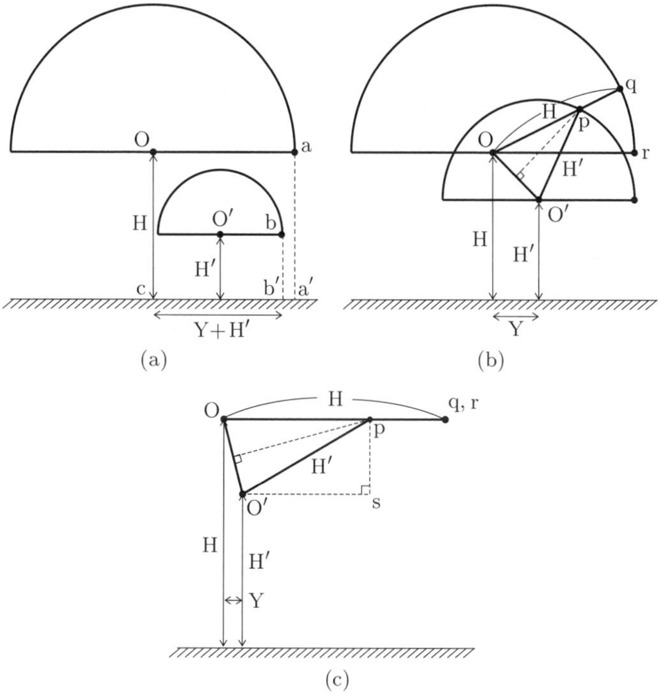


**図 1**

で求められる．$x$ がギャップ長 $d$ に等しくなる周波数 $f_c$ を求めると，

$$f_c = \frac{\mu V}{\pi d^2}$$

となる．$V = 340\,[\mathrm{V}]$ として，正イオンおよび電子に対する $f_c$ を求めると，それぞれ

正イオン：$f_{ci} = 1.9 \times 10^5\,[\mathrm{Hz}]$

電子　　：$f_{ce} = 1.9 \times 10^8\,[\mathrm{Hz}]$

$f_c$ の周波数で粒子が電極間で残留した状態で電圧極性が反転するようになる．電源周波数を徐々に増加して火花電圧を観測することを考えると，まず $10^5$ Hz で正イオンが残留し，残留した正イオンと負極性の電極との間の電界が強まる効果が出てくるために火花電圧の低下が生じる．次に $10^6 \sim 10^7$ では正イオンはほとんど動けなくなり，$\gamma$ 作用によって二次電子放出が少なくなって，今度は火花電圧の上昇が起こる．$10^8$ Hz になると電子が電極間に残留し，同じ電子が電極間を何回も往復して衝突電離がそのたびに生じることから，再び火花電圧が低下する．$10^9 \sim 10^{10}$ Hz を超えると電子もほとんど動けなくなり，衝突電離も減少し火花電圧が上昇することになる．

## 第 4 章

1　放電管の両端にかかる電圧を $V$，流れる電流を $I$ とすると，回路方程式は次のようになる．

$$V = V_0 - ZI$$

点灯するために，$V = 3000$ [V]，$I = 10^{-3}$ [A]，また安定した動作をするために $V = 400$ [V]，$I = 20 \times 10^{-3}$ [A] の条件を満たす必要がある．これらの値を代入して，$V_0$ と $Z$ の値を求めると次のようになる．

$$V_0 = 3.14 \times 10^3 \text{ [V]} \tag{25}$$

$$Z = 1.37 \times 10^5 \text{ [}\Omega\text{]} \tag{26}$$

2　回路方程式は，

$$E = r_0 i + e = r_0 i + e_0 + \frac{Kl}{\sqrt{i}} \tag{27}$$

となり，これより

$$l = (E - e_0 - r_0 i)\frac{\sqrt{i}}{K} \tag{28}$$

が得られる．一方，光強度 $I$ は $i$ と $l$ に比例することから，比例定数 $a$ を用いて，

$$I = ail \tag{29}$$

で与えられる．(29) 式に (28) 式を代入することにより，次式を得る．

$$I = \frac{a}{K}(E - e_0 - r_0 i) i^{\frac{3}{2}} \tag{30}$$

$\frac{dI}{di} = 0$ を解くことにより，

$$i = 0 \quad および \quad i = \frac{3(E - e_0)}{5r_0} \tag{31}$$

で $I$ は極値をとる．$\frac{dI}{di}$ の値は，$i = \frac{3(E - e_0)}{5r_0}$ の前後で正から負に代わることから，

$$i = \frac{3(E - e_0)}{5r_0} \tag{32}$$

の時に強度 $I$ は最大となる．

## 第 5 章

1 (1)　鉱油の平等電界中，ギャップ 10 mm の交流破壊電圧は，図 5.7 より 250 kV となる．

(2)　鉱油 10 L ($= 10^4$ cm$^3$) に水分 5 cm$^3$，すなわち，0.05% と綿繊維が 1 mg 入っている場合の破壊電圧は，清浄な鉱油の破壊電圧に比べて，図 5.5 より 13% (18 kV/140 kV) に低下すると読み取れる．従って予想される破壊電圧は約 33 kV (250 kV $\times$ 0.13) となる．

(3)　気泡内部で鉱油より放電しやすい気体放電が発生したと考えられる．球形の気泡を仮定し 6 章の (6.2) 式を参考にして，気泡内部の電界を計算すると

$$E = \frac{3\varepsilon(\text{油})}{2\varepsilon(\text{油}) + \varepsilon(\text{空気})} E_0 = \frac{3 \times 2.2}{2 \times 2.2 + 1} = 1.22 E_0 \tag{33}$$

となり，油中より 1.22 倍高い電界が気泡内部に加わっていることがわかる．ギャップ長 100 $\mu$m の気体放電開始電界は図 3.10 より 96 kV/cm と読み取れるので，油中の印加電界 $E_0$

$$E_0 = 96/1.22 = 79\,[\text{kV/cm}] \tag{34}$$

となり，印加電圧として 79 kV を得る．

2 (1) 5.3 節「空間電荷効果」を復習してみる．架橋ポリエチレンは抵抗率が極めて大きいため，固体内での電流が流れにくい状態にある．電圧印加直後においては，固体内の電流密度 $j_{\mathrm{b}}$ が金属電極から固体にショットキー効果などにより注入される電流密度 $j_{\mathrm{c}}$ より小さくなることがある．その結果，電極と同じ極性を持つ過剰な電荷，すなわちホモ電荷が電極付近に滞留することになる．滞留するホモ電荷によって，ホモ電荷と電極との間の電界は低下され $j_{\mathrm{c}}$ が減少し，その一方で固体内の電界は増えて $j_{\mathrm{b}}$ は増加する．最終的に $j_{\mathrm{c}} = j_{\mathrm{b}}$ という定常状態になるまでホモ電荷の量は増加する．

(2) 図 2 に示すように，中心導体に負極性電圧を印加してホモ電荷 (軸方向単位長当たり $-q_{\mathrm{s}}$ の電荷) を同軸円筒状に発生させた後，中心導体に正極性電圧 $V$ を印加し，中心導体に単位長さ当たり $q$ の電荷を生じさせることを考える．半径 $r$ の点の電界は，次のように表せる．

$$E_1 = \frac{q}{2\pi\varepsilon r} \qquad r_1 \leqq r \leqq r_1 + \Delta r_1 \tag{35}$$

$$E_2 = \frac{q - q_{\mathrm{s}}}{2\pi\varepsilon r} \qquad r_1 + \Delta r_1 < r \leqq R \tag{36}$$

電極間の電圧が $V$ であることから

$$V = -\int_R^{r+\Delta r_1} E_2\,dr - \int_{r+\Delta r_1}^{r_1} E_1\,dr \tag{37}$$

となる．(37) 式に (35) 式，(36) 式を代入して積分を行うと次式を得る．

$$V = \frac{1}{2\pi\varepsilon}\left(q \ln\frac{R}{r_1} - q_{\mathrm{s}} \ln\frac{R}{r_1 + \Delta r_1}\right)$$

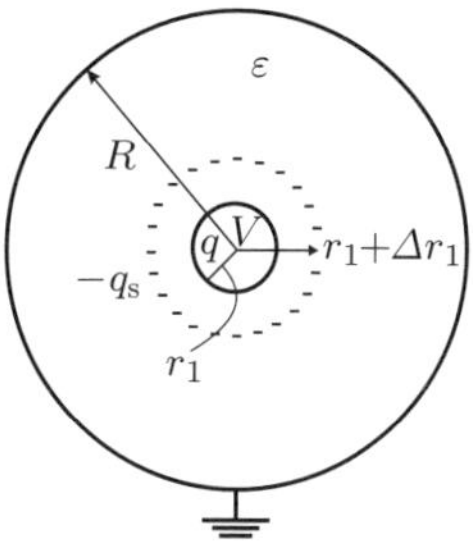


図 2

これより $q$ を求めると

$$q = \frac{2\pi\varepsilon(V + V_\mathrm{s})}{\ln\frac{R}{r_1}} \qquad \text{ここで } V_\mathrm{s} = \frac{q_\mathrm{s}}{2\pi\varepsilon}\ln\frac{R}{r_1 + \Delta r_1} \tag{38}$$

また (35) 式より $E_1$ は

$$E_1 = \frac{V + V_\mathrm{s}}{r\ln\frac{R}{r_1}} \tag{39}$$

となり，電界が最大となるのは，$r = r_1$ すなわち中心導体表面で，その時の電界の大きさ $E_{1\mathrm{m}}$ は次式で与えられる．

$$E_{1\mathrm{m}} = \frac{V + V_\mathrm{s}}{r_1\ln\frac{R}{r_1}} \tag{40}$$

ポリエチレンが絶縁破壊する条件は，$E_{1\mathrm{m}} \geqq E_\mathrm{c}$ と表せる．よって

$$E_{1\mathrm{m}} = \frac{V + V_\mathrm{s}}{r_1\ln\frac{R}{r_1}} \geqq E_\mathrm{c} \tag{41}$$

となり，これを変形して次式を得る．

$$V_\mathrm{s} \geqq E_\mathrm{c} r_1 \ln\frac{R}{r_1} - V \tag{42}$$

さらに (38) 式を代入して $q_\mathrm{s}$ に関する不等式を求める．

$$q_\mathrm{s} \geqq 2\pi\varepsilon\left(\frac{E_\mathrm{c} r_1 \ln\frac{R}{r_1}}{\ln\frac{R}{r_1+\Delta r_1}} - \frac{V}{\ln\frac{R}{r_1+\Delta r_1}}\right) \tag{43}$$

ここで $\Delta r_1 \ll r_1$ の条件から $r_1 + \Delta r_1 \fallingdotseq r_1$ として，上式の右辺の近似値を求めると，

$$q_\mathrm{s} \geqq 2\pi\varepsilon\left(E_\mathrm{c} r_1 - \frac{V}{\ln\frac{R}{r_1}}\right) \tag{44}$$

となる．上式に単位に気をつけながら数値を代入して計算すると次の答えを得る．

$$q_\mathrm{s} \geqq 2.7 \times 10^{-4}\,[\mathrm{C/m}] \tag{45}$$

## 第 6 章

1 (1) 絶縁破壊の経路としては，① 高電圧球電極と金属容器の間，② 高電圧棒電極の先端と金属容器の間，③ 固体絶縁棒と空気の界面が考えられる．交流 (波高値) 150 kV を印加した場合に絶縁破壊が起こる距離 (長さ) を求めると，① のような平等電界中では，228 ページの表 B.1 より約 5.5 cm，また，② のような不平等電界中では，47 ページの図 3.11 より約 27.5 cm，一方，③ のような電界平行型の沿面でフラッシオーバがおこる沿面長は 113 ページの図 6.3 より約 14 cm となる．

(2) (1) で求めた長さに 20% の裕度を取って，絶縁破壊の起こらない設計寸法を求める．まず，① に対応する $d$ は $d = 5.5 \times 1.2 = 6.6\,[\mathrm{cm}]$，③ に対応する $c$ は $c = 14 \times 1.2 = 16.8\,[\mathrm{cm}]$．また，② に対応する棒電極先端と金属容器の右面および下面との距離は $27.5 \times 1.2 = 33\,[\mathrm{cm}]$ となる．よって，$a = c + 12.5 + (12.5 + 15)\sin 45^\circ + 33 = 81.7\,[\mathrm{cm}]$，$b = d + 12.5 + (12.5 + 15)\sin 45^\circ + 33 = 71.5\,[\mathrm{cm}]$ となる．

2 (1) 3 相交流の線間電圧 (実効値)$V_\mathrm{r}$ と対地電圧 (ピーク値)$V_\mathrm{p}$ の間には次の関係がある．

$$V_\mathrm{p} = V_\mathrm{r} \times \frac{1}{\sqrt{3}} \times \sqrt{2} = 0.816V_\mathrm{r} \tag{46}$$

系統電圧は $V_\mathrm{r}$ に，またケーブル中心導体に加わる電圧は $V_\mathrm{p}$ に相当するので，上式 $V_\mathrm{r} = 500\,[\mathrm{kV}]$ を代入することにより，$V_\mathrm{p} = 408\,[\mathrm{kV}]$ を得る．

(2) 同軸円筒電極間の電界 $E$ は 1 章の図 1.2(c) 中の式より，

$$E = \frac{V_\mathrm{p}}{r\ln(r_2/r_1)} \tag{47}$$

となり，$r$ に反比例することから $r$ が最小，すなわち中心導体表面で電界が最大となる．

(3) (47) 式に $E = 400\,[\mathrm{kV/cm}]$, $r = r_1 = 2\,[\mathrm{cm}]$, $r_2 = 6\,[\mathrm{cm}]$ を代入することにより，

$$V_\mathrm{p} = 879\,[\mathrm{kV}] \tag{48}$$

(46) 式の換算を用いると絶縁破壊が起こる線間電圧 $V_\mathrm{r}$ が次のように得られる．

$$V_\mathrm{r} = \frac{879}{0.816} = 1077\,[\mathrm{kV}] \tag{49}$$

従って，この $V_\mathrm{r}$ 未満の電圧に抑える必要がある．

(4) 末端の処理を行わなかった場合は，図 3(a) のように架橋ポリエチレン断面に交わる電気力線が生じるため，切断面上を沿面放電が進展しやすい条件となっている．従って，絶縁破壊は切断面上の沿面フラッシオーバで生じることが予想される．沿面距離は 4 cm であることから，破壊電圧は図 6.3(a) を参考にして約 40 kV と推定できる．

(5) トリプルシャンクション付近の電界を小さくするために, 架橋ポリエチレンと金属とが交わる場合に挟まる空気層が作る角度を鈍角にし，また，電気力線と絶縁物沿面ができるだけ一致するように，図 3(b) の構造とする．ただし，これはあくまでも応急対策であり，実際にケーブル末端から空間に導体を引き出して使用する場合には，ブッシング構造をとる必要がある．

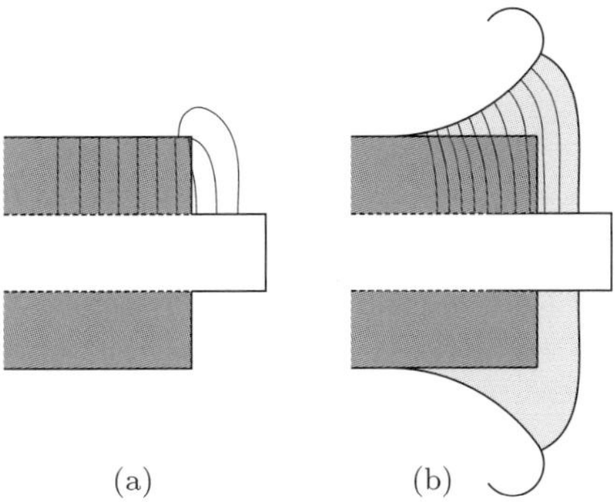

(a) (b)

図 3

## 第7章

1 (1) 図7.4(a)に示したように各ダイオードに浮遊容量が存在している．この場合には，一番左のダイオードのカソード側(右端)で交流電圧の波高値 $U$ の電圧が保持され，アノード側が $-U$ になった時，1つのダイオードに $2U$ の電圧が加わることになり，このダイオードは壊れてしまう．以下，同様に正常なダイオードの一番左側に同じ現象が生じて，次々とダイオードが壊れていくことになる．

(2) 図7.4(b)のように，各ダイオードと並列に容量の等しいコンデンサを接続する．ダイオードが導通状態の時にはコンデンサは短絡されている．一方，ダイオードが非導通状態の場合は，ダイオードのインピーダンスに比べてコンデンサのインピーダンスが小さくなり，コンデンサに電流が流れ，ダイオード群の両端の電圧を分圧するようになる．ダイオード群全体には最大 $2U$ の電圧が加わることから，$n$ 個のコンデンサにより $2U/n$ の電圧が各コンデンサの両端，すなわち各ダイオードの両端に加わるようになる．つまり，この方法によって，$n$ 個のダイオード(1個当たりの逆耐電圧 $V$)を直列に並べ，全体として $nV$ の逆耐電圧をもつダイオードを構成できる．

2 (1) 空間に孤立した球電極の電位 $V$ と球電極表面の電界 $E$ との間には，球電極の半径を $R$ として(7.4)式より次の関係式が成立する．

$$E = \frac{V}{R} \tag{50}$$

また，大気中のコロナ放電開始電界を $E_{\mathrm{c}}$ とすると，球電極から放電が発生し，電荷が消滅しないためには，$E < E_{\mathrm{c}}$ であることが必要である．以上のことから，発生できる最大の電圧 $V_{\max}$ は，以下のようになる．

$$V_{\max} < RE_{\mathrm{c}} \tag{51}$$

$R = 50\,\mathrm{cm}$，$E_{\mathrm{c}} = 30\,[\mathrm{kV/cm}]$ を代入することにより，$V_{\max} < 1500\,[\mathrm{kV}]$ を得る．

(2) 球電極といっても電荷を運ぶ絶縁ベルトを通す穴が必要であり，球電極の一部に金属板の端部が存在し，そこの電界は理想的な場合より高くなる．また，球電極を支持するために絶縁台が必要となり，この絶縁台表面上で低い電圧で沿面放電が発生する可能性もある．

## 第8章

1 図8.6に示された抵抗分圧器回路を構成することを考える．各抵抗の値を決めるに当たって，まず $R_1$ と $R_2$ で分圧し，それを同軸ケーブルの両側についている抵抗($R_3$ と $R_4$)と $R_5$ でさらに分圧することを考えるとよい．$R_1$ は $1500\,\Omega$ と与えられているので，まず1/1000に分圧することを考え，$R_2 = 1.5\,\Omega$ とする．これで500 kVは500 V程度になる．これでもオシロスコープには過大であるので，さらに1/10〜1/20としたい(合計では1/10000〜1/20000)．同軸ケーブルのサージインピーダンス $z$ が $50\,\Omega$ であるので，その両端にはインピーダンス整合を考えて，それぞれ $50\,\Omega$ の抵抗がつくことになり，合計では $100\,\Omega$ となる．これを用いて例えば1/20に分圧したいなら $R_5 = 5\,\Omega$ と定めることができる．あとは整合条件，$R_2 + R_3 = Z = R_4 + R_5$ より，$R_3 = 48.5\,\Omega$，$R_4 = 45\,\Omega$ となる．最後に(8.6)式に代入して，正確な分圧比を求めると

$$V_1 = 2.00 \times 10^4 V_2, \qquad V_2 = \frac{V_1}{2.00 \times 10^4} \tag{52}$$

となり，概算値と一致していることが確認できる．

500 kV の入力に対して，25 V の出力がオシロスコープ上に表示されることになる．次に測定される波高値の不確かさであるが，8 bit とは $2^8 = 256$ であり，フルスケールに対して 1/256 の分解能を持つことから，1 bit エラーがある場合には，$1/256 = 0.0039$ (= 0.39%) の不確かさに対応する．ただし，この不確かさは波形がオシロスコープ上にフルスケールで表示されている場合であり，例えば 100 V フルスケールに対して，25 V の波形が表示されている場合には，不確かさはその 4 倍の 1.56 % になる．

このほかに，抵抗分圧器の浮遊静電容量，残留インダクタンス，接続線の影響などによる不確かさがあり，これらを正確に推定することは困難なので，不確かさが既知である標準測定回路を用いて構成することになっている．

2 ① 100V(オシロスコープに加わる電圧は $R$ に加わる電圧の半分になるため)　② $10^{-3}\,\Omega$　③ 残留インダクタンス　④ 1.6 nH (時定数 $T = L/R$ であるので，$L < 1.6 \times 10^{-6} \times R$ となる．② で求めた $R$ の値を代入することにより答えを得る．)　⑤ 同軸シャント (8.4.1 項参照)

## 第 9 章

1 与えられた使用電圧と荷重に基づいて，フラッシオーバ距離，沿面距離，機械的強度などの観点から笠の部分の大きさ，形状，厚さの概略をまず決定し，その上で絶縁抵抗，フラッシオーバ電圧，貫通破壊電圧，部分放電電圧をできるだけ高くするように詳細設計を行う．このような設計を実際に行うには多くの経験的要素を利用する必要がある．

2 高電圧が印加される中心導体と磁器との間にすき間が生じ，この部分には部分放電が発生しやすく高電圧用のブッシングとしては不向きである．すき間を埋めるために絶縁油や絶縁円筒を挿入したものが油入ブッシングである．

これだけでは不十分な場合もあり，例えば中心導体と絶縁物だけでブッシングを構成すると，ブッシングを固定するために設けた中央部の取り付け金具付近にある中心導体表面の電界が極端に強くなってしまう．このような電界の集中を緩和するために考えられたのが，コンデンサブッシングである．

3 ケーブルの絶縁物に圧力を加えることにより，ボイドの発生を抑制できる．また，ボイドがある場合でもその中のガス圧が高いことにより，部分放電が発生しにくくなっている．

4 誘電体が 1 種類の場合の電界 $E_0$ は，図 1.2(c) 中の電界を表す式と $r_0 = R/e$ の関係より

$$E_0 = \frac{V}{r\ln(R/r_0)} = \frac{V}{r} \tag{53}$$

が得られ，最大の電界 $E_{0\mathrm{m}}$ は $r = r_0$ で現れ，次式となる．

$$E_{0\mathrm{m}} = \frac{V}{r_0} \tag{54}$$

誘電体が 2 層の場合の電界 $E_1$ と $E_2$ は次のようにして求められる．

単位長さ当たり $Q$ の電荷を内部円筒においてみると，電束は誘電体の誘電率に無関係で，その密度 $D$ は次式で与えられる．

$$D = \frac{Q}{2\pi r} \tag{55}$$

従って，$E_1$ と $E_2$ は次式で与えられる．

$$E_1 = \frac{D}{\varepsilon_1} = \frac{Q}{2\pi\varepsilon_1 r}, \qquad E_2 = \frac{D}{\varepsilon_2} = \frac{Q}{2\pi\varepsilon_2 r} \tag{56}$$

$\varepsilon_1$ の誘電体に加わる電圧を $V_1$，$\varepsilon_2$ の誘電体に加わる電圧を $V_2$ とすると電極間に加わる電圧 $V$ との関係から

$$V = V_1 + V_2 = -\int_{r_1}^{r_0} E_1 dr - \int_{R}^{r_1} E_2 dr \tag{57}$$

となり，(57) 式に (56) 式を代入して積分を行うと次式を得る．

$$V = \frac{Q}{2\pi}\left(\frac{1}{\varepsilon_1}\ln\frac{r_1}{r_0} + \frac{1}{\varepsilon_2}\ln\frac{R}{r_1}\right) \tag{58}$$

(56) 式と (58) 式を用いて $Q$ を消去することにより，最終的に $E_1$ と $E_2$ が次式で与えられる．

$$E_1 = \frac{V}{\varepsilon_1 r\left(\frac{1}{\varepsilon_1}\ln\frac{r_1}{r_0} + \frac{1}{\varepsilon_2}\ln\frac{R}{r_1}\right)} \tag{59}$$

$$E_2 = \frac{V}{\varepsilon_2 r\left(\frac{1}{\varepsilon_1}\ln\frac{r_1}{r_0} + \frac{1}{\varepsilon_2}\ln\frac{R}{r_1}\right)} \tag{60}$$

ここで $r_0 = R/e$, $r_1 = 2r_0 = 2R/e$, $\varepsilon_1 = 2\varepsilon_2$ を代入すると，

$$E_1 = \frac{V}{r\{\ln 2 + 2\ln(e/2)\}} = \frac{V}{(2-\ln 2)r} \tag{61}$$

$$E_2 = \frac{2V}{r\{\ln 2 + 2\ln(e/2)\}} = \frac{2V}{(2-\ln 2)r} \tag{62}$$

$E_1$ と $E_2$ がそれぞれ最大となるのは，$E_1$ に対しては $r = r_0$，$E_2$ に対しては $r = r_1$ のときである．その最大値 $E_{1\mathrm{m}}$ と $E_{2\mathrm{m}}$ を求めると，

$$E_{1\mathrm{m}} = \frac{V}{(2-\ln 2)r_0}, \quad E_{2\mathrm{m}} = \frac{2V}{(2-\ln 2)r_1} \tag{63}$$

であり，再び $r_1 = 2r_0$ および $r_0 = R/e$ の関係を用いると

$$E_{1\mathrm{m}} = \frac{V}{(2-\ln 2)r_0} = \frac{Ve}{(2-\ln 2)R}, \quad E_{2\mathrm{m}} = \frac{V}{(2-\ln 2)r_0} = \frac{Ve}{(2-\ln 2)R} \tag{64}$$

となり，$E_{1\mathrm{m}} = E_{2\mathrm{m}}$ となっていることがわかる．

以上の関係を図示すると図 4 となる．誘電体が 1 種類の場合に比べ，2 層の誘電体を用い内部円筒側を誘電率の大きな誘電体で覆うことにより，最大電界を低くすることができる．一方，外部円筒側にある低い誘電率の誘電体では，逆に誘電体が 1 種類のときに比べ電界が大きくなっている．

このような最大電界の緩和法は実際に利用されており**段絶縁**と呼ばれている．ケーブルの絶縁では，内部導体近くを薄い絶縁紙で密に巻いて誘電率を大きくし最大電界を緩和して絶縁耐力を向上させている．

$r_0 = R/e$ の条件下では，$r_1 = 2r_0$ のときに (64) 式の関係，すなわち $E_{1\mathrm{m}} = E_{2\mathrm{m}}$ が

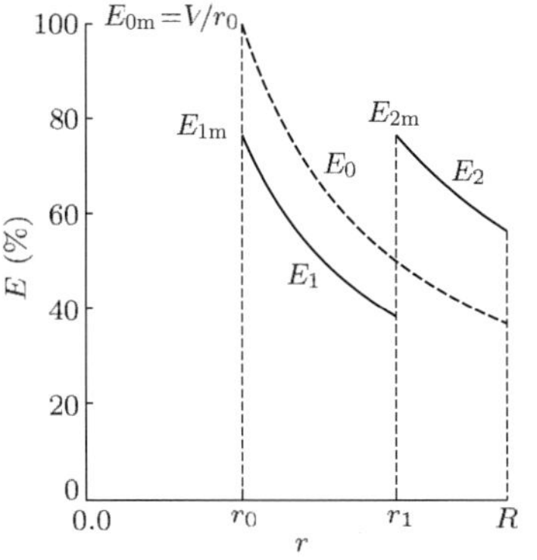


図 4

成立し最大電界が最も低く抑えられる最適の解になっている．このことは，$r_1 < 2r_0$ とすると $E_{1m}$ は小さくなるものの $E_{2m}$ が大きくなってしまい，逆に $r_1 > 2r_0$ とすると $E_{2m}$ は小さくなるものの $E_{1m}$ が大きくなってしまう状況からも理解できる．

次に $r_1 = 2r_0$ の関係を保ちつつ $r_0$ を変えることにより，更なる最適化を行う．(59)，(60) 式に $r_1 = 2r_0$ と $\varepsilon_1 = 2\varepsilon_2$ を代入して最大電界を求めると，

$$E_{1m} = E_{2m} = \frac{V}{2r_0 \ln \dfrac{R}{\sqrt{2}r_0}} \tag{65}$$

となり，上式の分母を $r_0$ で微分して 0 とおくことにより，次式を得る．

$$r_0 = \frac{R}{\sqrt{2}e} \tag{66}$$

(66) 式を (65) 式に代入して，最終的に最適化されたときの最大電界を求めると次式となる．

$$E_{1m} = E_{2m} = \frac{Ve}{\sqrt{2}R} \tag{67}$$

(67) 式を (64) 式と比較することにより，8%程度最大電界が低下していることがわかる．

## 第 10 章

1 (1) 図 5 に印加電圧 100 kV の場合の半径 $r$ と最大電界の関係を示す．この図より $r = 52$ cm の場合に最大電界が最も小さくなることがわかる．

(2) 端の効果が無視できない場合，最大電界強度を示す点は端部の半球上にある．そのため最大電界が最小となる $r$ は，円筒部のみの場合とは異なってしまう．

(3) 円筒部分は半径 $r = 0.368R$，端部は半径 $r = 0.52R$ の球状の導体を用い，それらの接合部がなだらかな曲面になるようにする．

2 (1) 図 6 の破線は突き出し電極がない場合の電界である．この計算では 3 重点 (点 A) での電界強度が 2.2 kV/cm となっている．理論上は無限大となるが，これに近づけるためには輪郭点の配置をさらに検討する必要がある．

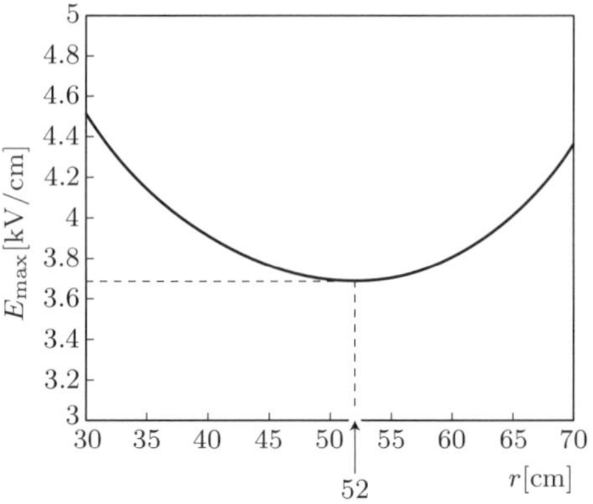


**図 5**　半径 $r$ と最大電界の関係

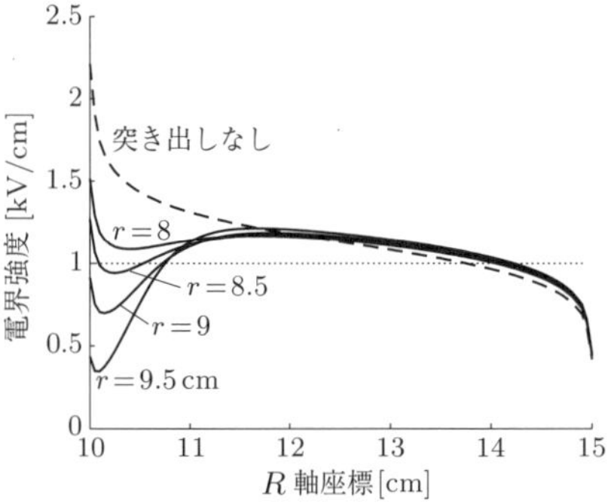


**図 6**　$r$ と最大電界の関係

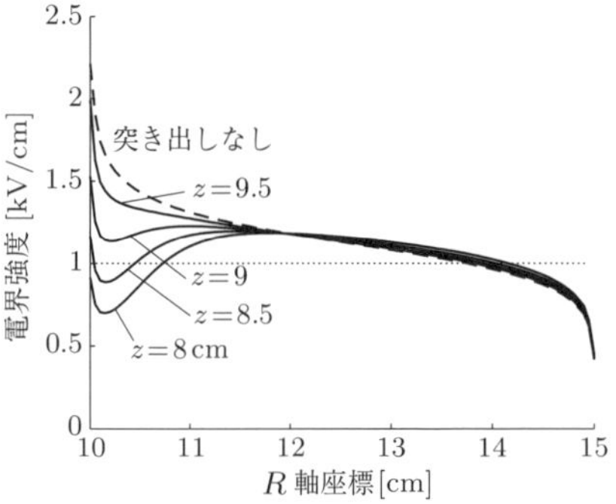


**図 7**　$z$ と最大電界の関係

(2)　表 1 に $r$, $z$ を変化させたときの最大の電界強度を示す．$r = 9$, $z = 8$ の場合が最小となっている．さらに検討すると，図 6 は $z = 8$ のときに $r$ を変化させた場合，図 7 は $r = 9$ のときに $z$ を変化させた場合の電界強度である．図 6 において，$r = 9.5$ としたとき，$r = 9$ と比較して 3 重点での電界強度は弱まるが，$R$ 軸座標が 12 cm の辺りでの電界強度が大きくなってしまうことがわかる．

3 (1)　オシロスコープ側で左から来る波に対する透過係数を $k_1$，反射係数を $k_2$ とする．また信号源側で右から来る波に対する透過係数を $k_3$，反射係数を $k_4$ とする．

$$\lim_{Z_0\to\infty} k_1 = \lim_{Z_0\to\infty} \frac{2\times Z_0}{50+Z_0} = 2, \qquad k_2 = \lim_{Z_0\to\infty} \frac{Z_0-50}{50+Z_0} = 1 \tag{68}$$

$$k_3 = \frac{2\times 25}{50+25} = \frac{2}{3}, \qquad k_4 = \frac{25-50}{50+25} = -\frac{1}{3} \tag{69}$$

10 m の同軸ケーブルを伝搬するのに要する時間は，$\dfrac{10\,\mathrm{m}}{0.2\,\mathrm{m/ns}} = 50\,\mathrm{ns}$ である．$t = 0$

**表 1　最大電界強度**

| 寸法 [cm] | $z = 8$ | $z = 8.5$ | $z = 9$ | $z = 9.5$ |
|---|---|---|---|---|
| $r = 8$ | 1.52 | 1.71 | 1.92 | 2.11 |
| $r = 8.5$ | 1.27 | 1.50 | 1.78 | 2.07 |
| $r = 9$ | 1.19 | 1.20 | 1.53 | 1.99 |
| $r = 9.5$ | 1.21 | 1.22 | 1.24 | 1.73 |

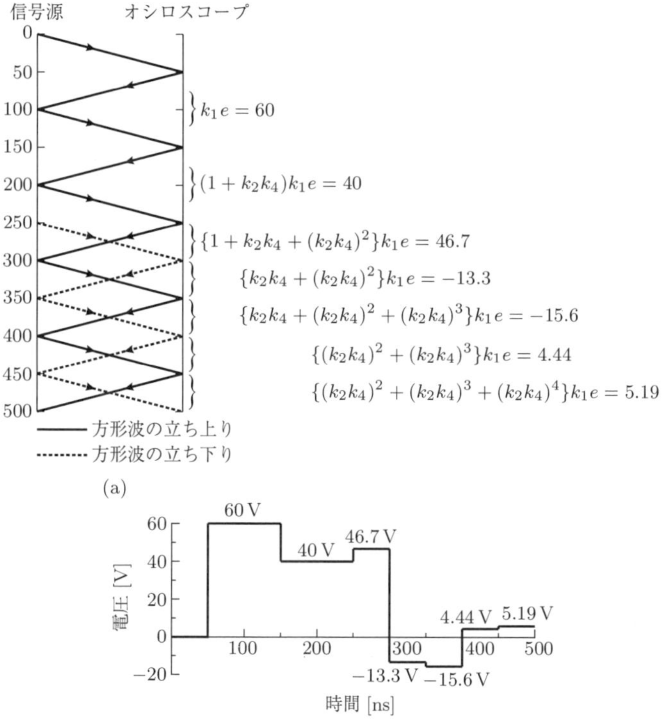


**図 8**

で信号源をスタートした波 $e$ は，$t = 50\,\mathrm{ns}$ でオシロスコープに到達し $k_1 e$ として観測される．一部の波は反射し $k_2 e$ として信号源に戻っていく．信号源側で再び反射されると $k_2 k_4 e$ となり，これが $t = 150\,\mathrm{ns}$ でオシロスコープに戻ると $k_1 k_2 k_4 e$ として観測される．こうした状況を図 8(a) のように図示すると理解しやすい．

図 8(a) の結果をまとめて電圧の時間変化を示すと図 8(b) となる．

(2)　信号源とオシロスコープでそれぞれ反射が生じないように，同軸ケーブルとインピーダンス整合をとる必要がある．信号源側には，同軸ケーブルと直列に 25 Ω を挿入し，信号源のインピーダンス $Z_s = 25\,\Omega$ と合わせて 50 Ω にする．オシロスコープ側では，50 Ω で終端するようにオシロスコープの設定を変更するか，または同軸ケーブルの芯線と接地の間に 50 Ω を挿入する．

4　サージ電圧が点 A に到達した直後の様子を鳳–テブナンの定理を用いて等価回路表現すると図 9(a) となる．等価回路のパルス電源電圧は，点 A に避雷路を設置しない場合の点 A に現れる電圧と等しくなることから，1 MV となる (点 A の左右の線路のサージインピーダンスが等しいことから，入射電圧と透過電圧は等しい)．インピーダンス $Z$ は，$Z = 2Z_2/(Z_1 + Z_2)$ の式に $Z_1 = 400\,\Omega$, $Z_2 = 400\,\Omega$ を代入することにより，200 Ω となる．

等価回路の動作状態は，図 9(b) に示す $V - I$ 特性上の 2 つの直線の交点から次のように求まる．

$$V = 600\,\mathrm{kV}, \qquad I = 2\,\mathrm{kA} \tag{70}$$

線路上を進展する電圧，電流サージの様子を図示すると図 9(c) となる．$0 \leqq t < 1\,\mu\mathrm{s}$ で，点 A の避雷器を中心として左側線路では入射波と反射波が存在し，右側の線路では，透過波が存在している．サージの速度は，300 m/μs であるので，点 A を通過した透過波は 1 μs 後に開放端 B に到達する．従って $1\,\mu\mathrm{s} \leqq t < 2\,\mu\mathrm{s}$ では，点 B における完全反射 (点 B の電圧が入射波の 2 倍の 600 kV，また電流は 0 kA を維持するような反射波が発生) が始まる．

次に点 B から反射波が点 A に戻ってくる $t = 2\,\mu\mathrm{s}$ の様子を考えてみる．点 A の電圧は避雷器により 600 kV に維持されることから，点 B から進行してきた 600 kV の反射波は，点 A で −600 kV の反射波として再び右側 (点 B 方向) へ戻っていく必要がある．サージ電流もこれと連動し，$I = V/Z_2$ の関係から −1.5 kA (符号マイナスは電流が右から左へ流れることを示している) の電流が右側へ戻っていく．

この時，避雷器に流れる電流は，点 B から戻って来たサージ電流 −1.5 kA と再び点 B へ帰っていくサージ電流 −1.5 kA の合計 −3 kA であり，符号のマイナスは右から左に流れる方向，すなわち右側の線路から避雷器に流れ込むことを示している．つまり，避雷器にはそれ以前に流れている 2 kA を加えて，この 3 kA が流れ，合計 5 kA を対地へ流す必要がある．以降，右側の線路では，点 A と点 B の間でサージの反射がくり返される．

$4\,\mu\mathrm{s} \leqq t < 5\,\mu\mathrm{s}$ における右側の線路を見ると，全ての電圧を合計した正味の電圧は 600 kV で，また，正味の電流は 1.5 kA で，それらが右側に進行していることがわかる．この状態は，$0 \leqq t < 1\,\mu\mathrm{s}$ での電圧，電流サージの伝搬と同一である．つまり，4 μs の周期をもった状態変化とみなせる．

以上の結果から，点 B の電位 $V_B$ および避雷器に流れる電流 $I_A$ を示すと図 9(d) と (e) となる．

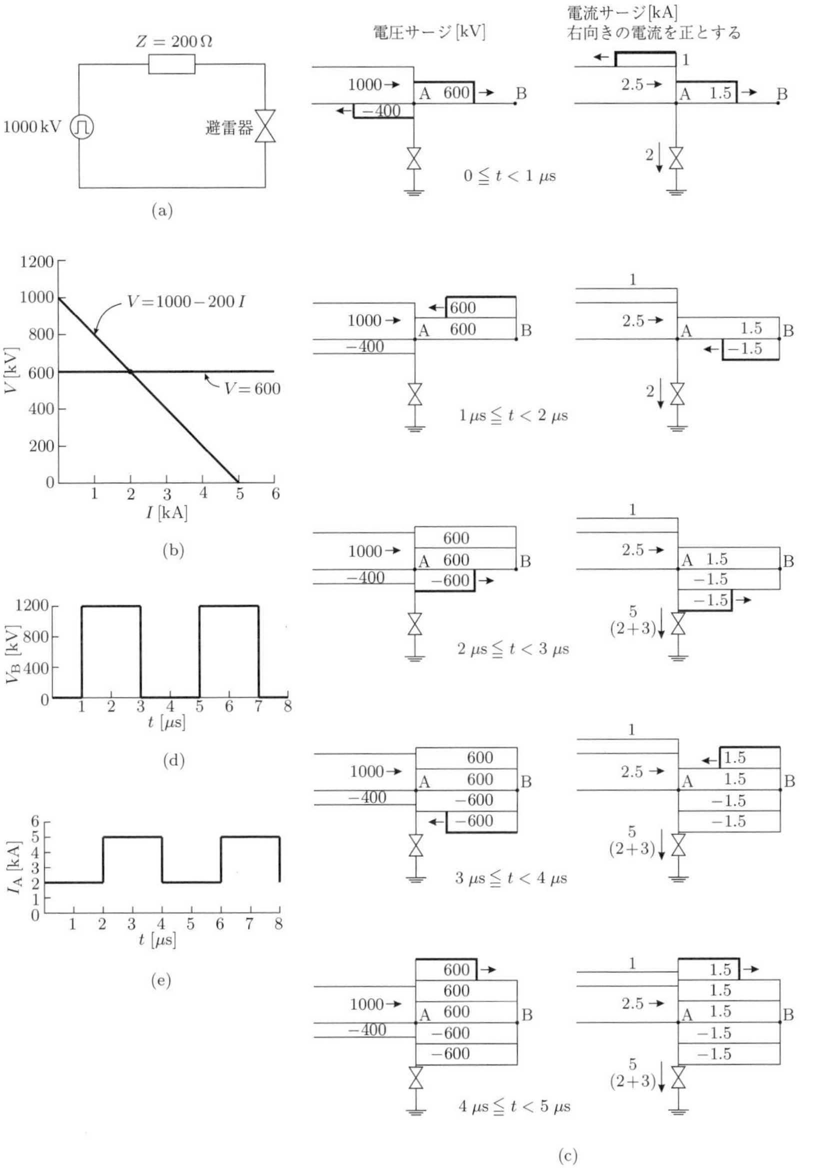

$Z = 200\,\Omega$
1000 kV
避雷器
(a)
電圧サージ [kV]
電流サージ [kA]
右向きの電流を正とする
1000 →
A
600 →
B
← −400
$0 \leqq t < 1\ \mu s$
← 1
2.5 →
1.5 →
2
← 600
−400
$1\ \mu s \leqq t < 2\ \mu s$
← −1.5
−600 →
$2\ \mu s \leqq t < 3\ \mu s$
−1.5 →
5
(2+3)
← −600
$3\ \mu s \leqq t < 4\ \mu s$
← 1.5
600 →
$4\ \mu s \leqq t < 5\ \mu s$
1.5 →
(c)
$V = 1000 - 200\,I$
$V = 600$
$V$ [kV]
$I$ [kA]
(b)
$V_B$ [kV]
$t$ [μs]
(d)
$I_A$ [kA]
$t$ [μs]
(e)


**図 9**

# 参考文献


［1］ 河野照哉「新版　高電圧工学」(朝倉書店，1994 年)

［2］ 河村達雄，河野照哉，柳父　悟「高電圧工学 (3 版改訂)」(電気学会，2003 年)

［3］ 電気学会放電ハンドブック出版委員会編　「放電ハンドブック (3 版)」(電気学会，2003 年)

［4］ 電気学会編「電気工学ハンドブック (第 6 版)」(電気学会，2001 年)

［5］ J. M. Meek and J. D. Craggs, *Electrical Breakdown of Gases*, John Wiley & Sons, 1978.

［6］ 宅間董，濱田昌司「数値電界計算の基礎と応用」(東京電機大学出版局，2006 年)

［7］ 雨谷昭弘，長岡直人，馬場吉弘，菅　雅弘「電気・電子回路解析プログラム EMTP 入門」(電気学会，2001 年)

［8］ 電気学会編「電気工学ハンドブック (第 7 版)」(電気学会，2013 年)

# 索　　引

## さ　行

## た　行

## な　行



## は　行



## ま　行

## や　行



## ら　行



## 数字・欧字

**著者略歴**

日《ひ》髙《だか》　邦彦《くにひこ》

1981 年　東京大学大学院工学系研究科博士課程修了，工学博士
1981 年　防衛大学校助手
1985 年　東京工業大学工学部助手
1987 年　東京大学工学部講師
1988 年　東京大学工学部助教授
1997 年　東京大学大学院工学系研究科教授
現　在　東京大学名誉教授，東京電機大学大学院工学研究科特別専任教授
　　　　電気学会フェロー，IEEE フェロー，放電学会，静電気学会等会員

**主要著書**

プラズマ工学演習（共著，朝倉書店，1988）
電気磁気測定の基礎（第 3 版）（共著，昭晃堂，1992）
電気工学ハンドブック（第 7 版）（共編著，電気学会，2013）
基礎 電力システム工学（共著，数理工学社，2022）

新・電気システム工学＝TKE-13
高電圧工学［第 2 版］

2009 年 1 月10日 © 　初　版　発　行
2022 年 3 月10日　初版第10刷発行
2022 年12月25日 © 　第 2 版 発 行
2024 年 2 月25日　第2版2刷発行

著者　日 髙 邦 彦　　発行者　矢 沢 和 俊
　　　　　　　　　　印刷者　中 澤　 眞
　　　　　　　　　　製本者　小 西 恵 介

**【発行】**　株式会社　**数理工学社**
〒151–0051　東京都渋谷区千駄ヶ谷 1 丁目 3 番 25 号
編 集 ☎(03)5474–8661(代)　サイエンスビル

**【発売】**　株式会社　**サイエンス社**
〒151–0051　東京都渋谷区千駄ヶ谷 1 丁目 3 番 25 号
営 業 ☎(03)5474–8500(代)　振替 00170–7–2387
FAX ☎(03)5474–8900

組版　プレイン
印刷　(株)シナノ　製本　(株)ブックアート

《検印省略》



ISBN978-4-86481-096-8
PRINTED IN JAPAN

サイエンス社・数理工学社の
ホームページのご案内
https://www.saiensu.co.jp
ご意見・ご要望は
suuri@saiensu.co.jp　まで